ARK 19th Nov.r 1805
sapointment
S 88° W 11 m
S 41° W 7 m
Adams
Encamped from 16th to 25th Nov.r 180
Chinnook old Villa

前页图：威廉·克拉克绘制的哥伦比亚河河口地图，刘易斯和克拉克探险，1804–1806年。

本页图：亚历山大·冯·洪堡与同伴走向卡汉贝（Cajambe）火山，厄瓜多尔，1814年。

伟大的探险家

The
Great
Explorers

〔英〕罗宾·汉伯里－特里森　主编
王　晨　译

商务印书馆
SINCE 1897
The Commercial Press

The Great Explorers

Edited by Robin Hanbury-Tenison

Published by arrangement with Thames and Hudson Ltd, London

This edition first published in China in 2015 by Commercial Press/Hanfenlou Culture Co., Ltd, Beijing

中译文根据伦敦泰晤士和赫德森出版有限公司 2010 年英文版翻译

涵芬楼文化 出品

目录

向地平线之外探索 / 1

第一章 海洋 / 11

克里斯托弗·哥伦布 / 17
改变了世界形状的人

瓦斯科·达·伽马 / 25
通过海路去往印度

费迪南德·麦哲伦 / 30
环球航行

路易斯－安托万·德·布干维尔 / 39
太平洋中的法国雄心

詹姆斯·库克 / 46
南太平洋的科学探险

第二章 陆地 / 59

埃尔南多·德·索托 / 64
寻觅黄金的远征

刘易斯和克拉克 / 69
进入未知的美国西部

托马斯·贝恩斯 / 79
遥远大陆的描绘者

理查德·伯顿 / 89
对探索的狂热

纳恩·辛格 / 97
测绘禁地的人

尼古拉·普热瓦利斯基 / 104
中亚的地理、政治和捕猎

内伊·爱莲斯 / 111
大博弈中的独行客

弗朗西斯·荣赫鹏 / 115
西藏的神秘英国军人

马尔克·奥莱尔·斯坦因 / 120
丝绸之路上的学者

第三章 河流 / 127

萨缪尔·德·尚普兰 / 132
开发加拿大的荒野

詹姆斯·布鲁斯 / 137
在阿比西尼亚展现魅力和勇气

亚历山大·马更些 / 143
乘独木舟穿越美洲

芒戈·帕克 / 148

揭开尼日尔河的神秘面纱

约翰·汉宁·斯皮克 / 155

寻觅尼罗河的源头

戴维·利文斯通 / 162

穿越非洲

弗朗西斯·安邺 / 175

情迷湄公河

亨利·莫顿·史丹利 / 180

大英帝国的仆人

第四章 极地冰雪 / 189

弗里乔夫·南森 / 194

北极探险家和外交官

爱德华·威尔逊 / 201

科学家、医生、博物学家、画家

罗尔德·阿蒙森 / 208

向极点进发的炽热雄心

沃利·赫伯特 / 217

最后一次北极大远征

第五章 荒漠 / 223

海因里希·巴尔特 / 227
穿越撒哈拉沙漠

查尔斯·斯特尔特 / 236
寻找澳大利亚的内陆海

格特鲁德·贝尔 / 242
中东的诗意和政治

哈利·圣约翰·费尔比 / 250
对阿拉伯半岛的热情

拉尔夫·巴格诺尔德 / 255
沙丘上奔驰的福特轿车

威尔弗雷德·塞西格 / 261
鲁卜哈利沙漠的精神

第六章 地球上的生命 / 267

亚历山大·冯·洪堡 / 270
最伟大的旅行科学家

玛丽安娜·诺斯 / 280
无畏的植物学家和画家

阿尔弗雷德·罗素·华莱士 / 289
适者生存

弗兰克·金登-沃德 / 299
远东的植物猎手

第七章 新的前沿 / 307

基诺·沃特金斯 / 310
对探险的痴迷

尤里·加加林 / 315
太空第一人

雅克 – 伊夫·库斯托 / 322
水底世界的先驱

安德鲁·詹姆斯·伊文斯 / 328
寻觅地下的新世界

撰稿人 / 337
相关阅读 / 343
引证来源 / 356
插图来源 / 359
索引 / 362

向地平线之外探索

当你踏上前往伊萨卡岛的旅程时，

祈祷吧，祈祷道路漫长，充满冒险，充满新知。

C. P. 卡瓦菲，1911 年

大探险家有异于其他的男男女女。在时代的长河中，有一些人物在地理探索上取得了巨大的成就，从而改变了世界。通过他们的探索，这些人改变了我们对于周遭世界的认知。他们将地球呈现在我们面前，并打开我们的双眼，带领我们认识物质的、自然的和充满历史感的世界。这一进程开始于很久以前，如今还在继续。好奇心一直是人类的天赋，亦是诅咒——它将我们和其他物种区别开来。没有这种好奇心，我们只会待在自己的家里。至少十万年前，当我们发展出如今所拥有的大脑时，我们就开始用一种与其他生物不同的方式看待生活。我们的视线超越了与我们直接接触的周边事物，投向了新的领地上提供的各种可能性，于是我们感受到了向远方探索的渴望，这不只是为了食物、生存空间和土地，也是出自于好奇心的驱使。

我们的好奇心将我们引领到了何方，它给我们带来了怎样的新知和对世界的理解，它会怎样讲述我们对于地球的责任，对于这些问题的意识在如今比以往任何时候都更加重要。曾经，这是一片新奇而陌生的世界。如今，虽然它大部分的奇观和多样风采都保留了下来，我们却在危险的最后一刻才刚刚开始认识到世界上还有那么多我们尚未理解的事物，然而留给我们的时间却是如此之少。探索的渴望从来没有像今天这么强烈。

自从我们出现于东非大裂谷——这里已被普遍认为是智人（*Homo sapiens*）的起源地，我们就开始了探索。那些迅速四散去占领最适合居住和最易到达土地的先驱，

左页图：在三次史诗般的远航中，詹姆斯·库克发现的地表面积比任何一个人都大；威廉·霍奇斯一幅画作的细部展示了 1769 年库克到达塔希提岛马泰瓦伊湾的场景。

就是人类的第一批大探险家。没人能够再次复制他们首次踏足多样而原始的地貌的经历，从沙漠到热带雨林，从山区到肥沃的平原。然而，从那时起，去探索他们和他们当时已知世界边界的人有许许多多。其中只有少数人能够在好奇心和勇气的引领下揭示地平线之外的世界，成为出类拔萃的巨人。这些人就是大探险家，而本书描述了其中最有趣的41位。这些大探险家既有男人，也有女人，书中的人物小传不只展示了驱使他们走向极远之地的顽强野心，还揭示了他们的其他长处和弱点，他们的贪婪、勇气、权威和个性，还有最重要的，他们的探索精神。使他们在别人失败的道路上取得成功的，常常正是他们对自己和所持梦想的坚定信仰。

穿越海洋

本书以500年前的大航海时代作为开头，这也是有记录可查的大探险时代的发端。当哥伦布到达新世界的时候，他的旅行极大地改变了人类的历史。没有任何一项地理发现能够如此深刻广泛地影响这么多人，并且拥有如此持久的效应。已知的世界突然之间扩大了一倍。哥伦布向西航行之后不久，瓦斯科・达・伽马打开了通向东方的航路，他在离世时仍然保持富有和成功，这在探险家中并不多见。在那以前，胡椒、丁香等辛香料必须通过昂贵且运力有限的陆运，走过漫长的路途才能到达。突然之间，欧洲发现自己位于两处巨大财富来源的中间。从此以后，在接下来的几个世纪里，探险活动的主要精力都集中在寻找更好的方法和更快的路径，以便对这些财富实现资本化。

麦哲伦，这是又一位冷酷而坚决的人，在寻找通向香料群岛[①]的西行航线的路途中证明了环球航行的可能性，虽然他本人在尚未到达旅程终点时就罹难了。此后，海洋被渐渐征服，直到其中所有适宜居住的地方都得到了探索。最开始，西班牙和葡萄牙专注于洗劫和摧毁美洲大陆上无与伦比的庞大帝国，并为香料群岛的所有权争斗不已。然后其他的重要海上力量，英国和法国，发现了新的岛屿并建立起殖民地，不断将边界向东方扩展。他们最优秀的船长，如布干维尔和库克——也许是所有时代最好的领航员——都是开明的智者，他们寻求的是知识而不是财富，从这个意义上说，他

① 即东印度群岛，公元15世纪前后欧洲国家对东南亚盛产辛香料的岛屿的泛名。——译者注

们与西班牙征服者们是截然不同的；但是对那些尚未准备好应对西方疾病和心态的文化，他们带来的变化仍然几乎是毁灭性的。

探索大陆：沿着陆地与河流

深入未知大陆的核心，到达最为深远的部分，这是探险家们在陆地上面临的挑战。在新世界，对于黄金之城的诱人幻想驱使着荷南·科尔蒂斯、弗朗西斯科·皮萨罗和埃尔南多·德·索托这样的西班牙征服者做了许多过分的事情。后来，对于可定居的新土地的需求促使杰斐逊总统派遣刘易斯和克拉克前往北美西部探索。非比寻常的是，这两个男人对一支大型探险队实现了共同领导，并没有产生不快，然而伴随着他们的成功而来的是之后的美国大迁徙，将大平原印第安人驱赶出了家园。

毫无疑问，非洲吸引了许多探险家去揭示它的神奇和秘密。在摄影技术发明之前，一些优秀的画家——例如曾和利文斯通一起旅行的托马斯·贝恩斯——记录了非洲大陆的景色，震惊了购买这些画作的伦敦人和巴黎人。一些经历复杂的人物，例如曾游历非洲和阿拉伯半岛的神秘的理查德·伯顿，成了那个时代的名人并备受推崇。在亚洲，大博弈（沙俄帝国和大英帝国之间的霸权争斗）为许多漫长的探险活动提供了借口和掩护。俄国人拥有令人敬畏的猎人尼古拉·普热瓦利斯基，野马就是以他的名字命名的；英国人拥有弗朗西斯·荣赫鹏这样的军人和梦想家，还有固执而保守的人，例如内伊·爱莲斯和纳恩·辛格以及其他梵语学者。他们彼此竞争，为广大未知地域绘制地图，影响了历史的轨迹。在他们之中，又一次地，驱使某些人探险的动力是想要丈量和理解世界的永不满足的好奇心——例如坚决而固执的奥莱尔·斯坦因。阅读这些杰出探险家的故事，我们将会了解

戴维·利文斯通1855-1856年沿赞比西河顺流而下的第一次航行中用过的一只船用罗盘。

上图：1862年4月，托马斯·贝恩斯画下了这幅自画像。画中的他正在恩加米湖附近的树上绘画，该湖位于如今的博茨瓦纳。贝恩斯是一位天生的画家和探险家，他将非洲和澳大利亚的神奇美景呈现给了待在欧洲家中的人。

右页图：西藏派遣部队的成员沿着拉萨附近的拉萨河行军，护卫着弗朗西斯·荣赫鹏1903-1904年的懲罚性军事入侵行动。

究竟是什么驱使这一小拨精英将旅途的界限推向未知的可能性。

巨大的河流从神秘的源头奔涌而来，使人发狂地想要追溯它们的源头。河流两岸有如此多的生命，殖民者们相信只要征服并理解了河流，其余的土地就自然会落入他们手中。在北美洲和南美洲，探险者都是首先通过河流到达内陆的。一些探险家——如法国人萨缪尔·德·尚普兰——足够明智，他们观察当地土著的行为，并从中学习；最终他们繁荣兴盛起来，并为他们的殖民雇主占据了大片土地，尚普兰占据的是加拿大。当时有人认为可能有一条穿越美洲大陆的河流，这条河流能够提供一条通向远东的航道，这一想法驱使许多人走向遥远的征途，包括罗伯特·马更些，一位苏格

兰移民商人，他为了追寻自己的梦想手持双桨，沿着未知的河流逆流而上。

自有史以来，尼罗河就像一块磁石一样吸引着探险家们。第一位探险家是来自英国的詹姆斯·布鲁斯，然而当他回到英国讲述如何发现尼罗河源头（实际上是青尼罗河的源头）的过程时，并没有人相信他。随后，皇家地理学会派出许多探险队去定位并测绘尼罗河的上游源头，寻找尼罗河真正的源头成为了异常激烈的竞争、事关荣辱的大事——未能找到尼罗河源头被称之为“地理学家的耻辱”。这样的竞争和痴迷也带来了悲剧。在本来应该与理查德·伯顿辩论自己是否发现了尼罗河真正源头的那个早上[①]，约翰·汉宁·斯皮克却因惨死而未能赴约。

魅力超凡的芒戈·帕克弄清了神秘的尼日尔河的流向，在第一次旅途结束后以英雄的身份回到了伦敦，但却渴望着退休；然而，像许多其他被驱使的人一样，非洲大陆和探险经历的吸引力太过于强烈，他又回到了非洲，死在了那里。戴维·利文斯通是一名伟大的传教士兼探险家，驱使他前进的动力是宗教热情，他走过了极为遥远的路途，想要使当地居民皈依基督教并阻止奴隶贸易，而不是为了获得财富。他相信河流——尤其是赞比西河——是开发合法贸易的关键。一些人走向更远的旅途并发现了非洲还有多少地方能够进行开发，例如那位出生在威尔士的孤儿亨利·史丹利，他先后成为了美国记者、探险家和英国国会议员。探险家们探清道路，殖民者们随即而来。在远东也是同样的情况，为了寻找与中国贸易的新路线，法国人开始在印度支那建立殖民地，身材矮小但精力充沛且果敢的弗朗西斯·安邺和他的伙伴们沿着湄公河逆流而上，并穿越到了长江流域。

冰原旷野和灼热的沙漠

气候严酷的极地冰原随后激起了一些探险家极大的热情，他们想要发现并了解那里的自然世界。在这种环境中取得优异成就的是挪威人，例如后来获得诺贝尔和平奖的弗里乔夫·南森，以及第一个到达南极点和第一个乘飞艇飞过北极点的罗尔德·阿蒙森。虽然沙克尔顿和斯科特的英雄壮举获得了公众的注意，但本书却只收录了忠诚的爱德华·威尔逊的事迹，他曾与上述两人同

① 此处与后文《理查德·伯顿：对探索的狂热》、《约翰·汉宁·斯皮克：寻觅尼罗河的源头》中时间不一致。——译者注

爱德华·威尔逊曾同斯科特上校一起参加过两次去往南极的远征，包括那次目标为南极点的悲剧性尝试。除了是一名医生，威尔逊还是一名博物学家和画家，忠实地记录了他遇到的野生动植物，如这只帝企鹅。

行，是一位电学家、博物学家和医生，他身上体现出的众多英雄品质足以让他作为一名伟大的探险家列入本书。沃利·赫伯特与他令人惊叹的极地穿越远征使极寒探险达到了高峰。他坚韧不拔的品质伴随着他和他的三个伙伴在低温严寒中穿行了 15 个月，能够与他的坚韧媲美的是他精湛的画技。极地冰雪的诱惑仍然存在于许多勇敢的男男女女心里，他们仍在不断投身于两极的探险中。

荒漠对于人类总是有一种特别的吸引力。大多数主要宗教都诞生于荒漠的寂静之中，它们也吸引了一些最坚强也最有远见的探险家。鼓舞荒漠旅行者的动力通常既有

月光下的北极风光——这张照片摄于1893年12月20日，弗里乔夫·南森1893–1896年进行的北极点探险活动中；照片远景中是一个捕捉北极熊的陷阱。

追求回报的想法，又有对浪漫情怀的向往，二者不相上下。许多人在描述自己的经历时，都写出了文笔最细腻、最富有激情的探险散文。撒哈拉大沙漠是进入非洲的一个巨大障碍，许多人尝试穿过这片无尽的荒漠，却消失在其中。海因里希·巴尔特是第一个活着完成这段漫漫旅途并一丝不苟地记录了他所看到的一切的人。他将科学原则应用到了他的探险中，这也成了19世纪探险活动的一个特征。

澳大利亚内陆是一片巨大的荒漠，但人们曾一度相信那里有一个内陆海和连绵的丰盛草原。查尔斯·斯特尔特在揭示真相方面比任何一个人做得都多：真相就是那里什么也没有。阿拉伯沙漠吸引了许多人一睹它严酷的美丽，其中包括一些卓越的女

海因里希·巴尔特是一名伟大的学者和语言学家，他对旅途上遇到的人们进行了详细的研究；这张插图来源于他在非洲北部和中部旅行时所做的记述。

性，如希丝塔·斯坦霍普夫人和安妮·布朗特夫人。然而格特鲁德·贝尔留下了最充实的遗产，包括她协助成立的伊拉克王国，虽然这一荣誉有几分晦暗。阿拉伯半岛上的“空白之地”吸引了许多志愿第一个穿越它的探险家，其中有几位可以互相抗衡的人物。哈利·圣约翰·费尔比是一个有缺点但迷人的角色，最了解这片荒漠的或许就是他。威尔弗雷德·塞西格写了一部经典著作《阿拉伯沙地》，书中附上的部分沙漠居民的黑白照片引起了人们的强烈共鸣；而且这些照片还来自一个公开声称鄙视摄影的人。他曾有句名言：“……要是我能坐在轿车里完成旅程，却还非得骑在骆驼上，那就会把冒险活动变成一个噱头。”他的同代人，拉尔夫·巴格诺尔德已经坐在轿车里对撒哈拉大沙漠进行了探险，他在机动化探险活动中研究考古遗迹和沙丘运动模式的经历直接促成了第二次世界大战中远程沙漠部队的成立。

追求知识

科学花费了很长的时间才取代宗教和征服成为探险活动的主要推手。不过一旦它做到了，主要是在 19 世纪，一类全新的专注的博学者就诞生了，他们展示了一个陌生的、无限多样化的生物圈。从不知疲倦的亚历山大·冯·洪堡——他确实是一位自我驱动的人，对他看到和听到的一切所做的一丝不苟的记录从未有人能够超越，到忧郁的阿尔弗雷德·罗素·华莱士——他在吊床上饱受热病之苦时还在构思进化论，在最严酷的环境中进行科学搜集的追求驱使一些男人和女人表现出了超人的耐力。对于玛丽安娜·诺斯这位 40 岁才开始踏上旅途——当时是探险领域尚罕见女性的维多利亚时代——的女人，以及弗兰克·金登-沃德来说，对于世上丰富多样植被的迷恋提供了旅行和探索的动力，而他们非凡的精力和献身精神使他们超然出众。

曾有一段时间，人们以为可以使用人类的技术和知识主宰并无限制地开发地球，不用考虑后果。基诺·沃特金斯将浪漫的冒险渴望和一个具体的目标结合在一起：他帮助建立了跨越格陵兰的空中航线，为今天轻松横越大西洋奠定了基础。然而就在最近的几十年中，当我们探索地球上剩下的深渊和去接近星辰时，才意识到我们对于自然造化的真正了解是多么的可怜，而还有那么多事物等待着我们去发现。那些人，像出身卑微的尤里·加加林是木匠的儿子，他被选中进行太空探险，被荣誉包围，几乎纯属偶然地成为了这些时代巨变的一部分。时至今日，仍然有人在探索地球上剩余的不为人知的地方：库斯托开创了海底研究，并将海底美景呈献给许多人；洞穴探险家安德鲁·伊文斯，他致力于探测尚未发现的 90%地下通道的秘密。新的大探险时代或许才刚刚开始。现在去阻止威胁世界的许多痼疾或许已经太晚了，但是总是有人带着专心致志的劲头去探索世界的边界并激励我们所有人。

第一章

海洋

克里斯托弗·哥伦布

瓦斯科·达·伽马

费迪南德·麦哲伦

路易斯-安托万·德·布干维尔

詹姆斯·库克

I M V M O
T V M
T V M
ISPA NIA DORIA
LVSITAN
ISPA NIA BETICA
V M
MARE ATLANTICVM
D V M
GVINEA
CANCRI
M V M

哥伦布为探险家的资格设立了标准。他动身寻找一条从来无人走过的航线，并且没有确定的返程路线；通过他坚定的领导——虽然他对自己的发现在认知上有所偏颇，他改变了世界。这位暴得大名的“热那亚暴发户”的故事不可避免地掺杂了谬见和传说。那是一个史诗般的时代，有远见的商人兼冒险家们共谋、合作、竞争，发现了两块全新而无从想象的大陆。

就在哥伦布向西航行五年之后，瓦斯科·达·伽马开辟了通向东方的航路，他沿着非洲航行，发现了通往印度的海上通道。1493 年教皇主持的《托德西利亚斯条约》规定了西班牙和葡萄牙在未知世界的势力范围，地图上的那条分界线将这条通向香料群岛的航路完全划给了葡萄牙。当费迪南德·麦哲伦在首次环球航行中从西方而来并穿过太平洋时，葡萄牙人已经安居于东方，尽管他能够宣称菲律宾群岛归属西班牙。

15 世纪最后一个年代的探险大浪潮产生的影响在人类历史上极为重要。从那以后，欧洲开始向外扩张，主要的国家开始建立它们的帝国。世界再也不一样了。梦想中的财富躺在那里等待掠夺，在接下来的 400 年中也的确被残忍地掠夺了。今天，当我们获得用我们的贪欲得到的可怕收成时，有必要停下来思考一下，如果当初的指导原则是和平贸易而不是暴力征服，世界将是怎样一副不同的面貌。如果探险家们遇到的形成已久的民族能够被正确认识并加以尊重，而不是被加以蔑视和轻侮，也许我们就不会为了报复而在毫无戒心的人们头上施加令人羞耻的暴行，也不会大肆破坏那么多原始的自然环境。有些人的确认识到他们发现的土地上的人也有共通的人性，尽管这种认知常常很模糊，然而他们总是受到其他人的支配，这些人拥有更直接和更贪婪的抱负。

中国人极不情愿向他们的边界之外看得太远，如果这项民族特性当初有所不同，世界的政治格局将会永久改变。这种情况只在一个短暂的时期有所改观。1405 年，外向型的永乐大帝建造了世所未见的最庞大的舰队。在大太监郑和的领导下，63 艘巨大

左页图：1519 年的一本地图集，展示了葡萄牙人对于非洲西海岸的了解程度。虽然西班牙人驶向了美洲，但葡萄牙人是第一批穿越赤道、绕过好望角并到达东方的印度和香料群岛的欧洲人。他们还“发现”并殖民了巴西，那里与葡萄牙相距 3000 千米，横卧在大西洋对面。

法国医生和植物学家菲利贝尔·肯默生参加了布干维尔1766–1769年的环球航行。这张插图中展示了他的一些工具，如显微镜和剃刀，以及他的书籍和压制的植物标本。

的远洋巨舰扬帆起锚，走遍已知世界，到处宣称中国的宗主国地位。在欧洲普遍使用罗盘500年前中国人就发明了它，他们的舰船足有哥伦布的圣玛利亚号十倍大，整个舰队共有28 000人，他们是无懈可击的。在接下来的六次远航中，他们造访了至少35个国家，甚至可能到达了南美洲，尽管这一点还存在争议。无论真相如何，这个缔造帝国的时刻被错过了，在哥伦布向西启航五十年前，中国恢复了其传统的孤立主义，并一直延续下去，直到现在才有所改观。

在哥伦布之后的三个世纪，海洋一直为探索发现和征服侵掠提供了主要的路径。随着航海技术的进步以及海员生活条件和营养条件的改善，探险家们走过漫长的航程，到达了地球上最遥远的角落。一旦麦哲伦证明了地球真的是圆的，地图的绘制马上就加快了，许多空白之处也可以得到填补。澳大拉西亚在接下来的一百年中仍然与世隔绝，波利尼西亚的隔绝状态保持得更久，但是随着孤立岛屿上的偏僻社会渐渐一个个被发现，他们完好建立起的生活方式常被疾病和基督教的引入所摧毁。

路易斯－安托万·德·布干维尔是英国皇家学会为数不多的法籍会员。在另一方面，他也是稀少的种类：探险家们倾向于像清教徒一样生活，终生未婚娶的比例很高，但作为一个根深蒂固的好色之徒，布干维尔呈现了精彩的高卢风格，他兼具强烈的享乐精神和科学家的敏锐头脑。他是第一个环游世界的法国人，而且在不知情的情况下，他还带上了第一个完成这一壮举的女人——珍妮·巴雷特，她伪装成探险队植物学家的贴身男仆上了船。

詹姆斯·库克已经被人们公正地认为是所有探险家中最伟大的一位。作为一个真正的文艺复兴式人物，他引导了史诗般的发现之旅，并宣称澳大利亚归属英国王室。他惊人的航海技术将他和他的船员们带领到了远东和太平洋中的众多尚未知晓之地——总航行距离相当于驶向月球的距离。尽管库克一直在辛勤地寻找传说中的“南方大陆”，并到达了距南极洲120千米的海域，但直到公元1779年他死在夏威夷群岛上的土著手中之后，才有人到达南极洲；夏威夷群岛是他在公元1778年发现的。到这个时候，全球的许多海洋已经得到了测绘，但是大陆内部还有许多广袤的土地仍然不为人所知，尚待探索。

这只蝇掸把手是詹姆斯·库克在一次航行中从社会群岛上收集的。这样的物品可以随便送给船员，而船员用一只铁钉就能跟塔希提女人换来一夜春宵。

上图：我们现在拥有的哥伦布肖像没有一张出自亲眼见过他的人之手，但一般认为里多尔夫·基尔兰达约的这幅作品是最准确的，虽然它作于哥伦布死后。

下图：哥伦布开始使用一些神秘的符号签署自己的名字。他在署名中把自己称为“Christo Ferens”[①]——就像他的另一个名字圣克里斯托弗一样，将基督带过大西洋；他相信自己是上帝选择的神器。

① 意为“披戴基督的人”。——译者注

大卫·波义耳/撰

克里斯托弗·哥伦布

改变了世界形状的人

（1451–1506年）

现如今对我之前已经描述过的巨大差异再度加以观察，使我开始思考世界形状的问题。我推断世界并不是像他们说的那样是圆的，而是一个梨子的形状……或者说是一个非常圆的球，但在其表面某一点好像放上了一个女人的乳尖；这块乳尖状的部分是最突起的，离天空最近；而且这个部分可能在赤道上的大洋之中，位于东方的尽头。

克里斯托弗·哥伦布如是描述其第三次远航

探险家们总是以难以捉摸的矛盾性格著称。也许只有这样，他们才能获得向未知旅途进发所必需的意志，还有说服人们一同踏上旅途的虚张声势。不过在所有的大探险家中，克里斯托弗·哥伦布绝对是性格最扑朔迷离的一位。他是一位极能干的航海家，却总是在计算和理论上出错；他是一个想方设法挤入上流社会的势利眼，却总是以救世主自居；他还是一个贪婪的执迷不悟者，同时又是一个狂热的宗教信徒。

如何将真正的事实从哥伦布的传记中提炼出来至今仍然是一个问题，这使得哥伦布性格中这些显而易见的矛盾更加迷人。我们拥有大量他的日记和自我辩解的信件，然而，世上没有与他同时代的哥伦布画像，还存在许多关于其身份的稀奇古怪的阴谋论。哥伦布曾作为意大利人、西班牙人、犹太人甚至美洲人被人称赞颂扬。距今最近的说法认为他是一个拥有贵族身份的葡萄牙间谍。但在热那亚举行的一次庆贺哥伦布诞辰500周年的展览中，大量文件证据将出生于此地的哥伦布与一个自称为Cristóbal

Colón[①]的人联系在一起。哥伦布出生于1451年，他的父亲是一个织布工和政治积极分子，名叫多梅尼克·哥伦布。克里斯托弗出生18个月后，君士坦丁堡落入了土耳其人手中，切断了热那亚和能够为其带来大量回报的黑海地区殖民地之间的联系。

哥伦布的童年和青少年时期的历史也很模糊。在法国人和阿拉贡人为热那亚争斗不已的时期，他甚至可能当过臭名昭著的海盗。我们确切知道的是，1476年，25岁的哥伦布在葡萄牙海岸遭遇了海难事故，他的船队当时遭到了法国海盗的袭击。最后他到达了英格兰，很可能先到了南安普顿——船队本来的目的地，然后到达了布里斯托尔。在这里他见识了15米高的巨潮——提示他面前的大西洋有多么广袤。一定是在这个时期，他进行了一次去往冰岛的远航，他本人后来曾吹嘘这次航行航线距离格陵兰岛以及已知世界的边缘非常之近，近得撩人。在冰岛，他很可能听说了古挪威人在更加遥远的Helluland、Markland和Vinland[②]定居的故事。在返航路过戈尔韦时发生了一件事，一定给了他未来计划的灵感。人们从海面上拖上来一条小船，里面有一男一女两个人，虽然在海上漂流了一段时日，但两个人都还活着，长着一副“最不同寻常的脸孔”。哥伦布认为他们是中国人。

筹划

导致哥伦布穿越大西洋的一系列事件，就如同其他有关他的众多事情一样，有着完好的记录，又被人们激烈地争论。他通过婚姻进入了葡萄牙的显赫探险家族，他在马德拉群岛附近荒僻的圣港岛上度过的时光，他与佛罗伦萨的圣徒保罗·达尔·波佐·托斯卡内利的通信（后者一直认为如果想得到东方无尽的财富，可以一直向西航行），这些都对他的行动产生了很大影响。还有他在里斯本度过的时光——他会在码头附近的酒吧里打听小道消息。

说到里斯本，这又引出了另一件有趣的事。在里斯本，哥伦布很有可能遇到了他的伙伴热那亚商人约翰·卡伯特，一个归化的威尼斯人。他们之间的关系仍然模糊不清，但从他们的故事中可以推断，去往印度的计划最开始是卡伯特和哥伦布（还有克

① 克里斯托弗·哥伦布名字的西班牙文。——译者注

② 维京人在公元1000年发现并命名的三个北美洲地区。——译者注

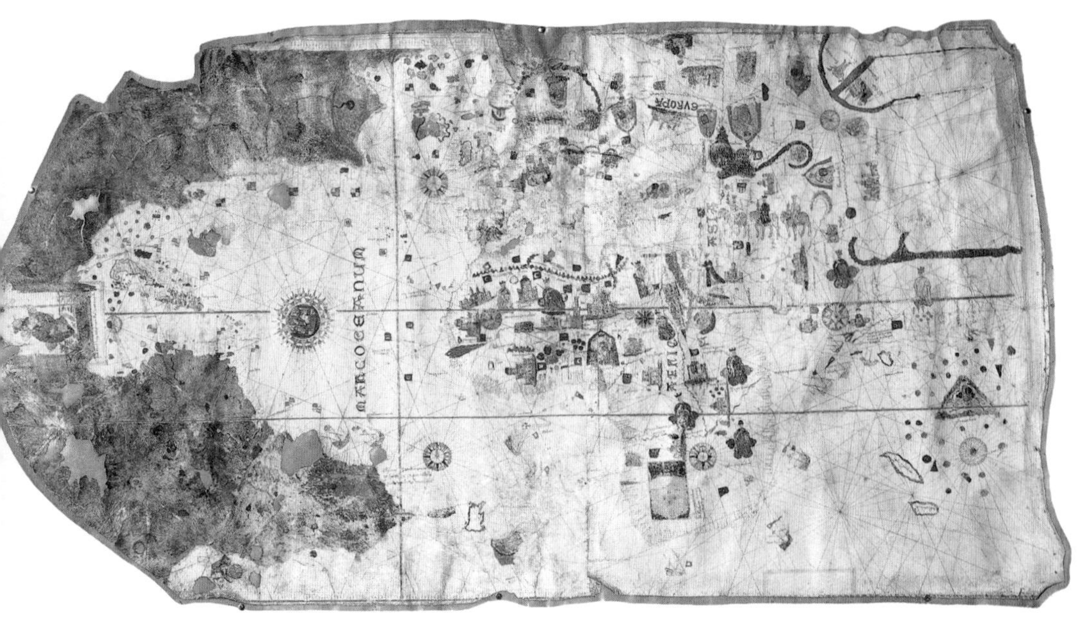

上图：胡安·德·拉·科萨的世界地图，他是圣玛利亚号的船主，跟随哥伦布进行了前两次远航。这张地图绘制于1500年左右，包含了最古老的新世界图样，见地图左侧。1831年，它被发现于巴黎塞纳河畔的一个旧货商店里。

下图：哥伦布的盾形纹章上有卡斯蒂利亚王国和莱昂王国——最终形成西班牙的四个王国中的两个——的徽章，还有他发现的岛屿以及他自己的个人象征。

里斯托弗的哥哥巴尔托洛梅奥）的合作项目，但它后来在债务和嘲讽声中流产了。两个人都是热那亚人，很可能与同一个政治党派以及萨沃纳海港有关系。他们的年龄也几乎一样。两人都参与了南欧与布里斯托尔和伦敦的羊毛和丝绸贸易。两人都经常光顾同样的港口。在1480年代中期，两人都负债累累，不得不携家带口离乡背井地奔赴异地生活。

这桩合资项目——如果它真的是这样在里斯本发展起来的——想要解决一个关键问题：他们需要找到能让他们从自己的发现中获利的方法。在当时，有希望的探险家可以依附于有权势的君主，但在他们所发现的土地上，君主不会赋予他们任何个人权利：他们会拿到一笔赏金，到此为止。哥伦布和卡伯特所谋划的则有所不同——他们想和君主订一份协定，如果他们成功了，就能从自己发现的土地上分一杯羹，并能获得其他的权利。如果他们的计划成功了，最终又能到达中国的话，就会成为世界上最富有的人。

无论真相如何，哥伦布放弃了和葡萄牙人合作的想法。他和他的哥哥巴尔托洛梅奥将航海计划呈给了卡斯蒂利亚、英格兰和法兰西的王室，但起初并没有成功。然而多亏卡斯蒂利亚大财主路易斯·德·桑坦赫尔的支持，哥伦布最后得到了卡斯蒂利亚国王斐迪南和女王伊莎贝拉的支持。1492年8月，圣玛利亚号、尼尼亚号和平塔号从帕洛斯港启航出发。

第一次远航

一到了海上，天生过度乐观的哥伦布就在日志中不断夸大他们的进展。但他保留了一系列类似的航海图，用来让船员相信他们通向未知世界的旅途并不是无法返回的，而实际上这些航海图描述得更为精确。即使是这样，到了10月11日晚上10点，当哥伦布以为他看见地平线上出现了某样东西“像是一根小蜡烛，忽隐忽现”时，他的船员还是开始了公开反叛。第二天凌晨两点，平塔号眺望到了陆地。哥伦布将这座小岛命名为圣萨尔瓦多，并举行了一场王家标准的盛大登陆仪式，双膝跪倒在小岛的沙滩上。然后他将注意力转向了那些盯着他看的赤身裸体的人们，并送给他们一些红色的帽子和玻璃珠以及“许多不值钱的小物件，土著居民对此非常高兴”。

在伊斯帕尼奥拉岛——当地人称为海地，哥伦布取得的成就以及他的殖民行为的

西奥多·德·布里想象哥伦布第一次遇到泰诺人的场景，泰诺人是哥伦布发现的岛屿上生活的加勒比海人。这幅画作于此事件发生一个世纪以后，不过画中描绘的部分场景真的发生过。一开始，哥伦布对于他遇到的这些人的简单纯朴感到十分喜悦。

悲剧性在于，他对当地人纯真状态的喜悦很快就因为当地黄金的缺乏转变为巨大的沮丧，随之而来的就是残忍的镇压，最终是种族灭绝。这很快成为了旧世界和新世界关系的模式，造成这种局面的原因很大程度上是因为哥伦布的远征虽说是探险，但更是一项投机买卖。它必须盈利。虽说它最终实现了盈利，但主要的问题是哥伦布在通往中国的海上航线这个问题上犯了错误。他的计算出了错。他将地球的周长少估计了四分之一，然而却始终拒绝承认这一点，即使当他的所有同代人都明白一片广袤的新大陆截断了这条航线的时候。

在圣诞节的晚上，圣玛利亚号搁浅沉没了。在当地人的帮助下，它的木材被打捞上来，建成了一个小型定居点，哥伦布把船上的海员留在这里，交给迭戈·德·阿拉纳指挥，他是哥伦布情妇的表弟。在返回欧洲的途中，哥伦布不得不赶到亚速尔群岛营救被葡萄牙人逮捕的他的船员，然后与平塔号上的马丁·平松失去了联系——几乎也失去了他的发现所带来的荣誉。他最终历尽艰辛，误闯入里斯本港，不得不面对葡萄牙国王的一场艰难而危险的审讯。

海上大将

哥伦布安全地返回卡斯蒂利亚之后，欣喜万分的斐迪南和伊莎贝拉向他授予了之前承诺过的所有头衔："海上大将"、"总督"和"印度新发现岛屿的统治者"。在前往巴伦西亚面见他们时，哥伦布在街上前进，意气风发又一脸严肃，他身边还有带回来的 6 个俘虏，几乎全裸，披戴着他能找到的所有金子和华丽的服饰，他们每人手中提着一个鸟笼，里面装着一只颜色鲜艳的鹦鹉。卡伯特和街边的人们一起看着他走过。

哥伦布渴望着重返征途，1493 年 9 月，他从加的斯出发，率领的舰队共有 17 艘船只，1300 人，包括殖民者、骑士和修道士。伊莎贝拉命令哥伦布让当地人皈依基督教，并友好地对待他们。他的命运却在这时开始了转折。当他回到伊斯帕尼奥拉岛上时，发现他在新世界建立的第一个定居点拉纳维达德已经消失不见，定居点的居民都死了。这是由于船员们偷了岛上的金子和妇女，他们和岛民因此发生了一次小型摩擦，然后岛民对船员们发动了一场惨烈的报复。

虽然在航程中到达了古巴、特立尼达以及如今的委内瑞拉的海岸，健康状况渐渐恶化的哥伦布仍然牢牢地抓住自己最开始的理论。他始终认为自己发现了去往印度的

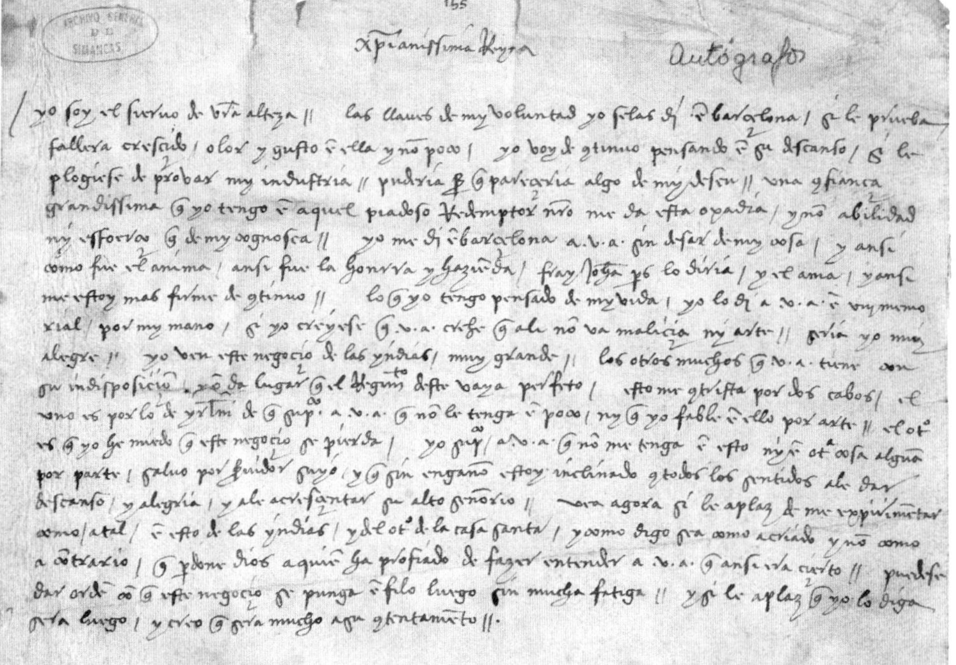
155

Xpianissima Reyna

Autógrafo

yo soy el siervo de vra alteza || las llaves de my voluntad yo selas di en barcelona / si le prueba
fallara crescido / olor y gusto en ella y no poco / yo voy de contino pensando en su descanso / si le
ploguiese de probar my industria || podria ser que separaria algo de my deseo || una confiança
grandissima que yo tengo en aquel precioso Redemptor nro me da esta osadia / y no abilidad
ny esfuerço que de my cognosca || yo me di en barcelona a v. a. sin dexar de my cosa / y ansi
como fue el anima / ansi fue la honrra y hazienda / fray Johan lo diria / y el ama / y ansi
me estoy mas firme de contino || lo que yo tengo pensado de my vida / yo lo digo a v. a. en my mismo
real / por my mano / si yo creyese que v. a. esto que ahi no va malicia ny arte || seria yo muy
alegre || yo veo este negocio de las yndias / muy grande || los otros muchos que v. a. tiene con
su indisposicion / no da lugar que el segundo deste vaya perfecto / esto me contrista por dos cabos / el
uno es por lo de ytalia de que supe a v. a. que no le tenga en poco / ny que yo fable en ello por arte || el otro
es que yo he miedo que este negocio se pierda / yo supe a v. a. que no me tenga en esto ny en otra cosa alguna
por parte / salvo por servidor suyo, y que sin engaño estoy inclinado con todos los sentidos a le dar
descanso / y alegria / y a le acrescentar su alto señorio || era agora si le aplaze de me reprimentar
como a tal / en esto de las yndias / y de lo otro de la casa santa / y como digo sera como creado y no como
a contrario / que plega a dios aquien ha profiado de fazer entender a v. a. que ansi era cierto || podria se
dar orden con que este negocio se ponga en filo luego sin mucha fatiga || y si le aplaze que yo lo diga
sera luego / y creo que sera mucho agradecimiento ||.

哥伦布对伊莎贝拉女王有着非同寻常的感情联系，他的许多信件都是写给她的，比如来自西班牙锡曼卡斯总档案馆的这一封。她对哥伦布持续不断的信任让他能够一次次重振旗鼓，进行新的航行。

航线，并相信自己是上帝的神器，没有任何东西能够动摇他的这些想法。然而，他奴役伊斯帕尼奥拉岛上当地泰诺人的做法使其与一向仰慕并重视他的伊莎贝拉女王之间产生了冲突。他对待同行殖民者的残忍方式、他施加的绞刑及其他残忍的刑罚——所有这些都是女王明令禁止的，也使得舆论不断要求将他免职。在第三次航行的途中，他被押送回国。

尽管颜面尽失，哥伦布仍然得到准许进行最后一次远航。他称之为“崇高远航”，这次远航本来是想要最终到达印度并带回足够的黄金，以恢复他失去的头衔。然而最后他却在牙买加圣安斯贝沙滩上和一半同行者发生了武装冲突并陷入孤立无援的境地，还要等待伊斯帕尼奥拉岛上他的仇敌前来营救。

就在这段时间，当本地土著拒绝为哥伦布继续提供食物的时候，哥伦布巧用月食跟当地人要了一个著名的花招。他在历书上查到1504年2月29日将有一场月食。巴尔托洛梅奥于是召集了附近所有的酋长在那天晚上会面，等他们一到，哥伦布就告诉他们如果还不提供食物，上帝就要惩罚他们，让月亮消失不见。话音刚落，阴影开始慢慢覆盖在月亮上面，这些岛民立刻向他祈求宽恕。小心把握时机的哥伦布说，只有当地人承诺继续供应日常食物，月亮才会重新出现。第二天，中断的食物供应就恢复如常了。

在最后的岁月里，哥伦布的健康每况愈下，他总是愤恨地抱怨着西班牙君主对他的刻薄寡恩，还有他如今的贫穷。其实他一点儿也不穷。运载着他自己的金子的那艘船是从一场毁灭性飓风（hurricane，一个泰诺语单词）中逃脱的唯一一艘船只，这场飓风将他的宿敌弗朗西斯科·德·博巴迪拉的归航船队摧毁了，但他还是觉得贫穷。

1506年5月20日，年仅54岁的哥伦布在巴利亚多利德的一个小房子里去世了，照顾他的是他一直仰慕的方济会修士。他的死在当时几乎没有引起一点儿波澜。他残忍、总是判断错误却执迷不悟，但无疑仍是一位伟大的航海家——尽管他从未意识到他所看到的真相——和一位伟大的先行者。

罗纳德·沃特金斯/撰

瓦斯科·达·伽马

通过海路去往印度

（1469/1470–1524 年）

上帝给了葡萄牙人一个面积很小的国家作为摇篮

但给了全世界作为他们的坟墓。

17 世纪的葡萄牙耶稣会信徒安东尼奥·维埃拉

葡萄牙人在 15 世纪横扫大片世界的许多发现带来的深远影响并未广泛地被感激和赏识。这样的说法并不算过分：是由于葡萄牙人，世界才变成我们熟知的这个样子——无论是变得更好还是变得更坏。葡萄牙人所获得的成就中，最关键的就是瓦斯科·达·伽马发现的通往印度的海上航道。

葡萄牙人进行的探险活动是对未知世界进行的一场持续数十年的系统探索。历史上没有别的民族扩散得如此广泛、快速和彻底。是葡萄牙人打开了通向大西洋的航路，是他们首先沿着非洲西海岸南下航行。他们是第一批从欧洲启航穿越赤道、航行于非洲东西海岸、到达印度和印度之外的亚洲的欧洲人。在美洲，他们还“发现”了巴西。

为了寻找通往印度的海上航线以便进行香料贸易从而获得暴利，葡萄牙人发明了或者采取了当时最先进的航海技术，并不断改进他们的船只。正是船身造型奇特、带有大三角帆的葡萄牙轻快帆船成就了葡萄牙人的壮举。大发现时代最让人不安的一点是将非洲黑奴引入了欧洲的经济。发明奴隶制的不是葡萄牙人，创造非洲黑奴制度的也不是葡萄牙人，但他们将这一现象扩大到了前所未见的程度，给无法数清的数百万人带来了难以言说的痛苦和伤害。

DOVASÇODAGAMA
VISOREIE COMDE

去往印度的通道

伽马的家庭并不富有，亦非贵族，但为葡萄牙王室服务了多年。伽马的父亲是一名骑士，曾当过锡尼什港的地方长官，伽马就是在1469年或1470年出生于那里。在他成长的年代里，葡萄牙人的探索发现就已经成了传奇，在每一个新的航行季节中都有新的进展。伽马成长为一个优秀的航海家，或许是欧洲最好的航海家之一，并在葡萄牙与卡斯蒂利亚的战争中脱颖而出。1492年，当时的国王交给他一项棘手的任务，他以非比寻常的调度能力和诚信意识处理了这件事情。

值得注意的是，瓦斯科·达·伽马与那些和国王有过宿怨的家族都没有结盟关系。于是当国王曼努埃尔一世决定进行一次远征，寻找通往印度的航路时，这项光荣的任务就落在了年轻的瓦斯科身上，因为国王最不愿看见的就是他的投资给任何一个潜在的对手带来财富和名望。

这次航行极为艰险遥远，这条通往印度的航道在15世纪相当于如今奔向火星的旅途。大约175名船员和4艘舰船组成了一支规模不大的远航舰队。1497年7月8日，在喧闹的人群和曼努埃尔国王的欢送下，舰队从里斯本南部的贝伦出发。按照“偏航回归”的策略，舰队向西南航行了一大段距离，最远距陆地足有5420千米，然后在11月4日抛锚停泊于距目标地南非160千米的地方。时至今日，这段旅程仍是世界史上最非凡的航海成就之一。

除了某些特例，葡萄牙人和当地人的接触基本上比较和善，直到3月1日他们到达阿拉伯和穆斯林控制的莫桑比克为止。当地的统治者一认出来访者是基督徒就下令攻击他们。伽马招募的领航员们试图弄沉船只。伽马挫败了这种背叛行为，带领舰队在4月7日到达了蒙巴萨，这时舰队只剩下3艘船。但这里居民对他们的态度也并不更好，葡萄牙人曾击退了一次夜袭。不过一个星期之后，伽马在马林迪遇到了一位友好的酋长，这位酋长是蒙巴萨首领的宿敌，他同意为舰队提供补给，最棒的是还提供了一位优秀的领航员。在23天内，舰队乘着印度洋的季风穿越了阿拉伯海，在5月20日到达了印度南部的马拉巴尔海岸。

左页图：瓦斯科·达·伽马是那类最稀少的探险家之一，他每次任务都取得了成功，一生都享受着名声、荣誉和巨额的财富。（来自*Livro de Lisuarte de Abreu*一书，1565年）

伽马远航的影响

印度已经有过征服者，他们中的许多人比葡萄牙人表现得更加暴力和残忍，但葡萄牙人和其他欧洲人的到来永久地改变了这片次大陆。就像穆斯林曾经阻挡欧洲人直接与印度接触一样，他们同样阻挡了印度人与欧洲发生直接接触。

与当地居民的关系开始还算友好，但当地的阿拉伯商人说服了卡利卡特港的统治者拒绝了他们签订贸易协定的请求。心有不甘的伽马无可奈何地接受了这个事实，并且在领教了更多的背叛之后，他开始向北航行，进行整修和补给。然后，在 8 月 29 日，伽马开始起航返回非洲，当时印度洋的季风尚未到来，领航员劝他等待，但他不为所动。结果在接下来仅仅 3 个月的航行中，葡萄牙人因坏血病损失的船员数量是整个旅途中死去船员数量的几乎一半，当剩余的两艘船到达葡萄牙的时候，起航时的船员只剩下了 44 个活着的。

整个航行历时两年，伽马和他的船员们航行了两万三千海里，比沿着赤道绕地球一周还要长。在数十年前，他们所取得的成就还被认为是根本做不到的。他们的远航被描画为一场民族史诗般的神圣壮举。伽马成为了所有时代最伟大的葡萄牙人。由于和东方有了规律的贸易，香料的货源变得很丰富，葡萄牙国王在供不应求的香料贸易中获得了巨额的利润。东方的香料生产量大幅提高，而欧洲的香料价格实际上上涨了三倍。自罗马帝国以后，当时曼努埃尔国王生活的奢华程度在欧洲从未出现过。

瓦斯科·达·伽马曾先后两次回到印度。他的第三次远航是在 1524 年进行的，那时的他 54 岁，即将走进生命的尽头。在那里，海军上将、印度总督和维迪奎埃拉伯爵瓦斯科·达·伽马上岸后不久染疾，几个月后平静地离开了人世。他最终安葬于贝伦的热罗尼莫斯大教堂。

瓦斯科·达·伽马的史诗远航是人类历史上意义最重大的事件之一，自亚历山大大帝以来，它首次将东西方的人们直接联系在一起，并从此带来了永久的接触和交流。从此欧洲人将自己技术和武器上的优势推向世界。它将基督教和西方文化传播到最遥远的岛屿上。由它引起的基督徒和穆斯林的再次冲突直至今天还在继续。

右页图：为了从欧洲出发航行遥远的距离到达印度，葡萄牙人发明了新的船只和新的航海技术，见于这本 15 世纪晚期至 16 世纪初期的手稿 *Livro das Armadas*。

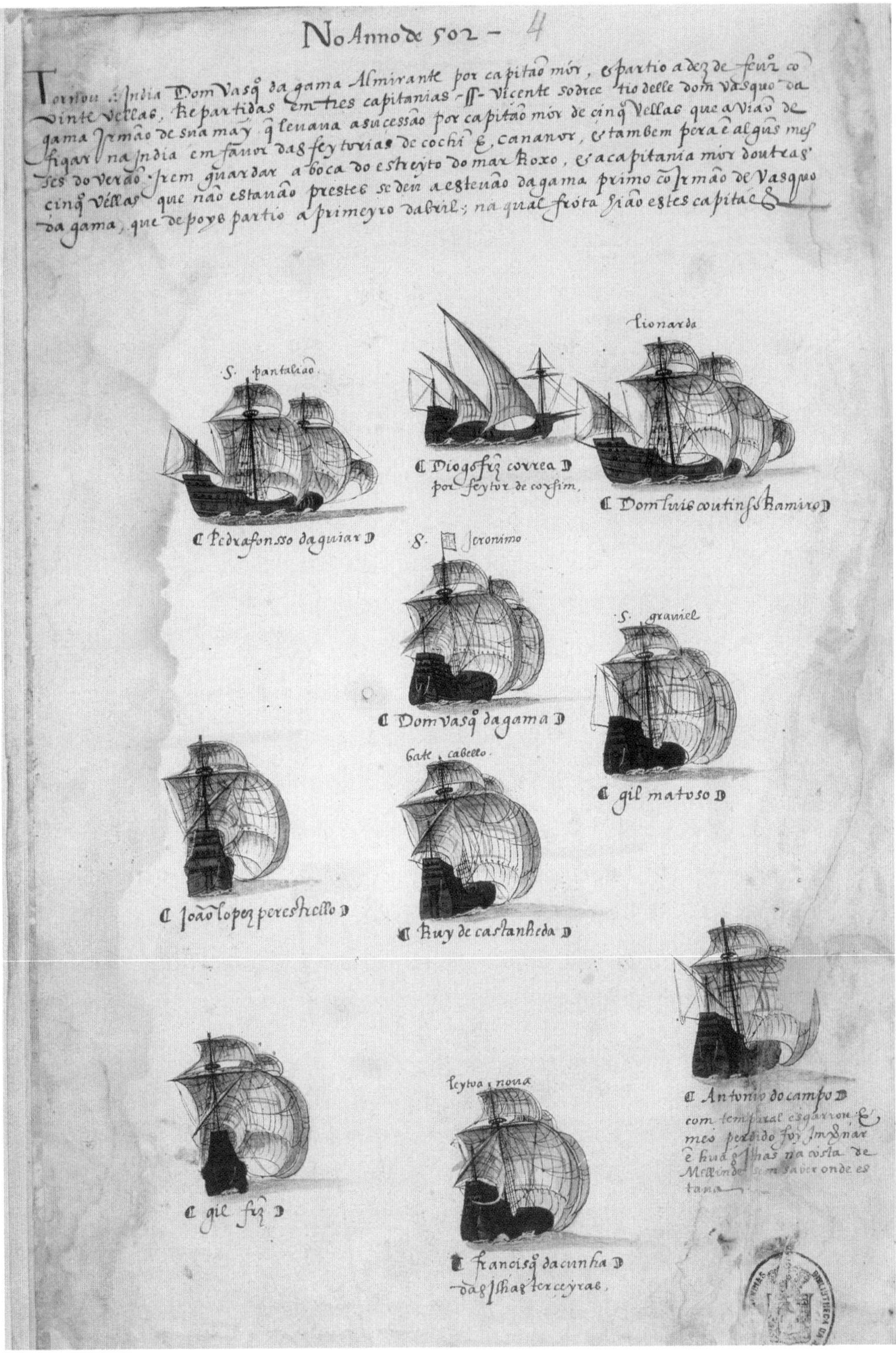

No Anno de 502 - 4

Tornou à India Dom Vasq° da gama Almirante por capitão mór, e partio a dez de fevr° co vinte vellas, Repartidas em tres capitanias - ß - Vicente sodree tio delle dom vasquo da gama Irmão de sua may q levava a sucessão por capitão mór de cinq° vellas que avião de figar na India em favor das feytorias de cochi e cananor, e tambem pera e alguns meses do verão irem guardar a boca do estreyto do mar Roxo, e a capitania mór doutras cinq° vellas que não estavão prestes se deu a estevão da gama primo co Irmão de Vasquo da gama, que depoys partio a primeyro dabril; na qual frota yão estes capitães

S. pantaliao

Pedrafonsso daguiar

Diogo fiz correa
por feytor de coxsim

lionarda

Dom luis coutinho Ramiro

S. Jeronimo

Dom Vasq° da gama

S. graviel

gil matoso

João lopez perestrello

Gate cabello

Ruy de castanheda

Antonio do campo
com temporal esgarrou e mes perdido foy invernar e huas Ilhas na costa de Mellinde sem saber onde estava

gil fiz

leytoa nova

francisq° da cunha
das Ilhas terceyras

保罗·罗丝/撰

费迪南德·麦哲伦

环球航行

（1480–1521 年）

精通航海图的麦哲伦比任何人都更了解航海的真正艺术，
能够明证这一点的是，他知道在无人提供范例的情况下
如何凭借自己的天才和勇气尝试进行环球航行，
而他也几乎亲自完成了这一旅程。

安东尼奥·皮加费塔在日记中所述

费迪南德·麦哲伦所尝试的是一场终极远航。他的航行首次证明地球的确是圆的，并且它的周长超过 4 万千米。他所用的海航图将地球的周长少算了 1.1 万千米，因为它略去了太平洋的大部分，不过麦哲伦还是用这张图完成了环球航行。

1480 年，麦哲伦出生于葡萄牙，尽管九岁时双亲就已离世，但家族的关系和影响力还是将他送到了皇室服务，那时他才 12 岁。1505 年，25 岁的麦哲伦被派遣到印度帮助弗朗西斯科·德·阿尔梅达就任那里的葡萄牙总督，并沿途建立军事和海军基地。毫无疑问，麦哲伦是一名优秀的海员和一位勇敢的战士（他参加了 1509 年的第乌之战），但他的固执己见常常给自己带来麻烦，在刚刚被提升为船长不久，他就因为违背舰队的命令被遣返回葡萄牙。

他的下一次成功仍然充满了非议。1512 年，麦哲伦航行至摩洛哥，然后他在 1513 年攻打摩尔人要塞的阿萨莫尔（Azamor）之战中大腿严重受伤。虽然他在战斗中又表现得十分突出，但还是被指控与信仰伊斯兰教的摩尔人进行非法贸易。指控中的几项罪名都查无实证，但麦哲伦最终失去了国王曼努埃尔一世的信任，国王告诉他今后不再允许他为国家服务。于是在 1517 年，37 岁的麦哲伦背弃了葡萄牙，宣布放弃葡萄牙国籍，并到达西班牙为查理五世效力。一到西班牙，他就把自己的葡萄牙名字费尔诺·德·马加

良斯（Fernão de Magalhães）改成了西班牙文费尔南多·德·马格兰斯（Fernando de Magallanes）。

FERDINANDVS MAGELLANVS FRETI PERVVIANI TERRÆQVE AVSTRALIS INVENTOR
Dux ego claßis eram Lositanni nomine Regis,
Mißus in Aus trales spaciosa per æquora terras:
Plurimaque vt nobis apparuit insula; tandem
Ad freta deuenimus nostro de nomine dicta.
Ipsa Magellani etiam nunc terra reseruat
Australis nomen: pery sed miles in illa.

虽然麦哲伦没能在自己率领的寻找通往香料群岛的西向航线的远征中幸存下来，但正是他的冷酷的决心导致了最后的成功。

从西方到东方的航线

对当时的西班牙来说，由于葡萄牙已经主宰了东方航线，因此找到一条向西航行通往亚洲的航线是最终的战略目标。1513年，瓦斯科·努涅斯·德·巴尔沃亚穿越了巴拿马地峡，并沿着太平洋海岸航行——成为了第一个这么做的欧洲人。麦哲伦决心创造一条通往香料群岛的通道，如果他不能为自己的祖国完成这一心愿，那么他愿意在西班牙的旗帜下领导这次远航，这就意味着向西航行。他说服查理五世相信远航一定会成功，因为他不光有优秀的航海技术和坚定的决心，并且还带着前往南美洲末端航线的相关新信息和海图。西向航线的价值几乎无法估量，国王给予了远航全力支持。1519年8月，麦哲伦的舰队从塞维利亚出发，舰队由五艘海船组成：维多利亚号、特立尼达号、圣安东尼奥号、康塞普西翁号和圣地亚哥号。

远航一开始的情况很困难，麦哲伦听说有些船长在威胁进行叛变。圣安东尼奥号的船长胡安·德·卡塔赫纳拒绝接受麦哲伦的命令，被解除了职务。维多利亚号的船长安东尼奥·萨拉蒙因为鸡奸了一个船上侍者而被判处死刑。由于船上供给的质量和数量都出了问题，在大西洋中间的时候船员们的口粮定额就被削减了，这就更加恶化了不满情绪。这些困难必须得到解决，尽管途中还不时出现被迷信思想

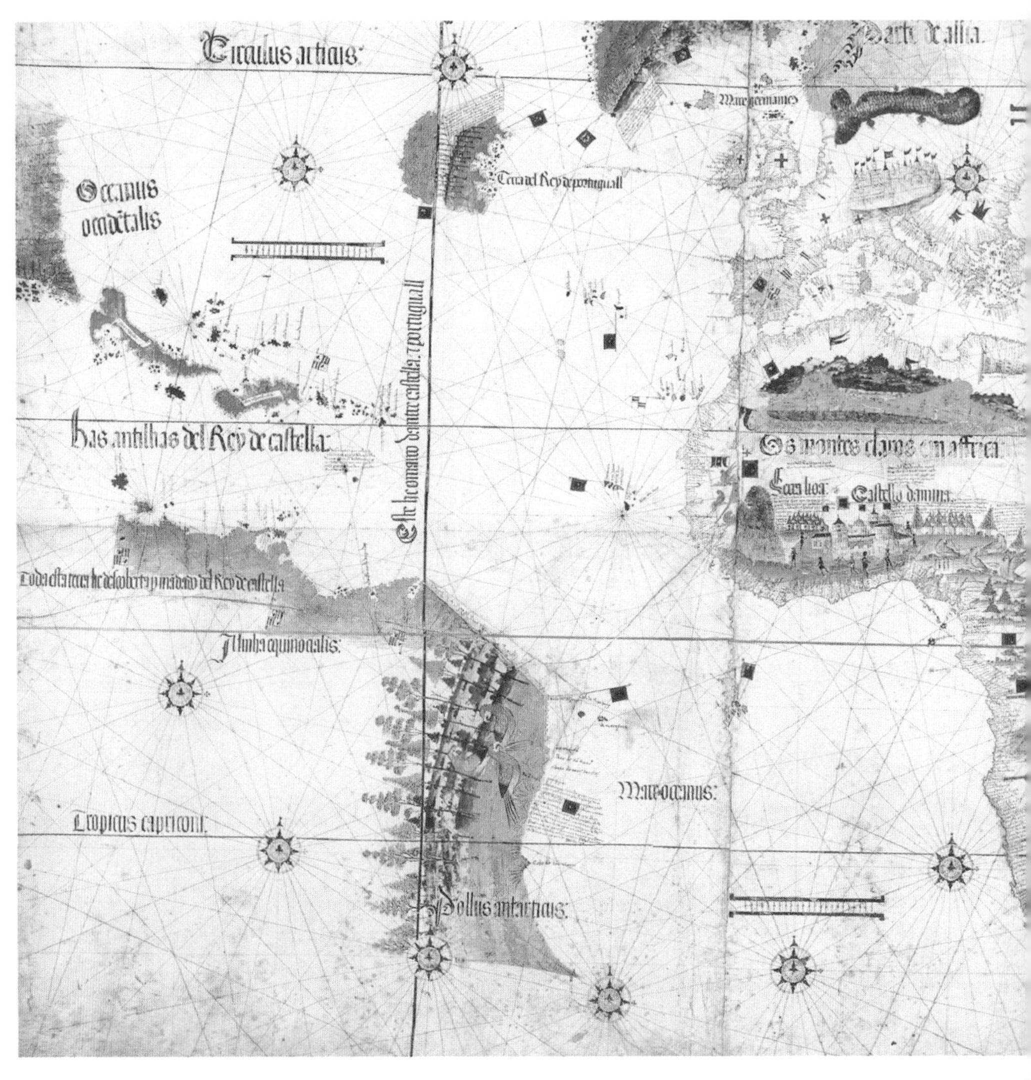

分割世界：1493年，根据《托德西利亚斯条约》的规定，教皇亚历山大六世在大西洋佛得角群岛的西面（大约西经46°30′）划定了一条分割线，并将此线以西的土地划给西班牙，此线以东的土地划给葡萄牙。由于通往印度洋的已知航线是东向航线，这让那时的葡萄牙人能够轻松到达重要的香料群岛。这张1502年的坎提诺地图展示的是葡萄牙人对于此线位置的理解。

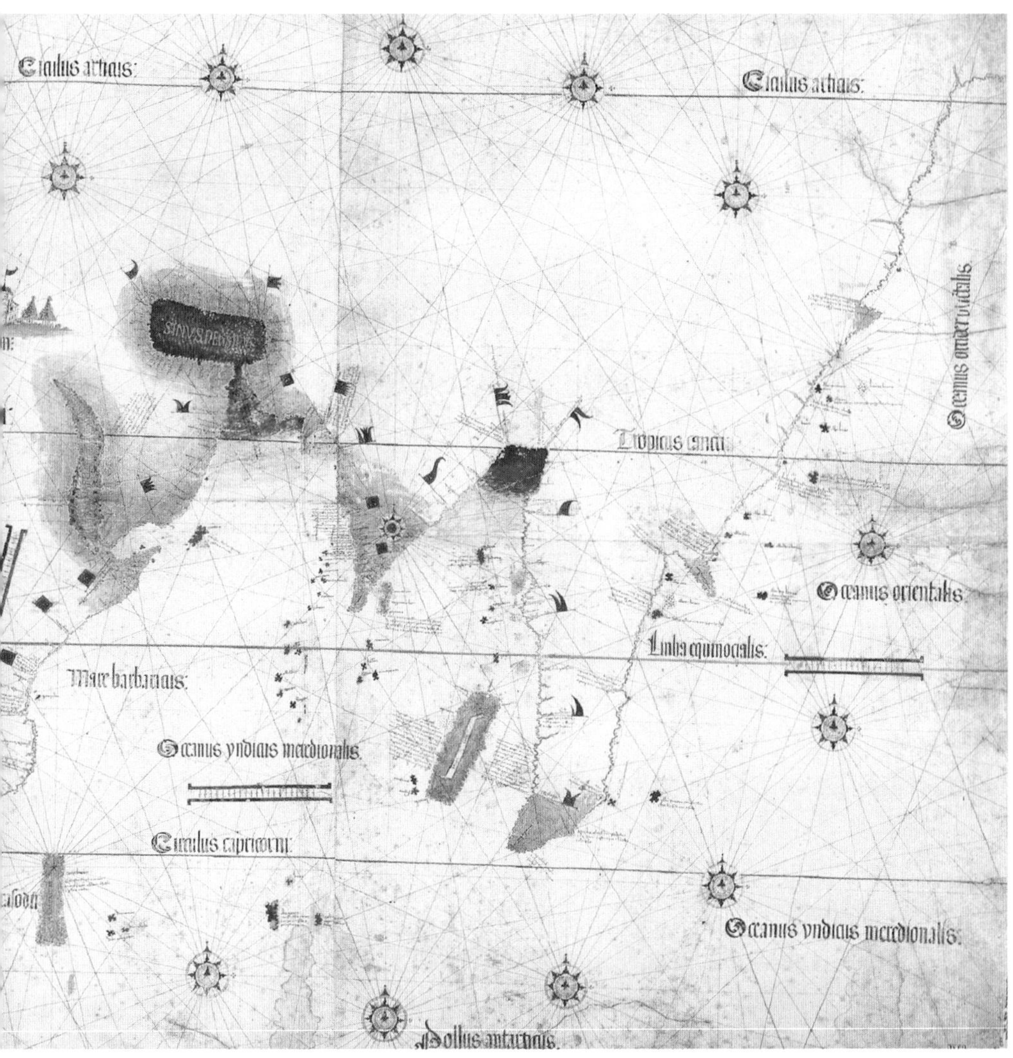

Circulus articus:
Circulus articus:
Oceanus orientalis
Tropicus cancri
Oceanus orientalis.
Linha equinocialis:
Mare barbaricus:
Oceanus yndicus meridionalis.
Circulus capricorni:
Oceanus yndicus meridionalis:
Pollus antarticus.

菲律宾群岛宿务岛上的居民，绘于一本16世纪的博克舍抄本上。麦哲伦着手于使岛上的居民皈依基督教，并和宿务的酋长结拜为兄弟，承诺攻击附近麦克坦岛上酋长的仇敌，就是这次袭击要了麦哲伦的命。

视为神迹的圣艾尔摩之火①。安东尼奥·皮加费塔，一位威尼斯学者和这次探险的记录者，这样写道："在这些风暴中，圣安塞姆的身躯好几次出现在大家面前。在其中一个漆黑的晚上，天气非常恶劣，所谓的圣徒以明亮火炬的形式现身于主桅杆顶端，在那里停留了两个半小时之后消失，我们才终于松了一口气。"

他们在12月到达了巴西海岸临近如今里约热内卢的地方，然后麦哲伦开始寻找通过南美洲的通道。他们一路向南，调查了几乎每个深湾和河口，天气变得越来越恶

① 圣艾尔摩之火，雷雨天时可出现在帆船桅杆顶端的闪光，被视为不吉利的预兆。——译者注

劣，冬天也要来了。给养正在慢慢耗光，加上海船在未知水域穿行的困难和偶尔的搁浅，使得一些船长要求麦哲伦下令返航回家。但麦哲伦带着一贯的决心，认为他一定能寻找到通道并继续向南航行。

到了3月，情况越来越糟，毫无疑问他们要在南美洲的海岸上过冬了，于是他们停泊在大约南纬49°的朱丽娅港。这是一个很好的锚地，有树可以提供硬木木材修补受损的船只，还有海鸟、海豹和鱼可以补充给养。但暴虐的天气拖慢了维修的速度，麦哲伦准备应对一个漫长的冬天——每个人都只配给勉强维持生存的口粮。

不满情绪又高涨起来，麦哲伦在4月份听说了又一场针对他的阴谋。他反应迅速，派遣一只小船登上维多利亚号，在一场奇袭中将意图谋反的带头人之一船长门多萨杀死。叛变者们成功控制了部分船只，但麦哲伦封锁了水湾出口，阻止他们离开。迅速、冷酷的行动加上足够的海员对麦哲伦保持忠诚，使他成功平息了叛乱。然后他进行了惩罚：40人被判处死刑，后来被减刑，以服苦役代替；圣马丁，一位占星学家，遭到了拷打和折磨；包括康塞普西翁号船长加斯帕·德·克萨达在内的其余人被处决了。卡塔赫纳和佩罗·桑切斯·德·拉·雷纳，一位牧师，随后被遗弃在海岸上，陪伴他们的只有那些被刺穿的尸体。

通过海峡驶向太平洋

麦哲伦随后派遣圣地亚哥号向南继续寻找通道，但在一片很像是通道的水域航行时，圣地亚哥号被一阵狂风弄沉了，结果这片水域也只不过是另一条河。船上的两名海员通过陆路回到了其他船上，剩余的海员都被救起。到了10月，剩下的4艘船重新整修并补充给养后，寻找西向航道的探索继续进行。最终他们在南纬52°进入了向西的通道。在480公里长迷宫般的海峡中，瞅准时机的圣安东尼奥号逃跑回家了。但麦哲伦领着剩下的3艘船和200名海员继续坚持着。终于，在1520年11月底，他们离开了海峡区域，进入了太平洋。

麦哲伦的航海图是基于托勒密在公元2世纪的计算绘制的，而托勒密将地球的周长少算了1.1万千米。这意味着麦哲伦并没有想到他在太平洋上的航行会成为一场长达96天的史诗般的远航。食物和水都消耗殆尽，坏血病开始流行，船员们挣扎在生存的边缘。就像皮加费塔所记录的那样：“吃光好的饼干之后，我们只能吃变成粉末的旧饼干，里面全是虫子和老鼠在里面撒的尿，气味呛人……至于老鼠，已经卖到每只半个金币，不是每个人都能得到足够的数量……我相信任何人都不愿意进行这样的航行。”

3 月初，幸存者来到了关岛，在那里找到了食物；之后，还是在这个月，他们到达了霍蒙洪岛，麦哲伦宣称菲律宾群岛归属西班牙。舰队在菲律宾群岛之间航行了一个月，享受着相对轻松的贸易、当地人的友好、优质的食物和不断增加的与女性接触的机会。麦哲伦利用这个机会为尽可能多的人施行洗礼：让当地社会皈依基督教是建立西班牙据点的一部分内容。

麦哲伦之死

麦哲伦沿用的是在他长大成人的过程中葡萄牙人一直使用的方法，那就是和当地酋长交朋友，然后再帮助他打败对手，从而获得在该地区的支持。在宿务，麦哲伦成了岛上统治者胡马邦酋长的密友和“结拜兄弟”，胡马邦酋长还皈依了基督教。胡马邦的敌人是附近麦克坦岛上的拉普拉普，于是麦哲伦向他承诺袭击麦克坦，杀死拉普拉普。麦哲伦确信这将是一场轻松的胜利，只带了一小部分人登上了麦克坦岛。但这次他超凡的自信出了差错，他和他的手下发现自己面对的是 1500 个受过良好训练的凶猛战士。在战斗中，麦哲伦被杀死并撕成了碎片。他的船员也有 8 人丧命，其余的人逃回了船上。震惊的皮加费塔记录道：“所有这些人都冲向他，其中一人拿着一根标枪（样子像一把短弯刀，只是更厚）刺入了他的左腿，他脸朝下倒了下去。所有人立刻冲上去用铁制和竹制长矛以及标枪刺向他，他们就这样杀害了我们的榜样、我们的光、我们的安慰和我们真正的向导。”

香料群岛和返航之旅

剩下的 115 人无法驾驶三艘海船，于是他们弄沉了康塞普西翁号，乘着维多利亚号和特立尼达号向香料群岛的财富驶去。他们在棉兰老岛、巴拉望岛和文莱之间航行了六个月，抓来一些当地的领航员帮助寻找航路，与当地酋长战斗以夺取食物和补

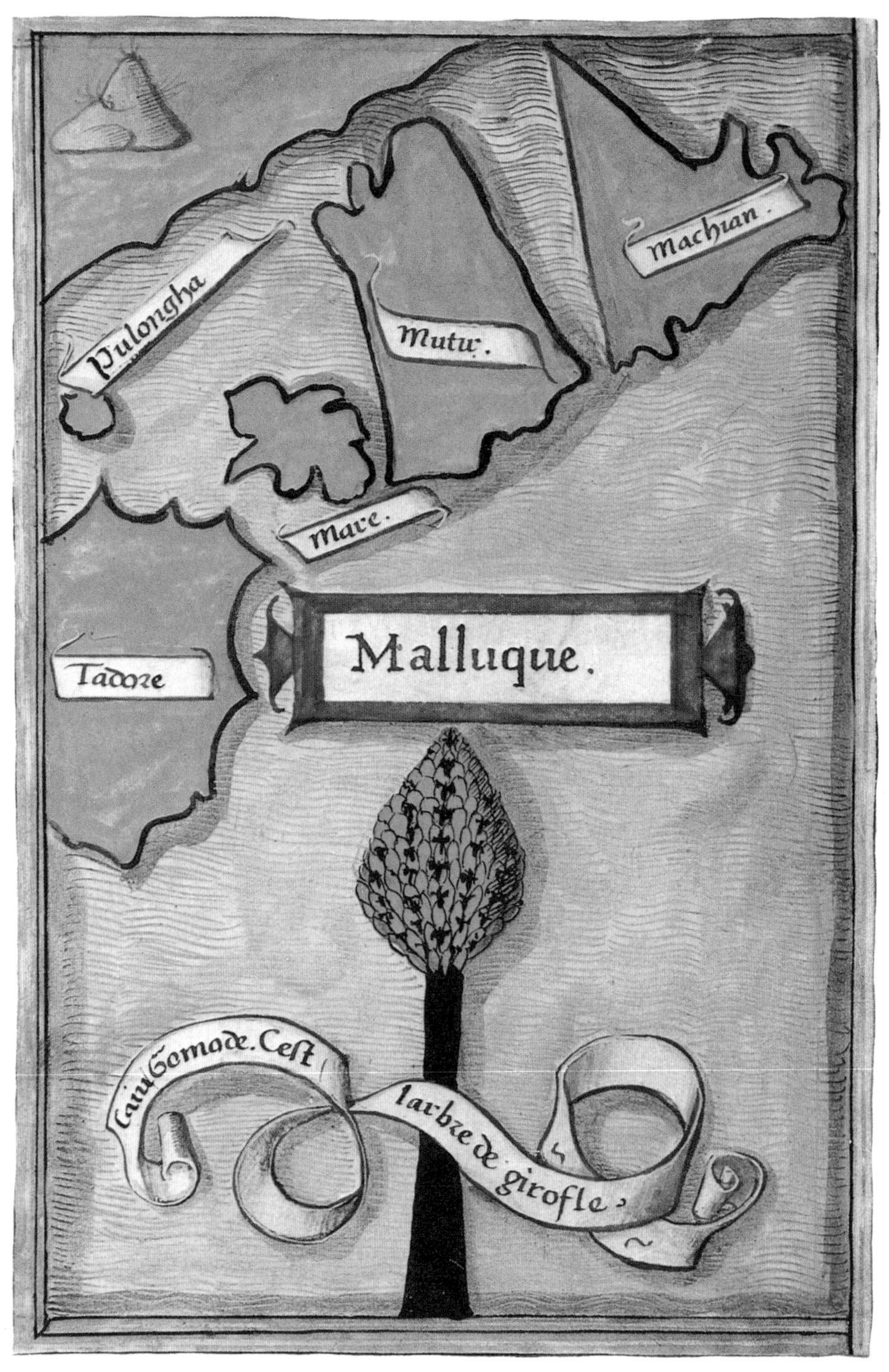

皮加费塔日记法文手稿中的一张插图，展示了摩鹿加群岛主要香料种植岛屿中的4个，还描绘了一棵概念化的丁香树。

给，抓来妇女充当船上的妻妾，一些人开小差逃跑了，还有为数不多的人死于和当地人的冲突。在1521年，他们最终到达了摩鹿加群岛——香料群岛。

与当地人贸易换来香料之后，他们发现特立尼达号的状况很差，决定让它向东航行返回西班牙。然而经过七个月的航行，遭受坏血病困扰的特立尼达号几乎快要沉没，又一次回到摩鹿加群岛，却发现自己到了葡萄牙人手中；船员都被关了起来。

维多利亚号上还有船长胡安·塞巴斯蒂安·埃尔卡诺和60名船员，并且满载着丁香。1521年12月，维多利亚号踏上了向西回家的路途。这艘船需要经常维修，他们曾在帝汶岛和爪哇岛上岸，一些船员在那里逃跑了。等他们绕过好望角的时候，船上的给养只剩下大米和脏水。到了7月份并饿死了二十多个人之后，埃尔卡诺认识到他必须冒险登上葡萄牙人控制的佛得角群岛补充基本的供给。结果刚刚上岸得到一点儿物资，他们就被葡萄牙人攻击了，埃尔卡诺不得不起航离开，丢下了13个人。他们的船漏得厉害，在剩下的向北的航行途中，不得不经常抽水，而且船员实际上已经断了口粮。1522年9月10日，维多利亚号和她的船员回到了塞维利亚，这时船员只剩下了18人。光是船上带回的丁香就能清偿远航所有的开销，还获利颇丰。

虽然麦哲伦未能亲自完成环球航行的壮举，但他冷酷而固执的决心使他寻找通往香料群岛西向航线的梦想变为现实。这次航行还促进了国际日期变更线的设立，因为维多利亚号上的船员回家后发现他们的日历延迟了一天。他们发现了穿过南美洲末端的通道，并观察到距我们最近的两个星系，如今都以麦哲伦的名字得到了命名。但最重要的是，这次航行证明了我们的地球是圆的。

瓦内萨·科林格里奇/撰

路易斯-安托万·德·布干维尔

太平洋中的法国雄心

（1729-1811年）

但地理学是一门关于事实的科学：

你不能只端坐在扶手椅中推测思索，同时还不犯错误，

而这些错误常常只能以海员作为代价才能纠正。

路易斯-安托万·德·布干维尔，《环球行纪》，1771年

作为太平洋探险中最有趣的人物之一，路易斯-安托万·德·布干维尔于1729年11月12日出生在巴黎。路易斯-安托万家境富裕，作为三个孩子里最年轻的一个，先开始学习法律，但他很快意识到自己的热情在于数学，并在25岁的年纪出版了一部关于微积分的两卷本专著。这不但让他获得了巴黎知识精英的注意——他的哥哥马里耶-让当时也是那里的一位受尊敬的学者，他还因此在1756年获选成为英国皇家学会会员。在同一年，查尔斯·德·布罗斯出版了关于太平洋探险历史的著作，但无论是布干维尔还是他的哥哥都不曾想到它将改变路易斯-安托万生活的轨迹。

布干维尔随后进入军队，先当了一名火枪手，然后晋升至副官，并最终在伦敦为法国大使当了一段时间的秘书之后，成为了一名海军上校。在英国和法国争夺北美控制权的七年战争开始之初，他进行了第一次重要的航行，于1756年4月和蒙特卡姆侯爵一起到达新法兰西（加拿大）。法国殖民者的生命线在于通向魁北克和蒙特利尔的圣劳伦斯河，布干维尔在那里花费了大部分时间，在出击行动之余，他阅读了大量经典著作，并在娱乐嬉戏上花费了同样多的精力。

法国人先是惨烈地丢掉了拱卫圣劳伦斯河口的路易斯堡，然后在1759年9月将魁北克拱手让给英国人，战局对法国越来越不利。被迫撤退至蒙特利尔的布干维尔参加了抵御英国人的最后一战，结果战斗以1760年9月法国军队的最终投降而结束。他别

无选择，只有回到法国，在那里被剥夺了所有战斗荣誉，并被禁止继续参与这场战争。

宣誓不再参加战斗而被释放之后，心灰意冷的布干维尔很快在女色（包括他与著名法国女演员苏菲·阿尔诺的一段关系）和赌博上找到了慰藉，并频繁参加一些附庸风雅的沙龙。等他得到允许再次为这场战争效力的时候，战争结束了：1763 年 2 月英法双方签订了《巴黎条约》。法国人丧失了大片殖民地，士气低落，政府几乎破产。

马洛于内群岛

带着特有的乐观，布干维尔早在 1763 年初就开始野心勃勃地盘算如何重现法国的雄风并扭转自己的命运。受自己的哥哥和查尔斯·德·布罗斯的鼓励，他已经阅读了大量关于太平洋探险的文献，并希望在太平洋发现新的岛屿以重建法兰西帝国的版图，并为那些从加拿大被赶出来的殖民者提供落脚之处。布干维尔知道该从哪里开始。

在战争中，他曾听说过马洛于内群岛（福克兰群岛，又称马尔维纳斯群岛）。这在布干维尔脑中埋下了他日后想法的种子，他想把从新斯科舍省的土地上被赶出去的法国阿卡迪亚人迁移到这里生活。将这些无主荒岛变成法国属地之后，他就能镇守通向太平洋的大门，并控制从大西洋进入太平洋的通道。当时的法国政府提供了少量资金，于是布干维尔建立了自己的公司，买了两艘船——埃格勒号和斯芬克斯号。1763 年 9 月，在国王路易十五的祝福下，船队启航前往马洛于内群岛。1764 年 4 月，法国得到了这些岛屿，并留下 29 名殖民者在布干维尔表弟的监督下开创新生活。

布干维尔在 1765 年 1 月返回马洛于内群岛，发现殖民地发展得有模有样。补充了食物，装载了木材和树苗，他又一次踏上了回家的旅途，到家之后才发现西班牙要求法国放弃对这些岛屿的拥有权，而且更糟的是法国政府已经答应了。整个冬天和 1766 年春天，布干维尔为此一直屡辩屡败，但已经太晚了，虽然最后他得到了对自己损失的补偿。11 月，他出发前往这片正在发展的殖民地并把它移交给西班牙，并开始一次更伟大的探险。

环球航行

布干维尔率领着布德塞号和埃图瓦勒号开始了一次史无前例的科学远征，重燃法国海上霸主的梦想。穿过麦哲伦海峡，他最终于 1768 年 1 月底到达太平洋，开始向西北航行。三个月后，他看到、命名并占领了土阿莫土群岛——尽管实际上并没有登陆。

到了 4 月，布干维尔驶入一系列天堂般的岛屿，他将其中一个大岛称为新基西拉岛（塔希提岛）。他宣布它们归属法国，9 天后再次起航，并将一位当地人阿托吕带回法国。回国后，阿托吕将进一步完善法国对“高贵的野蛮人”的理念，并印证塔希提岛作为太平洋中的乌托邦的印象，正如布干维尔所描述的：“整体的气候是如此宜人，尽管我们在这个岛上要进行繁重的劳动，尽管我们的人手不断地……暴露在正午的太阳下，尽管他们直接躺在裸露的土地上睡觉，却没有一个感到不适的。”

在这张 1820 年代的版画中，布干维尔在麦哲伦海峡好望角附近的一块小型岩礁上竖起法国的旗帜。经过一个进展缓慢的开头，并由于天气原因在麦哲伦海峡耽搁之后，布干维尔终于在 1768 年 1 月 16 日进入太平洋。

布干维尔穿过萨摩亚群岛、霍恩群岛，然后抵达了“圣埃斯皮里图岛”（瓦努阿图），此地于1605年被佩德罗·费尔南德斯·德·奎罗斯在他的探险活动中发现并命名。在这里，这位法国人第一次和太平洋上的美拉尼西亚人打交道，过程不甚愉快，最终以一场冲突收场。到了5月底，急于推进的布干维尔向西航行，寻找新荷兰（澳大利亚）。几天之后，有什么东西断裂的声音提醒船队海面下有危险的礁石——这里已经是澳大利亚大堡礁的外围。虽然有些海员在桅杆顶端望见了陆地，他们的船长还是拨转船头，驶向东北方向的新几内亚（将探索澳大利亚的机会留给了詹姆斯·库克），但他们又一次发现在这里登陆不安全。布干维尔又来到所罗门群岛，与当地的美拉尼西亚人起了更多冲突，随后他取道新爱尔兰回到新几内亚的北方海岸，并向香料群岛进发。

船队的供给已经不多，而埃图瓦勒号的船况也很糟糕，所以当船队于1768年8月最终到达荷兰控制的塞兰岛时，所有人都松了一口气。荷兰人不情愿地放法国人入港进行紧急整修和补给，但6天之后就离开前往巴达维亚（雅加达），海员们和两艘海船都能在那里进行充分的休整。他们从这里出发前往法兰西岛（毛里求斯）。博物学家菲利贝尔·肯默生和珍妮·巴雷特（他的“男仆”，被发现是个女人）被推选留在这里。由于埃图瓦勒号需要进一步的修理，布德塞号独自踏上去往开普敦的旅途，不过到1769年4月，两艘船都回到了法国。

尾声

布干维尔成了大名人，甚至当了国王的座上宾：他成功地进行了法国的第一次环球航行，并为法国带回了“高贵的野蛮人”阿托吕和七块新领地。40岁的他得到了升迁，并被拮据的法国政府授予5万里弗的终生抚恤金。阿托吕被许诺护送回家，但在还没到达塔希提岛时，他在途中的毛里求斯得了天花并病死在那里。

布干维尔的日记于1771年出版并取得了大众的关注和追捧，但在学术水平上有所欠缺：不但探险的时间一半都花在马洛于内群岛的移交上，而且只对萨摩亚、瓦努阿

左页图：塔西提岛居民向布干维尔和他的随从赠送水果。此次远航的博物学家菲利贝尔·肯默生在塔西提岛收集了大量植物标本；塔希提人对他的贴身“男仆”珍妮·巴雷特更感兴趣，并揭露她是一个女人。

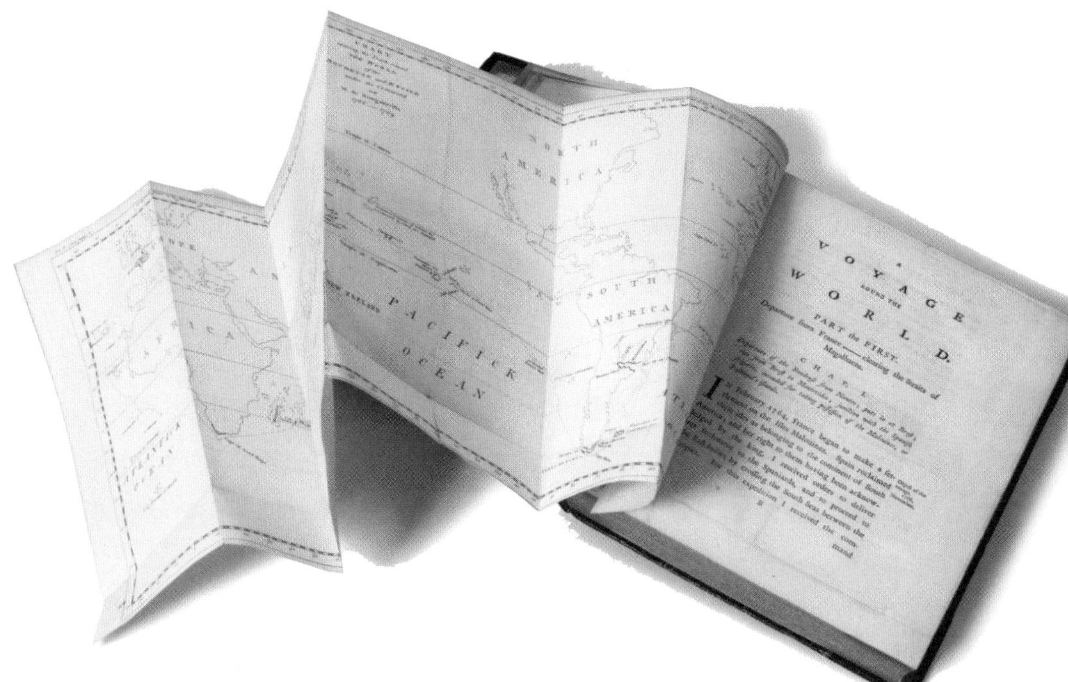

上图：塔西提岛的景色，布干维尔将它称为新基西拉岛。虽然只在这里度过了 9 天，法国人的报告却将这座岛塑造成了一个乌托邦，居住着真实的“高贵的野蛮人”。

下图：布干维尔《环球行纪》的首部英译本，1772 年出版，约翰·莱因霍尔德·福斯特译。法文原书出版于 1771 年，立即获得了成功。

图和塔希提进行了局部的探索。此外，肯默生和天文学家贝隆带着他们所有的记录和收藏留在了毛里求斯，影响了日记的科学成就。

后来，从美国独立战争战场归来的布干维尔曾建议让-弗朗瓦索·德·加洛普·德·拉·佩鲁斯加入他自己的太平洋探险，还曾建议尼古拉斯·博丹参加他1800年去往澳大利亚的航行。在法国大革命中，布干维尔好几次与断头台擦肩而过，后来他认识了拿破仑·波拿巴并成为他的密友，随后被推选为参议员。1804年，在拿破仑的支持下，他成为首批获得法国荣誉军团勋章的人之一，1808年被提升为布干维尔伯爵。

1811年8月30日，路易斯-安托万·德·布干维尔逝世，并被授予国葬礼遇。他的骨灰安葬于先贤祠，而心脏则埋在位于蒙马特的妻子的墓旁边。法国失去了一位最耀眼最聪明的精英——一位战士、水手、政治家和科学家：一位启蒙时代的文艺复兴式人物。

瓦内萨·科林格里奇/撰

詹姆斯·库克

南太平洋的科学探险
（1728–1779 年）

我的抱负引领着我走过的道路
不但比前人所曾走过的都更遥远，而且我认为
这是一个人所能走过的最远的旅程。

詹姆斯·库克的日记，1774 年 1 月 30 日

在三次史诗般的远航中，詹姆斯·库克船长所发现的地球表面面积比任何其他人都多。作为一位成就卓著的航海家，他还是一名优秀的制图师、天文学家和测量员，引领着航海科学探险的新时代，并填补了三分之一的世界地图。作为一名指挥官，他是海员中的海员，赢得了手下的忠诚——甚至是热爱，有些人一次次地追随他进行远航。在活着的时候，他的成就令上级长官激动得喘不过气来；身死之后，他成了大英帝国的标志，而他留下的遗产促生了一代优秀航海家的诞生，如威廉·布莱和乔治·温哥华。现在广泛认为柯勒律治的长诗《古舟子咏》就是受库克第二次远航激发灵感而作。

当詹姆斯·库克于 1728 年 10 月 27 日生于英格兰北部一座小村舍中时，没人能意识到他在将来会成为一个国家——甚至是国际——传奇。8 岁的时候，一位富有的地主托马斯·斯考特伟慧眼识珠，认为这个男孩以后会有出息，为他支付了 4 年的上学费用。这让库克得以在 1745 年拿到第一份工作，在装载转运码头当一名男店员。在这里，他爱上了海洋，并于 1746 年 7 月签订参加了受人尊敬的惠特比船主约翰和亨利·沃克的商船队，成为一名学徒。如今的库克已经 18 岁，比他的同侪年长，受过教育并有着勤奋工作的名声。同他签了三年雇工合同的约翰·沃克为库克之后的传奇打下了基础，他和库克的关系也逐渐发展成为库克所拥有的

最深厚的友谊。

英国北海是一片严酷的训练场。库克有记录的首次航行是在弗里拉夫号充当雇工，这是一艘宽阔平底的惠特比运煤船——正是这种船在后来载着他进行环球航行。他签订的三年合同很快又延长了五年，所承担的责任也更大。然而当1755年即将被奖励“船长”的职位时，他却谢绝了升职，并成为了皇家海军一名最低级别的水手，对此的唯一解释是“他决心那样去碰运气”。这个决定看起来或许有些草率，但库克很快得到了回报：他服役的第一艘船是四流皇家海军舰艇老鹰号，骨干船员水平参差不齐，库克很快在这里脱颖而出；不到一个月的时间，他就恢复了在商船队时的大副职位。两年之后的1757年6月，他成为了船长，负责领航和船舰的每日运行。

詹姆斯·库克的肖像，约翰·韦伯所作。在第三次远航之前，库克已经闻名全球了，韦伯被任命为这次航行的画家。

1758年初，正值七年战争期间，库克率领皇家海军舰艇彭布罗克号前往加拿大新斯科舍省的哈利法克斯和路易斯堡。库克曾见过军事工程师塞缪尔·霍兰德的勘测过程，他意识到他可以如法炮制，将海军航图的精准应用到这里。一个月后，库克完成了对加斯佩湾的绘制，得到了一张精美的海图。那个冬天，他都留在那里发展他的新技艺，这些成果不久之后保证了英国舰队在布满险滩急流的圣劳伦斯河的航行安全，并帮助沃尔夫将军在魁北克击败法军。

库克继续着测绘制图工作，直到七年战争结束。1762年12月，他回到了英格兰，并娶了21岁的伊丽莎白·贝茨为妻。然而，他在测绘上表现出的“天才和能力”得到了英国海军部的注意，4个月之后，他作为国王的测量员回到了纽芬兰。

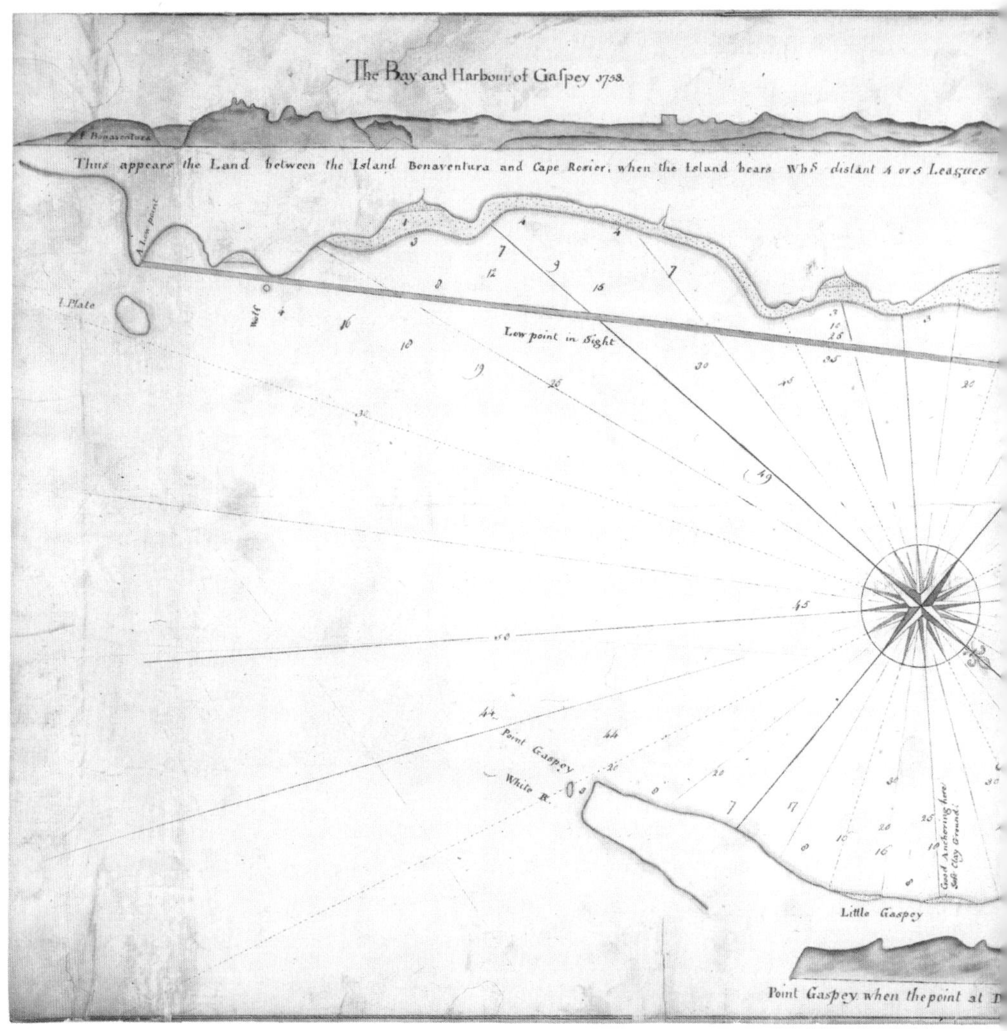

库克绘制的加斯佩湾地图，绘于1758年。这是库克首次尝试测绘制图，反映了英国试图了解加拿大地形的政治和战略企图，其时英国和法国正为争夺加拿大的控制权而进行着战争。

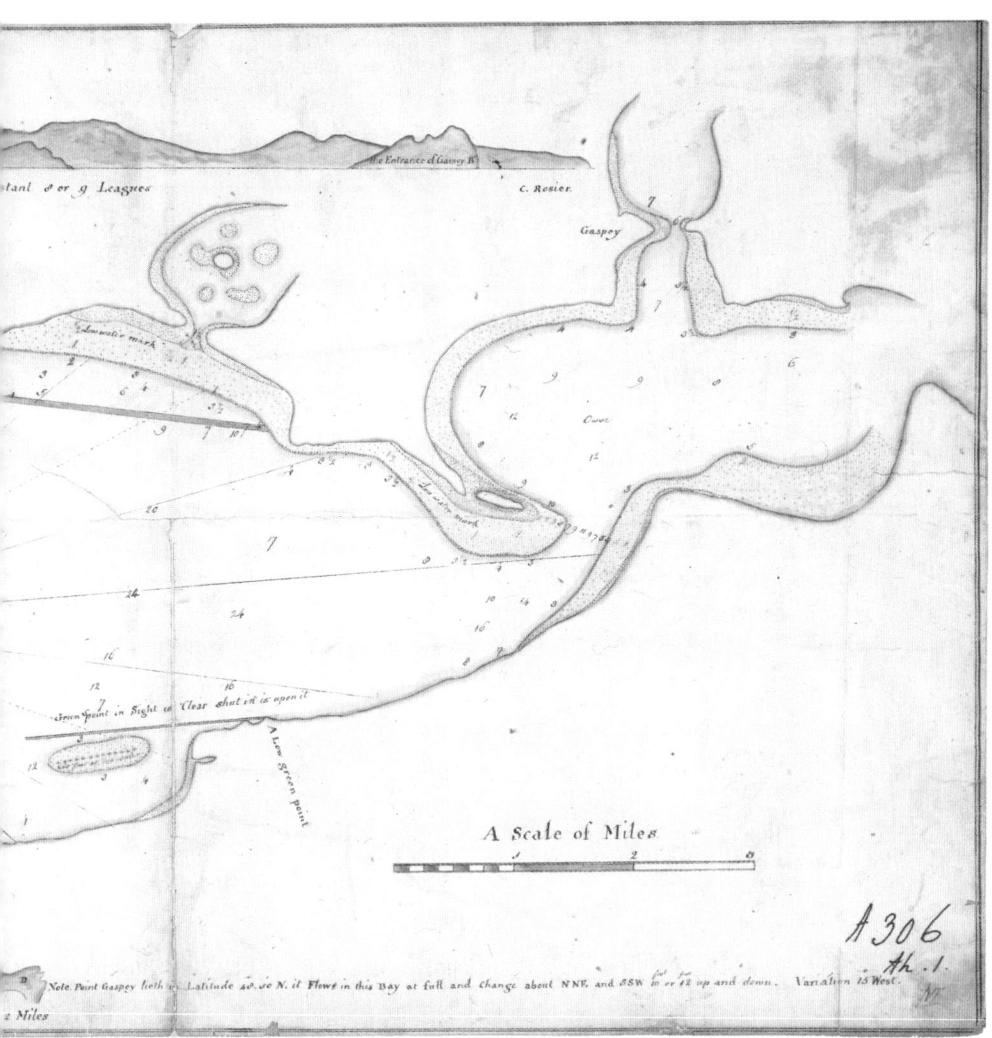

The Entrance of Gaspey B.
stant 8 or 9 Leagues
C. Rosier.
Gaspey
Low water mark
Cove
Green point in Sight is Clear shut in is open it
A Low Green point
A Scale of Miles
1
2
3
A306
Ah. 1.
Note. Point Gaspey lieth in Latitude 48.50 N. it Flows in this Bay at full and Change about NNE and SSW 10 feet or 12 feet up and down. Variation 15 West.
2 Miles

第一次航行：环游世界

从此，库克夏季去往加拿大测量，冬季则回到伦敦麦尔安德家中，绘制海图并为海军部编写航行指南。其间，1767-1768 年的那个冬天，海军部和英国皇家学会正在积极准备英国首次去往南太平洋的科学远征。这次远征有两个目的：一是观察金星凌日这种奇特的天文现象，通过对它的观测可以帮助测定地球到太阳的距离，从而促进科学和航海事业的发展；第二个目的是寻找传说中遥远的“南方大陆”，据说这是一片拥有巨大财富的土地，能让发现它的国家变成世界上最强大的力量。

这次航行的指挥官必须精通天文学、航海学和测量学——这些恰恰是詹姆斯·库克擅长的。虽然当时只是一名船长，他还是被选中并迅速晋升为上尉。将运载库克环

上图：这幅画是悉尼·帕金森遥望新西兰而作。帕金森的天才为库克首航的成功添色不少。这位深思熟虑又有天赋的贵格会教徒死在了返程的途中，但留下了他的日记和将近 1000 张精致的素描和油画。

左页图：这幅锯齿佛塔树（*Banksia serrata*）水彩画是约翰·弗雷德里克·米勒的作品，它是根据帕金森的素描而画的。帕金森的素描被收录进了约瑟夫·班克斯的重要著作《班克斯花谱》中，这本书最终在 1988 年才得以出版。

行世界的是皇家海军三桅帆船奋进号，又一艘惠特比运煤船，和他一起踏上甲板的有年轻的英国贵族和博物学家约瑟夫·班克斯、瑞典博物学家丹尼尔·索兰德、天文学家查尔斯·格林，以及随船画家悉尼·帕金森和亚历山大·巴肯。此外船上还有一位独臂厨子，一名年老不堪、总是醉醺醺的修帆工和一只产奶的山羊，他们已经在皇家海军舰艇海豚号上进行过环球航行。

1768 年 8 月 25 日，运载着 94 位船员和足够支撑 18 个月的给养，奋进号从普利茅斯出发前往南太平洋。他们先穿过大西洋到达里约，然后绕过合恩角抵达太平洋，最后在 1769 年 4 月抵达塔希提岛马塔维湾。他们在这里的“维纳斯堡”安营扎寨，为 6 个星期之后的金星凌日做准备。在这段时间里，班克斯和他的同伴们去调查研究岛上的植被，而库克则带领手下在岛上探险。虽然和塔希提人的关系维持得还算不错，但偷盗情况很猖獗——而且这并不只针对当地人而言：水手们很快发现只要用一根铁钉就能换来和塔希提妇女的一夜春宵，库克不得不维持最严肃的纪律，以防奋进号被拆得散架。

1769 年 6 月 3 日正是金星凌日的这一天，然而强烈阳光造成的光幻觉使得天文学观测数据并不一致，大家都很沮丧，不过这件事情很快被搁置一旁。依据海军部的秘密指令，库克现在开始了他第二个任务：寻找“南方大陆”。他们向南而行，一路上都没有看到陆地，直到 10 月 2 日一片未知土地的东海岸出现在他们眼前。班克斯确信这就是南方大陆，而库克认为这更可能是艾贝尔·塔斯曼在 1642 年发现的如今称为新西兰的地方。在接下来的 6 个月中，奋进号细致地测绘了新西兰的北岛和南岛，证明它们并不是所谓的南方大陆的一部分。在这里，库克逐渐开始欣赏并尊重定居于这片土地的毛利人。

任务完成之后，库克决定取道新荷兰（澳大利亚）东海岸返回英国，以查明范迪门斯地（塔斯马尼亚）和新几内亚是否与大陆相连。奋进号在恶劣的天气下向北航行，直到 4 月 19 日船员们才第一次看到陆地，位于如今维多利亚州的希克斯角。仅过了一个星期，奋进号就来到了植物湾，约瑟夫·班克斯和他的“绅士哲人”们抓住机会，收集了大量植物标本，植物湾也正因此得名。从这里出发，库克继续北上，对于

右页图：“新西兰一位酋长的头像，脸上按照他们的方式画着奇异的花纹”，这幅画和描述均来自帕金森的《去往南太平洋的航海日记》。库克对毛利人表现出巨大的尊敬之情，而新西兰成了他在南太平洋的基地。

nson del.
T. Chambers

自己正在驶入危险的大堡礁一无所知。

1770年6月11日，奋进号撞上了珊瑚礁并被紧紧地卡住了。在她被升起来的潮水冲走之前，船员们花了昼夜不眠的24小时把所有非必要物资都丢进了大海。最后库克设法将奋进号停靠到如今昆士兰的库克镇所在的地方，在那里进行了7个星期的临时修补。但这至少意味着船员们最终能与当地土著发展了一段友好的关系，并从他们口中得到了一种奇异的像鹿似的动物的名字——“袋鼠”。

8月4日，库克驾驶着满是补丁的奋进号重新出海。凭借出色的航海技术，他躲过了暗礁并绕过了新荷兰东海岸的最北端，将其命名为新南威尔士，并以国王的名义宣称此地归属英国。库克现在已经回到了已知世界的地图上。他穿过新荷兰和新几内亚之间的海峡，最终到达巴达维亚（雅加达），奋进号在那里进行了充分的修理——但这付出了代价。库克到达巴达维亚的时候还未有人因病而死，然而等到1771年7月库克回到英国的时候，船员中已有三分之一死于痢疾和其他疾病。

第二次航行：去往遥远的南方

尽管失去了许多海员的生命，英国首次科学远征取得的发现仍被赞为前所未有的成功，然而大多数荣誉都被班克斯获得。库克得到晋升成为上校，并计划进行一次更为艰险的南太平洋之行。在南纬40°没能找到大陆的库克说服了海军部，同意他继续向南走到南纬60°去寻找南方大陆。

1772年7月，在家陪伴妻子和家人仅仅一年之后，库克再次从普利茅斯出发，去进行一次让人震惊的远航。这次航行的计划是大面积地扫过太平洋，系统地测绘任何新发现的陆地，并从海图上抹去谣传中的陆地留下的魅影。这次库克带了两艘船——决心号和探险号，他取道好望角并一路向南，进入一片“巨大的冰雪世界”。

1773年1月，库克和他的人手成为有史以来第一批为人所知的穿越南极圈的人，并在不知情的情况下到达了距南极洲仅120千米的地方，然后在大雾和冰冻面前不得

右页图：这幅灰头翡翠（*Halcyon leucocephala*）水彩画是格奥尔格·福斯特在库克的第二次航行中所作。格奥尔格和他的父亲——聪明但难以相处的约翰，是两次横扫太平洋时的随船博物学家，他俩代替了对食宿条件不满愤而离去的班克斯。

Alcedo senegalensis β. S.N. XIII: 456.

不返航——但还是没见到传说中的南方大陆。在海上不间断地航行了 17 700 千米，历经 122 天之后，库克终于抵达新西兰，在途中没看到任何陆地。精疲力竭的船员终于可以上岸享受新鲜的食物和充分的休息，然而出乎他们意料的是，库克很快下令准备再次出发。1773 年 6 月初，两艘船按照一条巨大的逆时针环状航线开始了航程，半途到达合恩角，向北到达皮特科恩岛，向西到达塔希提岛和社会群岛，从库克群岛去往汤加群岛，然后在 10 月初向南返回新西兰，并在库克绘制的太平洋海图上精确地增添和推演了陆地的分布状况。这次环形航行已经足够令人惊叹了，然而库克还要走得更远：在夏洛特皇后湾的船湾重新修整和补给一个月之后，已经与探险号分手的库克又一次向南航行，驶向冰雪。

12 月底库克又一次穿越了南极圈，并在 1774 年 1 月进行了第三次穿越，这一次到达了令人震惊的南纬 71° 10′——这个纪录直到 1823 年才被詹姆斯·威德尔打破。但即使是库克现在也已经到了自己的极限，不得不向北返航然后再向西，又一次横扫太平洋，这次经过了复活节岛、马克萨斯群岛、塔希提岛、新赫布里底群岛、新喀里多尼亚群岛和诺福克群岛，并在 8 个月后回到新西兰。这还没完：甚至在返回英国的途中向东驶向合恩角时，他又一次向南拨转船头，进入了冰冷的海域测绘了南乔治群岛和南桑威奇群岛，然后才向东北方向驶向好望角，最终到达英国。1775 年 7 月，经过“三年零十八天”的航程，决心号抛锚停泊在斯皮特黑德，完成了航海史上最伟大的探险壮举。

最后一次航行

库克回国后得到了巨大的荣誉。他被选为皇家学会的会员，晋升为上校舰长，并受到国王乔治三世的接见，赐予每年 230 英镑的养老金。年近 47 岁的库克这时已有两个正在成长的儿子和一个刚刚怀孕的妻子，在这种情况下许多人都会考虑退休——但詹姆斯·库克不会。尽管早在第二次航行途中他的身体和脾气就已经开始江河日下，他还是同意率领最后一次航行：这次航行要把欧迈送回家，他是探险号船长带回英格兰的一个有名的塔希提人，还要寻找连接大西洋和太平洋的西北航道。

1776 年 7 月，库克率领着两艘船决心号和发现号最后一次从英格兰起航出发。前半程的进度总是落后于预定的计划，决心号还出现了严重的漏水，他就这样绕过了好望角并向东行驶至塔斯马尼亚和新西兰。在这里，库克听说了之前土著对探险号部分船员的残杀行为，但他知道复仇并没有意义。在这里补充给养之后，

瑞亚堤亚岛的局部风光，库克第二次航行的随船画家威廉·霍奇斯所作。在塔希提岛之后，瑞亚堤亚岛是库克命名的社会群岛中的第二大岛屿。1769年，库克成为第一位发现这个岛屿的欧洲人，并将一位波利尼西亚祭司和一位优秀的领航员图派亚带上了自己的船，后者帮助他环游了太平洋。在这次航行中，皇家海军舰艇探险号的福尔诺船长将欧迈带上了船，他后来在英格兰成了名人。

他于1777年2月出发前往塔希提岛。面对着所剩不多的时间和弱到可怜的海风，乘载着愤恨和不满的船员，这两艘船转向了友谊群岛（汤加群岛），库克这位伟大的指挥官在那里表现得喜怒无常：困惑的船员们意识到詹姆斯·库克船长的状况不对劲儿了。

1777年8月，舰队终于抵达塔希提岛，欧迈在附近的胡阿希内岛安了家。任务的第一部分完成，库克在瑞亚堤亚岛和波拉波拉岛上做了次短暂的停留，便开始了去往北极的航程。在1777年12月24日通过鲨鱼出没的圣诞环礁（基里蒂马蒂环礁）后，库克本以为在到达北美洲海岸之前不会再看到陆地了。然而不到一个月，他就看到了一系列火山岛并命名为桑威奇群岛——今天的夏威夷群岛。他知道自己撞上了一个重大发现，但他想不到不久之后它就因为一件凶险之事而被人所知。与此同时，在继续向北寻找西北航道之前，船员们抓紧机会享用岛上丰富的食物、淡水和妇女。

过了几乎两个月，舰队终于在 1778 年 3 月底抵达温哥华岛的乔治国王湾（努特卡湾），然后再次向北进发寻找西北航道。在恶劣的天气下，舰队穿越白令海抵达西伯利亚的楚科奇半岛，并沿着该半岛北上进入北冰洋，但这样的进展是短暂的——8 月中旬，库克在北纬 70°的地方遇到一排冰山峭壁。别无选择的库克只好南撤，准备等冬天过去后第二年再来试试运气。

1779 年 1 月，决心号和发现号停靠在夏威夷的凯阿拉凯夸湾，库克船长在那里受到了当地人无以复加的崇拜和欢迎，夏威夷人向他表示出极大的热情和好客：看起来他们真的要时来运转了。经过两周的补给和休整，库克下达命令再次向北方进发，然而决心号在出港不久之后折断了桅杆，他们被迫返航。但是这次岸上不再有欢迎宴会，只有生气愤恨的当地人，他们还开始偷盗船队的东西，库克大怒，决定惩罚他们。

局面在 2 月 14 日破晓达到高潮。发现号的一艘小艇在前一天晚上被偷走，于是库克命令封锁海湾并带着一些荷枪实弹的海军士兵上了岸。控制了一名当地酋长作为人质之后，他朝自己的船走回去，这时旁观的人群突然暴躁起来，并攻击他们。此时岩块、匕首和枪弹横飞，库克命令手下撤回船上，但已经太晚了：片刻之后，他脸朝下消失在海浪中。

在做了最后一次寻找西北航道的尝试之后，库克的舰队于 1780 年 9 月回到了英国。早在他们抵达英国之前，库克的死讯已经出现在了报纸上。在举国悲痛中，库克从一个英雄化身为一个传奇——一个从此以后再也无人超越的传奇。

第二章 陆地

埃尔南多·德·索托
刘易斯和克拉克
托马斯·贝恩斯
理查德·伯顿
纳恩·辛格
尼古拉·普热瓦利斯基
内伊·爱莲斯
弗朗西斯·荣赫鹏
马尔克·奥莱尔·斯坦因

人类一旦走遍几乎所有的大洋并只剩下某些尚未发现的孤岛，就立刻将探索的目光投向了陆地。在美洲，这片新鲜的大陆为刚刚到来的欧洲人展现出无限的可能，用詹姆斯·埃尔罗伊·弗莱克的话说，“总是在更远处……在冰雪阻隔的最后一条蓝色山脉之外”。遗憾的是，西班牙征服者的动机是对黄金的疯狂渴求，这种贪欲驱使他们做了许多残忍的事情。在征服的过程中，凭着对自己生活方式和宗教优越性的绝对信仰，他们摧毁了数不清的人类文化，现在看起来这些文化的价值至少并不比他们的差。这些西班牙人中最残忍最有效率的当数埃尔南多·德·索托。他和手下 650 人（最后只剩下 311 位幸存者）打开了如今美国南部的大片土地，但在他们身后留下了一片片废墟。

1804–1805 年，梅里韦瑟·刘易斯和威廉·克拉克共同领导一支探险队伍，对未知的北美西部进行了全面的探索，他们的策略完全不同。起初出发的 48 人中只损失了一个，死于阑尾炎。值得注意的是，半途中一个肖肖尼族印第安女人加入了他们的队伍，她的名字叫萨卡加维亚。她是这个故事中真正的女英雄，要是没有她的翻译和调解，他们也许已经被不友好的印第安部落消灭干净了。

画家兼探险家托马斯·贝恩斯一面在环境恶劣、充满危险的国度旅行，一面将他看到的所有东西细致地描画下来，这种能力成就了他的名声。他的艺术作品对于非洲南部和澳大利亚的植物学、人类学和文化意识的贡献在那时无人能及。理查德·伯顿由于种种原因暴得大名，甚至是恶名。他对于探索的“狂热”引领着他常常是孤身一人并乔装打扮，走向欧洲人从未到过的地方。

19 世纪后期，英俄之间的大博弈为中亚和东亚的许多重大探险活动提供了机会。俄国人在他们遥远的领地巩固了自己的霸权，这让英国人对于印度殖民地北部的陌生地域十分紧张，担心入侵者会从那里进入印度。对于双方来说，尽快收集第一手资料非常重要，他们要了解当地统治者在干什么，当地的地形如何。这些当务之急催生了

左页图：托马斯·贝恩斯在 1859 年作此画于莫桑比克，当时他正陪同利文斯通旅行。贝恩斯对于所走过的地方进行了充满感情和共鸣的描绘，他的笔触也极其真实精准，可以根据他的画作鉴定植物种类和当地地形。

一类新的探险家，他们身兼地理学者和间谍双重身份。为了寻找有用的信息，有些人跋涉的距离之长令人震惊。

尼古拉·普热瓦利斯基是俄国人中的佼佼者，他是一位坚强的军人，喜爱狩猎，旅行得又远又快，总是在野外。他也为了取乐而狩猎，比他需要的杀得更多。出生于英国的内伊·爱莲斯则是一位谦逊低调的人，几乎把自己隐于无形，这点对间谍很有用，他的同侪都将他视为他们之中最伟大的旅行家。

说起测绘地球上剩下的最广袤的未知土地和最难以进入的区域，神秘的西藏就横卧在喜马拉雅山脉中和山脉另一侧，欧洲人不会视而不见。对于大英帝国，自己的领地旁边有一块几乎跟印度一样大的“地理之谜”区域，这不免有些叫人不安。对印度进行测绘的托马斯·蒙哥马利提供了答案：训练印度人测绘，并让他们打扮成朝圣

这幅插图来自理查德·伯顿的《走向圣城》(1855-1856年)。虽然伯顿并不是第一个到达麦加的欧洲人，但他是第一个对朝圣者以及朝圣之旅中的戏剧性事件做出精彩描述的人。

奥莱尔·斯坦因拍摄的一张照片，照片上是喀什南部穆斯塔阿塔山脉默基山口下的一处吉尔吉斯族营地。斯坦因是第一个穿过这条道路的欧洲人，并在这些游牧民族的毛毡帐篷中住了下来。

者进入那些充满敌意的区域。历史上某些最为危险、艰巨和有价值的探险旅程是由这些所得回报甚少或压根没有回报的人完成的，他们中的第一人是纳恩·辛格。弗朗西斯·荣赫鹏生逢其时，可以把自己炽热的欲望发挥在这个领域。他一人从北京走到斯利那加，完成了当时距离最长的独身旅程之后，又继续前进并创造一生之中的传奇，最终在英国军队不光彩地入侵西藏的行动中担任指挥。

奥莱尔·斯坦因是一名卓越的学者，在艰难的探险中，他发现了大量地中海和中国之间广大地域上逝去的人类文明的历史遗迹，这一成就可谓前无古人，后无来者。他的考古挖掘出土了数不清的手工艺品，这些工艺品如今有许多藏于大英博物馆，其中最引人注目的就是他在戈壁沙漠上的敦煌千佛洞里发现的大量早期佛教手稿。

大卫·尤因·邓肯/撰

埃尔南多·德·索托

寻觅黄金的远征
（约1500–1542年）

……走过了两天的旅程，又出现一个小镇，
名叫奥卡尔……他们说镇上贸易繁荣，满是金银和珍珠。
上帝保佑，但愿如此；对于这些印第安人所说的，非我
亲眼所见我概不相信……虽然他们知道，如果他们
对我撒谎，损失的将是他们自己的生命。

埃尔南多·德·索托寄给古巴圣地亚哥地方行政官的信，
此信写于1539年11月8日，来自佛罗里达坦帕湾

1541年5月8日，西班牙征服者埃尔南多·德·索托和他的500人探险队抵达密西西比河岸。今天人们把这条大河的发现归功于他，从华盛顿特区的美国国会大厦，到散布于美国东南部的法院大楼和博物馆，许多画作都描绘了这一时刻：佩戴着闪闪发亮盔甲的索托站在密西西比河岸边，意气风发地享受着胜利。

真实的情况远没有这样风光。发现密西西比河的并不是埃尔南多·德·索托——探险家和水手们在他到达这条大河30年前就知晓了这条河，而且他当时已经陷入狼狈和绝望的境地，而不是像画作中描绘的那样光辉灿烂。索托已经花了两年时间深入探索这片未知大陆，希望找到可与阿兹特克帝国和印加帝国相提并论的大帝国。然而等他的探险队抵达密西西比河的时候，索托已经丢失了他们大部分华丽的衣服、帐篷、盔甲、佩剑、弓弩、利矛、火绳枪和其他装备。他原来650人的队伍已经损失了五分之一——一些人被当地土著武士杀掉，还有一些则被饥饿、疲劳和疾病压垮。很多当地人被迫充当奴隶，运载探险队的装备，数千人因此死于极度的疲劳。当311名幸存者终于在1543年9月回到墨西哥的时候，这次远征已经走过

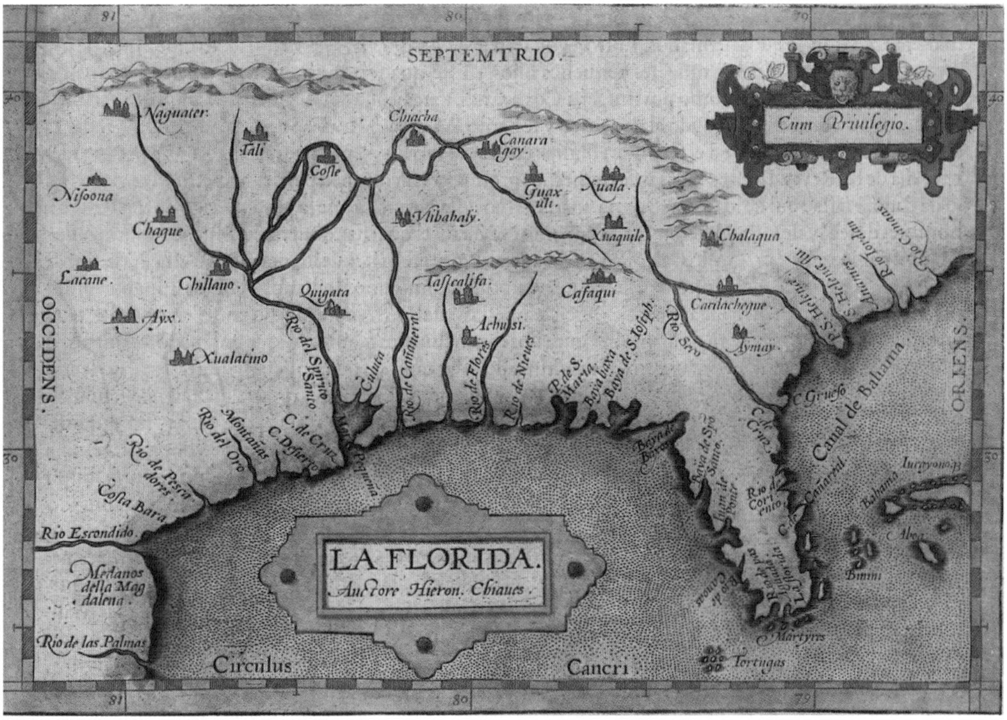

上图：佛罗里达地图，摘自亚伯拉罕·奥特利乌斯的《寰宇全图》，1584年出版于安特卫普。作为首张单独印制的佛罗里达地图，它包括从弗吉尼亚至新墨西哥的广大地区，并部分基于索托在此地区进行的探险所得到的信息绘制。

下图：埃尔南多·德·索托，西班牙征服者，探险家。虽然在征服秘鲁印加帝国的行动中他已经得到了属于自己那部分的巨额财富，他却并不满足，继续寻找传说中佛罗里达的黄金。

了 6440 千米，比刘易斯和克拉克 265 年之后所走的路程还多一倍（见第 69 页）。

这次惨淡收场的远征和这位 41 岁的西班牙美洲殖民地主人之前的探险活动形成了鲜明对比。索托是一个西班牙乡村小贵族的儿子，但他的童年生活几近贫穷。早在 14 岁的时候，他就离开家乡闯荡世界，并在早期西班牙巴拿马殖民地成为了一名颇有声望的船长。在那个残忍的时代，四处劫掠的征服者们地毯式地梳理着中美洲有人定居的区域，寻找黄金和奴隶，而索托率领自己的人马夺取了尼加拉瓜和它繁荣的城市。

在征服南美洲印加帝国的过程中，索托是弗朗西斯科·皮萨罗的副指挥官，他在这次征服行动中功成名就。作为先锋队的队长，他率领着骑兵横扫印加帝国的军队和城市——当时的美洲人还没见过马，他的骑兵迅猛异常，几百名西班牙人常常能击败人山人海的印加军队。他还参与了对印加帝国皇帝阿塔瓦尔帕厚颜无耻的绑架和勒索：在 8 万印加帝国士兵的包围下，168 名西班牙人要求用堆满一个房间的黄金和两个房间的白银来换皇帝的自由身。当皮萨罗决定无论如何还是要处决印加皇帝的时候，索托表明了反对，但他并没拒绝自己那份相当可观的赎金。

1536 年，索托需要 9 艘船将一万三千磅黄金和白银运回西班牙。他在西班牙买下了广厦宫殿，举行奢华的聚会，并通过婚姻进入了显贵家族。但从亚历山大大帝到拿破仑，他拥有所有征服者的弱点——对于已经得到的，他永不满足。索托一心想取得荷南·科尔蒂斯在墨西哥征服阿兹特克帝国、弗朗西斯科·皮萨罗在秘鲁征服印加帝国那样的成就。当时谣传在西班牙人称为“佛罗里达”的地方有美洲第三个黄金大帝国，1538 年，听信谣传的索托出发前往北美。

佛罗里达

为给自己的军队配备最新的文艺复兴新式武器，索托花费奢靡。他带了 250 匹马，“以及比任何一个舰队能从西班牙带出来的还要多的给养”，这是他在一封信中吹嘘的原话。1539 年春天，索托在坦帕湾上岸，不久之后他就发现了内陆的一处人类文明，这个文明在一个多世纪之后下一拨英法探险家到来之前就会灭绝。这些人被称为密西西比人，由酋长兼国王统治，并拥有复杂的宗教、礼制、游戏和军队。他们生活在各个定居点中，有几个定居点的大小接近当时欧洲主要城市的规模，可容纳大

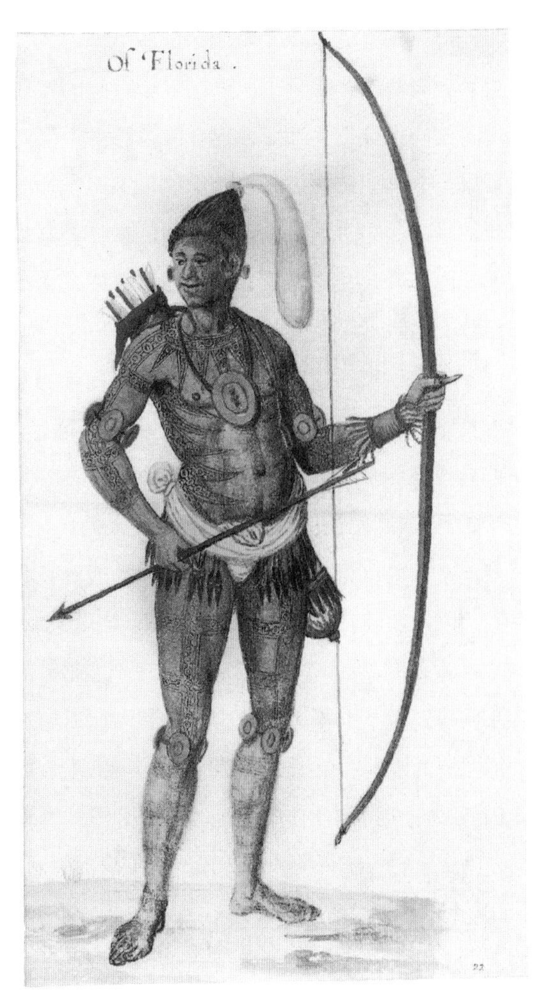

佩戴着黄金或黄铜装饰的蒂姆库安酋长，约翰·怀特仿雅克·勒·穆瓦内作于1564年。蒂姆库安印第安人生活在佛罗里达东北部圣约翰河流域。

约3万人，定居点中的居民依靠周围大片种植着玉米、豆类、南瓜和其他蔬菜的田野养活。时至今日，这里留下的只有神秘地散布在美国东南部北到伊利诺伊州的巨大土丘。密西西比人还有大量的珍珠以及某些金属的踪迹，如黄铜，这让对黄金痴迷的索托相信在下一个城镇还有更多的财富。

在西班牙征服者中，很少有人像埃尔南多·德·索托这样拥有残忍的效率。遇到一个新的密西西比王国，他会横扫进去并迅速制服它，要求提供食物和人手，以便将他的装备运到下一个城镇。那些拒绝的人都被残暴地征服了，首领被杀，平民沦为奴隶。有几次，受到这次外国入侵威胁的各酋长联合起来试图阻止他，然而并没能如愿。第一批努力失败了，但在阿拉巴马中部发生的一次袭击对西班牙人造成了灾难性后果。颇具讽刺性的是，对于这位绑架印加皇帝的绑匪，酋长塔斯卡路撒先诱使他带着很少的护卫进入一个四面埋伏的城镇赴宴，然后发动了攻击——这一招跟当初索托抓住阿塔瓦尔帕的方式如出一辙。最终，索托的人取得了胜利，杀掉了塔斯卡路撒，但数十名西班牙人也丧命在混战中，他们的装备也大部分被毁。

在这次袭击之后，心有不甘的索托不愿两手空空地回到西班牙，他甚至拒绝和南方莫比尔湾等待他的舰队取得联系，这震惊了他衣衫褴褛的手下。他又花了一年时间去寻找谣传中阿肯色的黄金，这种不顾一切拼命追逐财富的行为最终导致索托于1542年5月21日死于热病。据他手下一人的日记记载，索托领着自己越来越躁动的军队回到了密西西比河，并向当地一位强大的酋长宣称自己是神，这位酋长傲慢地回应道，如果索托能够“使密西西比河干涸，他就相信他”。不久之后，索托就死了。

索托剩余的人马花了一年时间才逃出佛罗里达。他们首先试图穿过得克萨斯到达墨西哥，但不得不因为缺少食物和水而返回。最终，他们建造了木筏并顺着密西西比河漂流而下，直至抵达墨西哥湾，一路饱受当地土著骚扰。1543年9月10日，当他们出现在一个西班牙前哨基地时，把那里的西班牙人吓了一跳，他们已经放弃了寻找埃尔南多·德·索托的人马，以为他们早就死了。

卡洛琳·吉尔曼/撰

刘易斯和克拉克

进入未知的美国西部

（1774–1809 年& 1770–1838 年）

我们即将穿越一片至少两千英里宽的地区，这是文明人从未踏足过的土地；它为我们准备的是美好还是邪恶，只有我们亲身试验才会知道，这些小船上运载着所有我们赖以生活和防护自己的物品。

梅里韦瑟·刘易斯的日记，1805 年 4 月 7 日

在 1803 年，对于北美东海岸的居民来说，这片大陆的西部仍然是一个谜。在那一年，当总统托马斯·杰斐逊请求美国政府制图师尼古拉斯·金将关于西部的所有信息汇总在一张地图上时，除了一个单词"推测"之外，金在那个区域留下的大多是空白。"谁能知道它延伸到多远?"记者海克特·圣约翰·德·克里夫库尔向西遥望时写道，"还没有一个欧洲人走过这块辽远大陆一半的宽度!"

对西部进行探索当然有它的动机和原因。它们反映了那个时代的美国梦：不是为了追求充满了红宝石或黄金的城市，而是有用的东西，例如铅矿、岩和土地——连绵不断的绿色的诱人农田。当时还存在着贯穿整个大陆的水上航路这样一个旧梦。"西北航道"这个概念已经从想象中的海上航道演变为河中航道。坐在扶手椅中的空想地理学者推断北美必然有两条大河：一条流向东，一条流向西，而且两条大河的源头离得很近，近得只要走一小段陆路就能乘船穿越整个大陆到达太平洋。

杰斐逊是那些从未踏足野地的大探险家之一。他的旅行完全基于书本和他别出心裁的思维。他对于美国西部的兴趣已经有年头了，但他的动机超越了科学的好奇。对杰斐逊来说，西部将为民主政体的核心困境提供解决方法。所谓民主政体的核心困境，即它需要正直善良而警醒的公民防止政府走向独裁和腐败。杰斐逊相信只要提供

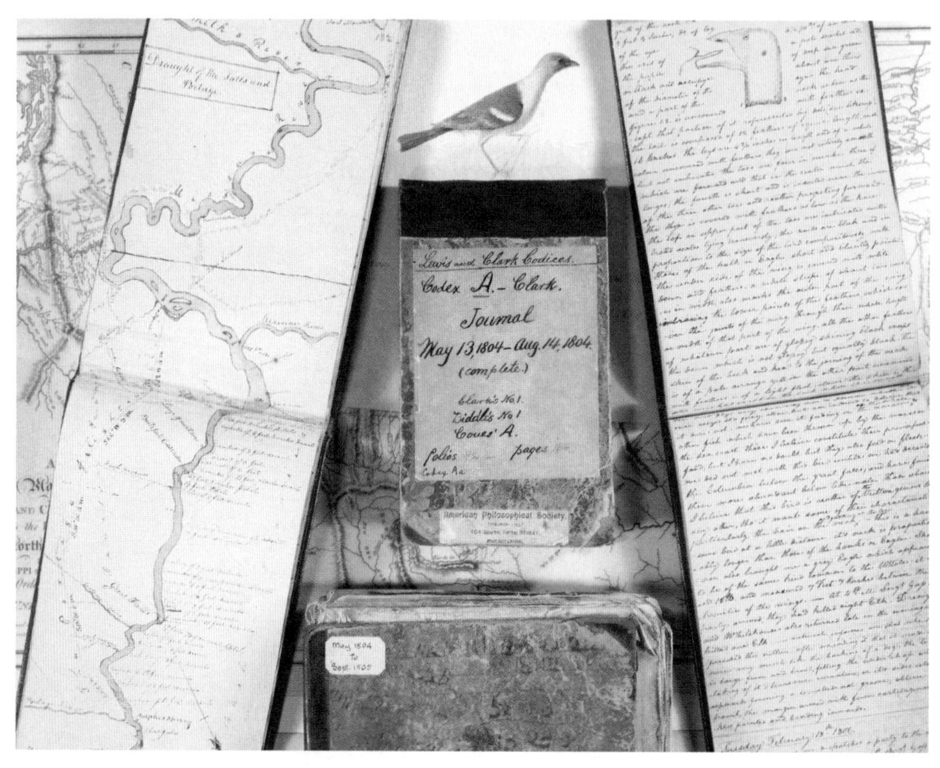

刘易斯和克拉克保存的日记记录了两年半旅途中每一天发生的事情。当远征结束一个世纪后，日记终于得以出版，共分八卷。

合适的环境，就能造就这种新的公民，这种公民将是民主制度最基本的依靠。西部就是那种合适的环境，它是一片全新的、从未被腐败侵蚀过的土地，大自然将为人性注入坚强的美好品格。

正如杰斐逊所认为的，对于他的愿景来说，最大的障碍是西班牙人和印第安人。虽然美国在 1783 年从英国手中继承了密西西比河东部的土地，但西班牙仍然宣称密西西比河以西的所有一切归属自己。但为当时大部分世人所不知的是，西班牙已经将其势力范围的北部大片地区——路易斯安那——转让给了法国；而到了 1803 年，杰斐逊派遣驻巴黎的外交大使和拿破仑商议购买路易斯安那的事宜。 印第安人的问题更加棘手。无论哪个欧洲国家宣称西部归属自己，它仍然处于各印第安部落的实际控制之下。美国刚刚同密西西比河东部的部落进行了一场血腥的战争，而印第安人赢得了大部分战斗。杰斐逊的解决之道有所不同：派遣使者，不是为了购买土地，而是为了打开贸易和外交关系。他就是这样酝酿出了西部远征计划。

探险军团

当杰斐逊需要寻找一个人去领导后来所谓的探险军团时，他朝桌子对面望了一眼，一个合适的人选就映入眼帘：他29岁的个人秘书梅里韦瑟·刘易斯。刘易斯曾当过军官，他跟杰斐逊一样也是一名自学成才的博学者。总统和他的门徒开始共同谋划这次远征，要向世界展示美国人也能进行一流的探险活动。他们以英国皇家海军的行动作为优质标准，特别是詹姆斯·库克船长率领的远征（见第46页）。刘易斯的远征有多重目标——商业的、权力的和科学的。这次远征要对土地和土地的资源进行广泛的调查清点——包括植物、动物、矿物、人种和依据天文观测矫正的地形地貌。杰斐逊从国会那里得到的2500美元拨款实在太少，不够再派遣任何科学家，所以这些重任就要全部落在刘易斯一人肩上。

幸运的是，在出发之前刘易斯向他在军队中的老朋友威廉·克拉克写了一封至关重要的信。在信中，他邀请克拉克共同领导这次探险，至于军衔和责任“都和我丝毫不差”。这是一个非凡的邀请，同样非凡的是，共同领导的模式成功了。在共同指挥的三年中，两人之间只有最完美的友谊，没有产生过其他枝节。刘易斯和克拉克有着完全不同的个性。克拉克高个子、红头发，是一个天然的指挥官，他的家庭在美国独立战争中出了许多英雄。他的信件直率而热情，他的日记充满了实用的（虽然有拼写错误）细节。刘易斯则更加复杂，他忧郁而内省，爱孤僻就像克拉克爱交际一样。除了那些充满着兴高采烈的植物学描述的地方，他的日记比克拉克的更富有洞察力和文学性；不过他有时也会做出冲动甚至鲁莽的事情。

他们在密西西比河边安营，度过了1803–1804年的冬天，因为西班牙人拒绝他们进入路易斯安那，直到1804年3月主权正式移交美国才能动身。两个月之后，探险军团乘着一只17米龙骨艇和两只双桅平底船，沿着密苏里河逆流而上，开始了宏大的探险之旅。船上约有48人——包括法国船主、肯塔基的拓荒者、美国军队士兵、一个来自非洲的美国黑奴。刘易斯的狗（希曼）也在船上。他们很快就发现龙骨艇太大了，在水流迅速、遍布障碍的密苏里河航行太不安全；在最

在刘易斯和克拉克三十年之后，画家卡尔·博德默重走他们当年的道路，密苏里河上游仍然像他们曾经描述的那样充满北美野牛和美洲赤鹿。

初的一千英里逆流而上的路途中，大部分都是他们用绳索把它向上游拖拽过去的，然后才用独木舟替换了它。

两个月之后，呈现在他们面前的是一片之前从未看到过的景色——大平原。一片连绵不绝的草海伸展向西面八方的地平线，草海中生活着成群结队的羚羊、美洲赤鹿和北美野牛。探险家们勤奋地记录着新物种，煮着屠宰后的动物，并为博物学家保存了兽皮以供研究。他们甚至捉住了一只活的“会吠的松鼠”（草原犬鼠）。它受到船主的小心照料，一直活着并于次年回到了华盛顿，高兴的杰斐逊把它安置在了白宫的会客室。

大平原上的印第安人

然而，他们的外交任务却不如科学考察进行得那么顺利。大平原上最强大的军事力量是苏人，他们是高超的骑手，追逐北美野牛的足迹生活并住在牛皮做的圆锥帐篷里。刘易斯和克拉克与提顿族苏人的会面几乎以暴力收场，因为两位船长拒绝为得到通行准许向印第安人称颂致敬，反而告知这些全副武装的战士在华盛顿有一位新“父亲”，苏人必须做他顺从的“孩子”。最后，一位年长的酋长站出来调解，他们才能继续上路。

等他们抵达曼丹人和希多特萨人的联合聚居点时，天空已经飘起了雪。曼丹人和希多特萨人住在用原木和泥土建造的圆顶状小屋中，他们的村落位于如今的北达科他州。这些部落在肥沃的河谷中耕作，并和加拿大皮毛商人进行着繁荣的贸易，这些商人自从1750年代就聚集在此。探险家们在附近用原木修建了一座堡垒，以便和好客的邻居们贸易，换来食物和信息。

1807年，梅里韦瑟·刘易斯穿戴着肖肖尼族酋长卡麦维特送给他的印第安服饰摆好姿势，以便画家查尔斯·B. J. F. 德·圣梅明为他画像。

那里的冬天极其寒冷，他们唯一一只没坏掉的温度计曾记录到零下40℃的低温。在这个冬天，他们向印第安人打听了周围的地形，了解到肖肖尼族控制了他们去往太平洋海岸必经的那个山口。幸运的是，一个会说肖肖尼语的俘虏就生活在村子里——一个有孕在身的十几岁的少女，名叫萨卡加维亚（Sacagawea，这个名字被他们日记的编辑莫名其妙地错拼成了“Sacajawea”）。为了让女孩上船当翻译，他们雇用了她声名狼藉的丈夫图桑特·夏博诺，于是当他们在春天再次出发

画面上从右数第三个人物被认为是萨卡加维亚的丈夫图桑特·夏博诺，当画家卡尔·博德默在1833年遇到他时，他仍然在为希多特萨人翻译。希多特萨人当时正处于全盛期；四年之后，一场天花袭击了他们。

时，船上的人数缩减到31人，包括1个女人和她两个月大的孩子。爱给人起绰号的克拉克叫她“珍妮”，而把小男婴叫作“邦普”。

密苏里河如今带着他们走过一片崎岖的荒凉之地，远处常常有山脉横亘在地平线上。河流两岸有许多凶猛的灰熊，站立起来身高超过2.4米；但他们一个人影子也没看见。到了8月，他们已经到了自己一无所知之地，顺着不断变浅、布满卵石的河流向南而去，两岸是松树覆盖的山脉。他们对于如何找到去往大陆分水岭的山口一无所知，急切需要找到肖肖尼人来为他们指路。路易斯带着3个人上岸步行，寻找难以捉摸的肖肖尼人。实际上，肖肖尼人躲了起来。他们刚刚遭受仇敌黑脚族的袭击，损失惨重，没有心情接待来访者。当一个侦察哨兵前来报告4个陌生人正向他们的山上营地走来时，酋长卡麦维特（Cameahwait）带领60名骑手出发，去拦截这些陌生人。他们全速向刘易斯俯冲过去。

幸运的是，刘易斯在稍早些的时候遇到了3个肖肖尼族妇女，并设法让她们相信了自己友好的意图。卡麦维特被这些妇女说服，决定欢迎这些陌生人，而不是消灭他们。刘易斯使用手语说服酋长同他回去和远征队其余的人会面。酋长一到，筋疲力尽的旅行者们就立刻用他们所能拿出的所有仪式欢迎他，并叫来了翻译。接下来萨卡加维亚认出了卡麦维特，她的哥哥。“她立刻跳起来并跑过去拥抱他，把她的毯子扔在他身上，哭个不停。”克拉克稍后回忆道。

等到终于能够交谈，两位船长立刻就发现他们有大麻烦了。刘易斯对此并不是很意外。他知道，翻过下一个山脊，那边是全景式的风光——但不是缓缓伸向太平洋的山坡，而是“绵延的高山仍然横亘在我们的西面，山顶之上白雪皑皑”。他们只不过到了山脉的起点，而夏天几乎就要过去了。而且要到达唯一可以通过的山口，他们必须沿原路向北返回240千米。卡麦维特还警告他们：“这条路很难走。”

穿越大陆分水岭

等待他们的是炼狱般的考验。弄来驮马和一名肖肖尼人向导之后，他们开始出发翻越山脉。山间小道沿着几乎垂直的山坡蜿蜒而上，路面上满是倒在地上的树木。他们风餐露宿，醒来时身上常常盖满了雪。越来越饥饿的他们开始把马杀掉充饥。没有袜子穿，他们把破布裹在脚上。9月20日，饥寒交迫的探险军团跌跌撞撞地走出群山，并闯进了内兹佩尔塞印第安人的营地。这一次又是一位妇女建议受到惊吓的当地人别去袭击远征队。她的名字是瓦特库维斯，跟她的族人不同的是，她在以前曾见过白人。于是内兹佩尔塞人欢迎了这些奇异的陌生人，给他们食物并帮助他们建造独木舟以便沿着清水河溯流而下走出这里。

探险军团第一次顺流而行，不久之后就来到了哥伦比亚河，大河两岸的草原河谷生活着许多印第安部落，他们以捕捉河中巨大的鲑鱼为生。奇努克人和云集在太平洋海岸来自英国和美国的商船打过交道，他们已经从白人那里得到了珠子、烧水壶，还学会了一些简短的英文，例如“婊子养的”。印第安人越熟悉欧洲人，他们就变得越不友好。“我们随时随地都在保持警戒。”克拉克记录道。他们仍然位于卡斯克德山

刘易斯和克拉克收集的许多植物是当时不为科学界所知的新物种。他们带回的标本有二百多幅保存到了今天，这幅脉叶十大功劳（*Berberis nervosa*）的标本就是其中之一。

脉中，不过哥伦比亚河在一条壮丽的峡谷中穿越了这条山脉，然后进入一片宽阔的河口。11 月 7 日，旅行者们终于听到了波涛的声音。“看到海洋了，”克拉克写道，“噢！高兴啊。”

他们本来希望遇到一艘来自波士顿的商船，然后搭船走海路回去。但在接下来的雨季，一艘船也没有出现。他们在俄勒冈海岸修建了一座堡垒，并在雨水的浸渍中苦苦等待，直到落基山脉的积雪开始融化，于是他们转过身去，沿着原来的足迹再次穿越大陆。

回程

1806年9月23日，探险军团的独木舟驶入圣路易斯的码头，城里的人们聚集在一起为他们欢呼三声并惊异于他们的回家。东部的人们已经有一年半的时间未曾听说过关于他们的一丁点儿音讯，美国政府早就放弃了他们，以为他们已经消失在了荒野中。现在他们返程的消息传得比他们自己还快，他们所到之处尽是前来欢迎的狂热人群。

从某些指标上说，这是一次非常成功的探险。跟刘易斯和克拉克上路的探险队员中，只有一人在旅途开始几个月后死于痢疾。他们回来时满载着标本、种子、手工艺品和成卷的日记。但他们预定的地理调查任务——寻找通向太平洋的水上通道——失败了，因为压根就不存在这条通道。他们在群山中的艰难跋涉给所谓的西北航道彻底判了死刑。

还有更令人失望的。刘易斯担负着写下日记并出版的任务，然而他没能将日记出版，让所有人都很沮丧。在受到英雄般欢迎归来的三年之后，他在田纳西一条小路上死于非命。于是，远征队的科学发现在一个世纪之内都没有出版。随着收集材料的散失，他们的发现陷入了模糊不清的境地。但作为一次探险，刘易斯和克拉克的故事呈现出一种崭新的生活。他们从无边无际的西部带来的消息点燃了整个民族的想象力。在数不清的讲述中，他们的旅程成了美国之旅的象征：这是一个乐观的故事，讲述的是告别过去并出发寻找新的土地和新的生活方式。西北航道或许虚无缥缈；跟印第安人的和平与贸易或许是残忍的愚弄欺骗；科学发现或许不尽人意——但刘易斯和克拉克为美国创造了统一的国家叙事，从这个意义上说，他们超越了自己最宏大的期盼。

Section of the Buffalo pear natural size
The Buffalo pear
Common in the Perie bush - the rind ¼ of an inch thick hard and insipid and filled with hard tasteless seeds fit only to be eaten by the animal whose name they bear - and which is said to be very fond of them -
Perie Sept 5 1849
Flanagan says that if two branches cross each other they will grow together - and become firmly united

约翰·麦卡利尔/撰

托马斯·贝恩斯

遥远大陆的描绘者

（1820–1875年）

我只是一个画家……

用我所知道的方式真实地讲述着我所看到的。

托马斯·贝恩斯，《非洲居住日记》，1842–1853年

在1876年担任皇家地理学会主席的就职演说中，亨利·罗林森爵士评论托马斯·贝恩斯是“一位天生的画家和探险家，一个热爱野生生物的人，并精通探险家这个职业所需要的所有技能和智谋”。作为一位探险家和一位画家，贝恩斯永久改变了维多利亚时代人们对于遥远大陆的认知。他在非洲南部和澳大利亚的旅行中获得了大量科学数据和博物学标本，并让人们开始用鲜活的视角看待他所经过的土地上生活着的人们。在无名之地和地图上空空荡荡的地方，贝恩斯在他的画布上描绘着他在那里发现的丰富多样的生命和绚丽灿烂的色彩。其他探险家留下的是大部头的著作，而贝恩斯则把自己在探险之旅中遇到的一切都凝结在自己的画作和日记中，我们从中仍可以读出他发现探索的兴奋，以及面对自然世界时心中的敬畏。

探险精神

1820年11月27日，托马斯·贝恩斯出生在金斯林的诺福克镇。16岁的时候，他

左页图：贝恩斯所画的水牛梨树（buffalo pear tree）的一枝（1849年），从中可以看出他喜欢抓住植物的植物学特征进行描绘。

上图：“汉弗莱斯和我正在维多利亚河的马蹄铁浅滩猎杀一条短吻鳄，此地位于好奇峰和布罗肯山之间。”（1856 年）鳄鱼（即贝恩斯所说的短吻鳄）对参加澳大利亚北部远征的探险家们是一个真正的危险。

右页图：在他的人物画中，贝恩斯设法将他在旅途中遇到的当地人的个性和尊严都呈现出来，例如这幅《孔德，一个特特族人》（1859 年）。

当了镇上“装饰画家”威廉·凯尔的学徒。1842 年，贝恩斯启程去往南非，并在开普敦为一个马车装饰画家工作了三年。在一位懂得他作品的朋友建议下，他开始以绘画作为职业，并尝试当一名“海景和肖像画家”。他有一幅作品《塔布尔湾和群山之中的开普敦》一直很受欢迎，他把它卖给在这座海上客栈来来往往的水手、士兵和商人，靠卖画的收入生活。在他后来的职业生涯中，贝恩斯继续依靠欧洲人对非洲的兴趣支持他的探险事业。当他没在画开普敦或附近海岸线的热门旅游风景的时候，贝恩斯都把时间花在研究欧洲人探险非洲的历史上。被这些故事打动的贝恩斯随后在 1846-1847 年接待了前来拜访的另一位画家兼探险家乔治·弗兰奇·安加斯，在他的鼓励

下，贝恩斯承认“曾经沉睡在我身体内的冒险精神”复活了，于是他和安加斯决定进入内陆寻找曾得到报告的“大湖”。

不过，贝恩斯作为画家兼探险家的职业生涯还是在他1848年启航去往阿尔哥亚湾时才真正开始。1848年6月至1849年8月，他曾跟随威廉·里德尔和乔治·里德尔顺着奥兰治河进入东开普内陆进行过多次打猎和商贸旅行。他在写生簿里填满了他所看到的一切，记录了该地区的动植物和地质情况。对于有趣的情景，他先画下精细的铅笔素描和水彩，标注时间、日期和地点（有时甚至标上经纬度），随后再逐步整理画成油画。1850年2月，他和约瑟夫·麦凯布一起在如今的博茨瓦纳测绘了恩加米湖。这是他首次带有明确科学目的的旅途，贝恩斯提前做好了准备，学习了如何计算距离、观测和定位。第二年，贝恩斯遇到了亨利·萨默塞特上校，上校雇佣他为第八次边境战争（1850–1853年）绘画战争中的事件，这次战争是欧洲定居者和开普殖民地东部边境的科萨人进行的一系列长期冲突中的一段。虽然得到了官方战争画家的身份，他的一些素描作品也出现在了《伦敦新闻画报》上，但是贝恩斯只在战场待了一年就离开了。在格拉姆斯顿停留了一些时日之后，他于1853年5月回到英国，并花了两年时间写作、绘画和演讲自己在非洲的见闻。

1855年，在奥古斯都·格雷戈里率领的澳大利亚北部探险中，贝恩斯被任命为画家和仓库管理员，3月份时他启程前往布里斯班。他的任务完成得非常出色，因其为地理学做出的贡献，贝恩斯在1857年刚回到英国就被选为皇家地理学会的会员。他随后被介绍给戴维·利文斯通（见第162页），后者正在准备去往赞比西河的探险，利文斯通相信对赞比西河的探险有利于将贸易和基督教引入仍深受奴隶贸易之苦的非洲中部。英国国会划拨了5000英镑，让他们调查在赞比西河流域建立贸易基地的可能性。1858年1月，贝恩斯被授予一个与他在澳大利亚探险中担任的职位相似的职位，他开始按照为探险队随队画家制订的指标工作，这些指标很累人而且要求很高。他要“忠实地表现该地区的总体特点，描画野生动物和鸟类，并画下收集的……有用并稀有的植物，以及化石”。贝恩斯的作品能够捕捉自然万象的力量，例如探险队沿赞比西河逆流而上时遇到的柯布拉巴萨急流（Kebrabassa Rapids）。他还有一个任务是制作“当地人的肖像用于人种学研究”，而他的作品超越了单纯的科学研究，留下了画像中模特的个性、尊严和魅力。然而探险队中的人事关系在旅途中非常紧张，最终贝恩斯被不公正地指控偷窃探险队的材料绘制素描并卖给葡萄牙军官牟利。虽然在1859年7月就被解除了职务，并且饱受发烧和眼疾困扰，但是贝恩斯一直待到了年底，抓住一切机会进行素描和探险。

商业探险

有过和利文斯通不愉快的经历之后，贝恩斯从此避免参加政府资助的探险活动，一直参加商业探险。1860 年 4 月，他遇到了詹姆斯·查普曼，一位象牙和牲畜商人。查普曼想从非洲西海岸的沃尔维斯湾走到非洲东海岸的赞比西河河口，横穿非洲大陆，并沿线建立商业点。贝恩斯决定加入他——开支由自己的卖画所得支付。他们于 1861 年 7 月离开沃尔维斯湾，在 12 月抵达恩加米湖，并于 1862 年 7 月和 8 月在维多利亚瀑布待了三个星期。最终，他们发现前方的道路被急流阻挡，不得不按照原路返回。

贝恩斯将对这次旅行的记述整理成书《非洲西南探险》，并于 1864 年出版，紧接着他在 1865 年出版了平版画作品集，其中的平版画都来自他的油画。作为一个画家，他受到了崇高庄严的美学观念以及令人敬畏的自然力量的深刻影响，这在维多利亚瀑布上体现得十分明显。对于他来说，维多利亚瀑布的全貌呈现了“一个画家的灵魂所能想象的最可爱的场景”。他的画册是欧洲人探索非洲的历史上最精彩绝伦的记录，并深刻影响了人们后来对维多利亚瀑布的描摹。

这次探险结束之后，贝恩斯在纳米比亚待了一段时间，并于 1865 年回到英国，与 W. B. 罗德共同撰写了一部关于旅行的实用手册，出版时的名字是《露营生活指南》。1868 年，南非金矿探险公司找到了贝恩斯，他们正设法在马塔贝莱兰（在如今的津巴布韦）取得矿物开采权。从 1869 年至 1872 年，从德班起航的贝恩斯领导了两次探险，为可能的矿藏点定位并和恩德贝勒人的国王洛本古拉商讨矿物开采特许权的事宜。他测绘的该地区地图以及他的绘画和日记都在身后得到了出版。1875 年 5 月 8 日，贝恩斯在德班死于痢疾，他那时还在为第三次马塔贝莱兰之旅做准备。

“我只是一个画家”

贝恩斯曾向刚刚履任开普殖民地总督的乔治·卡斯卡特爵士保证，他的“首要

THE WELWITSCHIA MIRABILIS, OR PLANT OF HYKAMKOP, SOUTH WEST AFRICA. T. BAINES, MAY 9.1861.

上图：在这幅名为《百岁兰》(1867年)的画作中，贝恩斯本人正在描绘这种奇异的植物。通过将自己呈现在画中的方式，作为“见证者”，他保证了这个场景的准确性，他对这种植物的记录是他对植物科学最大的贡献之一。

第84-85页图：贝恩斯描画了与花园岛维多利亚瀑布相对遥望的一群水牛(1862年)，捕捉了大瀑布在背景中呈现的庄严。这幅油画贝恩斯至少画了三个版本，并选了这幅进行平版印刷出版。

目标是画下该地区最有特色和最精致的画作，描绘它的居民和动植物”。虽然表现得很谦虚，但在贝恩斯的探险生涯中，他表现出了可贵的科学洞察力。例如，在动物学方面，他的作品展示了物种最突出的特征，并将它们置于自然生境之中。对所描绘的动物列出注释，这也是他完整的描述和观察的一部分。他还顺便提到过“我在植物学上的小伎俩”，但他的风景画的特色就是对于树木和开花植物的精心描绘，既真实又生动，可以辨认出植物的种类。他和当时一些最优秀的植物学家保持着通信，如邱园的威廉·胡克和约瑟夫·胡克。在和查普曼一起旅行时，贝恩斯还做出了两个重要的植物学发现，鉴定并记录了两个新种百岁兰（*Welwitschia mirabilis*）和二歧芦荟（*Aloe dichotoma*）。就像利文斯通赞比西河探险队中的约翰·柯克博士所说的那样："贝恩斯先生描绘的画面非常真实并尊重自然，任何一个熟悉这些植被的人都能说出他画作中植物的名字。"

贝恩斯还利用新技术帮助他将非洲的自然和生活之美介绍给欧洲人。例如，他利用查普曼拍摄的照片保证画作中出现的"当地人武器和装饰品"得到正确的描绘。通过天文学观测和系统测绘地形，贝恩斯将欧洲人科学调查的观念应用到非洲大陆上，而他细致生动的艺术天才帮助他描绘了遇到的地貌特征。对自然的热爱在他的作品中表露无遗。在《非洲西南探险》中，他表明自己的兴趣在于他所走过的原始环境的生态："我承认我永远忘不了自己的那种感觉：自然的神奇美景是用来欣赏的，而不是用

除了准确详实地呈现他遇到的人物、动物和地貌，贝恩斯的画——如这张《卢阿伯河（Luabo River）河口附近的河马》（1859 年）——也传达出这些地方的美丽和壮观。

来破坏的。”贝恩斯的画作中常常包括他自己，向观众保证呈现在他们眼前场景的真实性。他塑造了一个新闻记者似的记录者形象——他称自己画作的唯一价值就是“尽我所能地忠实刻画该地区的特点”。

1867年，20幅贝恩斯的画作被选出参加巴黎世博会。他的作品频频出现在英国和欧洲的其他展览，还印在流行杂志和旅行手册上，扩大了其探险活动的影响范围和影响力。贝恩斯对探险宣传的贡献并不局限于艺术层面：他回到英国的时候还进行了大量演讲。罗德里克·默奇森爵士认为贝恩斯作品的真正受益人群是那些留在英国“注定永远不会有机会进入非洲南部大陆”并且“能够意识到那片辽阔大陆真正性格”的人。

虽然贝恩斯对维多利亚时代的帝国主义意识形态以及随后发生的对非洲的驯服和组织化管理表示认同，但他也陶醉于它的美丽和独特。他的写生簿上写满了注释，并充斥着自然的活力。这些速写本佐证了他的信仰，即“没有任何东西是不值得记录的”。他在不讨人喜欢的环境中旅行，冒着头顶横飞的子弹，一边驱赶着在画布上吃颜料的苍蝇一边作画。在这种条件下，他仍然留下了不朽画作，雄辩地证明了他对这些自然奇迹以及它们令人敬畏的庄严的迷恋。贝恩斯认为旅行、搜集数据并将这些信息传递给英国公众的意义就在于这些行为的本身，他曾说自己“将感到所做的一切都是值得的，如果通过我的努力使英国公众能够了解任何未曾有人涉足的地区，并且从前地图上的空白区域中的一小块——无论多小——仍然能够留在非洲中部的地图上”。

罗伯特·特威格/撰

理查德·伯顿

对探索的狂热
（1821–1890年）

做那些内心嘱咐你做的事，不期望他人夸赞，只为听到自己的掌声；制订自己的原则并按照它生活，这样的人活得最高贵，死得最光荣。

理查德·伯顿，*The Kasidah*，1880年

在伦敦西南郊区的莫特莱克教堂墓地中有一座外形奇特的坟墓，它由石头建成，样子像一座东方式的帐篷。在坟墓的一侧有一段短阶梯，走上去之后能够通过一面窗户看到里面并排安息的理查德爵士和伯顿夫人。在他们上方有一个装置，看起来好像生锈的电话铃。它实际上是一根螺线管，用来鸣响坟墓中安置的一个驼铃。又一件维多利亚时代的荒唐事？并不是这样。"驼铃的叮当之声"是伯顿创作的长诗*The Kasidah*中的选句。在这部长诗中，他借一位神秘的波斯作家——他称之为哈吉·阿卜杜·艾尔–耶兹迪——之口，展示了自己超凡脱俗的信仰、动机和理想：

把那个老妇人从你胸口拽走；
在灾祸中要勇敢，在幸福中要质朴；
为了行善而做好事是对的：
把天堂的贿赂和地狱的威胁一脚踢开。

这就是H. M. 史丹利曾这样评论的人，"要不是因为他该死的愤世嫉俗，他本可以成为最伟大的人"。这就是当时人们总在客厅谈论的人，说他动不动就杀人还吃人肉——虽然并没有证据证明他干了这样的事。说起伯顿，稀奇古怪的故事和怪诞的事

实总是杂糅在一起。

1821 年 3 月 19 日，理查德·弗朗西斯·伯顿生于英国托基市。在被抚养成人的过程中，他的家庭总在不断地迁居，主要是在法国和意大利，包括法国西南部的波城，当时——包括现在——英国人都很爱去那里。他曾几次在写作中责备父母没把自己送到一所“一流学校”，然而所有证据都表明伯顿忍受不了传统寄宿学校的纪律多长时间。1840 年，他回到英国进入牛津大学三一学院求学，结果就在他进入牛津的第一天，他就挑战一个同学决斗，因为对方嘲笑他浓密的小胡子。那个同学拒绝了决斗的邀请。在他年轻的时候，伯顿总以拜伦勋爵作为效仿的榜样；他比拜伦好学，但并没有拜伦那样的诗才。伯顿是个善变的人，在维多利亚时代的牛津他显得很不合时宜，他在学期期间跑去参加赛马会，把自己跑野了。实际上他几乎没有学习，只是希望干净利落地被学校开除，而不是虎头蛇尾地结束学业。

在印度和阿拉伯半岛

伯顿于 1842 年 10 月在印度巴罗达参加了孟买本地步兵第十八步兵团，并以令人惊异的速度学会了马拉地语、吉吉拉特语和印度斯坦语等本地土语以及波斯语和阿拉伯语。伯顿是一个谜，但他后来的发展轨迹在早年印度军队时就已现端倪，他在那里每天花 11 个小时学习印度斯坦语以便伪装成当地人。深色的头发和发黄的皮肤的确有所帮助，但他自己也是个善于乔装的大师。当他决心学好那时还不太为人熟知的这些语言时，他在印度遇到了 *The Kasidah* 中写到的那位伊斯兰苏菲派禁欲神秘主义教徒，后者在这部长诗中现身为真正的榜样以及伯顿常常阅读的波斯语和阿拉伯语作家。伯顿逐渐发展出自己的语言学习方法：先学一个星期的语法，然后直接将《约翰福音》翻译成所学的新语言。这个方法奏效了：等到 1890 年去世之前，他可以说 27 种不同的语言。

然而他在印度度过的岁月，用他自己后来的话说，“损坏了我的健康”。回到欧洲的五年，他常常参加击剑活动，并撰写了一本刺刀训练手册（至今仍受重视）和四

左页图：这幅伯顿的肖像名为《朝圣者》，是他《走向圣城》（1855–1856 年）一书第二卷的卷首插画。出众的语言能力和乔装技术让伯顿能够到达那些未曾探明的危险或禁止之地。

伯顿于 1842 年抵达印度，并在军队里待了 7 年，大部分时间都在信德省。除了完成作为情报官员的军事任务之外，他还乔装打扮，四处旅行搜集信息。染上霍乱之后，他拖着病体离开印度回到英国：这张插图《托达人的家庭和村子》来自《果阿和蓝色山脉》或《六个月的病假》(1851 年)。

本游记。但他学习的苏菲派教义还在继续影响他。东方的苏菲派榜样都是成就很高的人。这种神秘主义的伊斯兰流派既鼓励它的追随者轻松地面对生活，又鼓励他们在所做的事情上取得“非凡脱俗”的成就。伯顿热切希望功成名就——先是参军，然后是写作，最后是探险。但是军旅和笔耕生涯都没能达到他的期望，于是他在 1853 年启程前往麦加，虽然他并不是第一个这么做的欧洲人，但他是第一个利用他自己充满戏剧性的诡计这样做的人。“探索几乎让我狂热。”他写道。永不满足的好奇心和功成名就的欲望驱使他伪装成一名帕坦商人，进入阿拉伯城市中最隐秘的那一座。

《走向圣城》就是这次行动的成果，和《东非第一批足迹》一样，它是伯顿可读性最强的一本书。有些自相矛盾的是，虽然伯顿是一个很棒的讲故事的人，讲得非常生动，但他却不是一个非常吸引人的作家——他的作品中有极好的材料，但这些材料却包裹着一层层冷僻的学问和语言，还充斥着奇怪的事实和更加奇怪的观点。据伯顿推测，环地中海地区存在一个“苏特迪克区”，在那里进行卖淫活动的都是男人。换句话说就是鸡奸。伯顿的性向是另一个谜。他宣称自己在印度军队被降级是因为服从命令撰写了关于卡拉奇男妓妓院的报告——这个报告从来都没人找到过。他几乎一定是在夸张自己在男妓妓院的秘密经历，很可能只是为了满足自己的窥淫欲。

在非洲引起的争论

1854 年，伯顿干了一件更冒险的事：在J. H. 斯皮克（见第 155 页）和两位军官的陪同下，他去往索马里内陆进行探险。整个行动最困难的那部分是伯顿独自一人完成的——成为第一个进入禁地哈勒尔城的欧洲人，他甚至在那里和国王进行了对话。伯顿的探险模式开始成形。在索马里，伯顿被长矛刺穿了下巴，从此留下了后来有些吓人的面容，即使摆出他喜欢的“蛇怪凝视”表情也无济于事。（但据说孩子们总觉得他非常有趣好玩。）第二年，伯顿请求前往克里米亚战争前线。但他并没有获得任何军事荣誉；当“他的战争”结束的时候，几乎被视为一个捣乱分子的他正在达达尼尔海峡比特森将军的领导下当一名土耳其非正规军士兵。

伯顿在 1856 年回到了非洲，成为非洲大探险的先驱。沙克尔顿在 1909 年所做的努力对于后来南极探险的胜利所做的贡献，正如伯顿对于后来者对非洲的开发所做的贡献，这些后来者包括斯皮克、史丹利和利文斯通等。他是第一个发现非洲

在索马里被长矛刺伤之后，伯顿的脸颊上留下了这道醒目的疤痕，在他的照片和肖像中都很明显。

中部大湖的人，这次还是斯皮克（伯顿总是快活地调侃他语言天赋的差劲和对打猎的热爱）陪伴着他从桑给巴尔走到坦噶尼喀湖。被发烧困扰的伯顿决定休养，斯皮克独自继续探险并发现了维多利亚湖和一处可能的尼罗河源头。于是一个争论也就此埋下了源头，直到斯皮克朝自己开了一枪（可能是也可能不是自杀），这个争论才结束，而他原定次日与伯顿就尼罗河真正源头的问题进行辩论。对于斯皮克的死亡，伯顿没有感觉到一丝胜利。尽管他们曾争吵失和，但他最终收回了自己对斯皮克的尖锐言论，对于自己门徒的离世感到巨大的悲伤。

婚姻和外交

在伯顿刚走到人生一半路程的时候，德比勋爵说他已经浓缩了“比半打普通人一生所经历的还要多的学习、艰苦和成功的事业和探险”。而在之后的 1861 年，他结婚了。伊莎贝尔·阿伦德尔是伯顿生活中的又一个谜。他选择（从伊莎贝尔的记述来看倒不如说是她选择了他）了一位在传统氛围和宗教背景中成长的女性作为妻子，她在他死后立刻烧掉了他许多私人文件，以“保护他的声誉”。换句话说，她不赞同那些淫荡的东西。虽然如此，但她是伯顿热情的仰慕者，她学习语言和击剑，试图仿效她的英雄。伯顿的生活方式没有那么简单。当他们搬家的时候，他喜欢留下简明的指示“付钱，打包，跟着我”，然后就把她丢在后面。或许她报复的方式就是把阿拉伯性爱手册《香味花园》的手稿烧掉。（但是这个行为的意图失败了，因为伯顿还有一部抄本。）他们的关系让许多认识他们的人感到困惑。他们没有子女，但当两人在一起之后，看起来双方都很忠诚。正是伯顿夫人下令建造了位于莫特莱克的那座坟墓。

作为一个已婚男士，伯顿获得了一些在他凶险的探险家生涯中所缺少的责任感。他曾获得遥远的费尔南多波岛上领事的职位，但他觉得那个地方太过偏远，和他一起待在那里对妻子的健康不利。1865 年，他调至巴西的桑托斯，过了四年之后在 1869 年

左页上图：《乌萨加拉风光》，摘自伯顿对这次探险的记述《非洲中部湖区》，出版于 1860 年。斯皮克在伯顿之前回到伦敦，并宣称已经发现了尼罗河的源头；伯顿用这本书反驳这个观点，并攻击斯皮克。

左页下图：1857 年，伯顿决心寻找白尼罗河的源头，并在约翰·斯皮克的陪伴下带领着 100 个挑夫组成的探险队出发。两人在路上都得了病，即使他们发现了坦噶尼喀湖，但他们的成就最后笼罩上了争论的疑云。

去了大马士革，又在 1871 年前往意大利的里雅斯特赴任，并在那里一直生活下去直到 1890 年 10 月 20 日去世。他在外交界永远也混不出头——他已经得罪了太多人。当得到机会向索尔兹伯里勋爵就英国在摩洛哥的政策提出建议时，他草草写就了一个单词“附属建筑”。勋爵请他详细阐述，结果他写满了好几页纸，拐弯抹角地用不同的方式说着同样的事情。没人能理解他。

在他当领事的那些岁月，伯顿仍然设法进行了大量的旅行。他走遍了美国的每一个州，并采访了犹他州摩门教堂的教会首领杨百翰。当他提出想进入教堂的时候，杨冷淡地回答道：“我觉得你曾经干过这种事情。”1863 年他出版了《西非漫游》，详尽描述了他在达荷美、贝宁和黄金海岸的探险经历。在桑托斯度过的 4 年让他写下了《巴西高原》。他还去了冰岛，并在去往秘鲁的旅途中找机会报道了发生在巴拉圭的一场战争。

他最后一次冒险是在翻译《一千零一夜》时保留了原书中所有淫秽和近乎色情的故事。这本书（最终以 16 卷出版）远远超前于那个时代，但它非常畅销，直到现在仍然是图书收藏者的必备，需求巨大。就像伯顿所说，“现在我知道了英国人的口味，我们永远也不会缺钱花”。他的 *The Kasidah* 以这样一段诗句结尾：

现在眉头舒展地走你的路；
别怕讲述你粗陋的故事；——
沙漠中风的低语；
驼铃的叮当之声。

朱尔斯·斯图尔特/撰

纳恩·辛格

测绘禁地的人

（1830?–1882年）

广袤的西藏高原首次被一位受过教育的旅行者穿过，

他能够观察并描述他在这里所看到的东西。

这大大增进了我们对于西藏贫乏的了解。

克莱门茨·马卡姆爵士，印度事务大臣和皇家地理学会主席，1871年

19世纪中期，沙俄军队正在英属印度和它北边的跨喜马拉雅地区之间的山岳地带行进。英国已经完成了对旁遮普和西北边境省的吞并，几乎将英属印度的边境推到了哥萨克部队的火力范围之内。警钟在伦敦鸣响，因为没人知道帝国刚刚征服的地域那边是什么。

纳恩·辛格，他的代号是“1号”。

俄国人可能的侵略路线是什么？俄军的营地以及他们正快速铺设的铁路线离边境有多远？河流能否航行，山脉能否穿过？地图在哪里？对这最后一个问题，印度总督无力地回答道并没有任何地图。印度大三角法测量工程当时只得到了一些关于大城市方位的最模糊的概念，例如拉萨。藏布江和雅鲁藏布江是否交汇这样重要的战略问题仍然是一个谜。吉尔吉特、奇拉斯和吉德拉尔这些西北边境省的前哨地区还未有人前去探索。叶尔羌[①]距测量工程绘制的地图边界之外足有100英里。整个西藏中部地区

① 今莎车。——译者注

都是一个地理之谜。

这时来了皇家工兵部队的托马斯·乔治·蒙哥马利上尉。蒙哥马利在 21 岁时启程前往孟买，并在一年之后加入印度的测量工程。他很快找出了存在的问题，并着手修正它。到 1860 年代早期，这次测量已经取得了跨喜马拉雅地区大约 103 600 平方千米的可靠数据。但地图上仍然还有跟印度面积一样大的空白。蒙哥马利认为可以从印度

这张地图显示了一位梵语学者从尼泊尔到拉萨所做的路线测量，1868 年蒙哥马利上尉将它发表在《皇家地理学会学报》上。虽然这位梵语学者的姓名并没有给出，但是这张地图的发表似乎牺牲了这些危险任务的秘密性和安全性，当时它们还在进行着。

出发，穿越喜马拉雅山脉和喀喇昆仑山脉以北大约360万平方千米尚未探索的土地。而这片广大的区域也同样可能成为进入英属领地的通道。

派遣梵语学者

欧洲人从17世纪就开始进入中亚和西藏，但西藏是一个危险的地域，禁止外国人进入。许多探险家曾在这里遭遇厄运。包括葡萄牙耶稣会信徒鄂本笃、英国兽医威廉·默克罗夫特、德国探险家阿道夫·施拉格因特维特在内的许多人都死在了这片可疑的地区。蒙哥马利的计划很简单：派遣印度人，而不是欧洲人。就像之后他向皇家地理学会所说的："至于如何进行英属印度边境之外的探索行动……我总是想办法留住这些人为帝国服务：要么完全是被探索地区的本地人，要么至少是和当地人信仰同样宗教的人，以及经常去目标地区旅行和贸易的人。"

纳恩·辛格是西藏南部的博特亚人，作为库马翁地区一所学校的校长，他会说北印度语、波斯语、英语和藏语。蒙哥马利邀请他进入自己的本地调查员军团，成为第一个"梵语学者"，并交给他一个进入西藏调查的秘密任务。这是一个他不能轻易拒绝的邀请，因为他父亲的"社会犯罪行为"给他带来了沉重的债务，而只需要冒一点儿险就能帮助他清偿债务。蒙哥马利上尉就这样将纳恩·辛格招致麾下，他还设计了堪称历史上最聪明的间谍技巧。

在印度测量工程的总部台拉登，纳恩接受了将近两年的严格训练。他学会了使用六分仪测定维度，使用指南针测定方向，掌握了天文学基础以便在夜间导航，还学会了使用温度计测定海拔高度。蒙哥马利设计了一套最天才的办法记录他每天所走的距离。西藏人随身带着的念珠上面共有108颗珠子，在诵经时珠子会被转动起来。为方便计数，蒙哥马利从中去掉8颗珠子，凑足100颗。纳恩·辛格每走100步就转动一颗珠子，于是念珠每转一圈就标记了1万步。为保证测量距离的高度精确性，纳恩·辛格和后继的梵语学者们花了几个月的时间学习如何在走路时让每一步都一样长，无论他们穿越的是怎样的地形。蒙哥马利在他们的腿上系上绳子训练，绳子的长度依据每个不同梵语学者的最理想步伐制订。至于纳恩·辛格，他的一步是33英尺，于是1920步就是1英里。纳恩还需要把他每天的记录藏起来——圆柱形的铜制转经筒正合适，不久之后台拉登的间谍基地开始组装还能装下指南针的转经筒。六分仪和其他大件的装备则藏在旅行箱底部的夹层中。

进入西藏

纳恩·辛格在这次测量工程中的代号是“1号”，1865年，他已经准备好开始进行第一次秘密西藏探险。他要先穿越尼泊尔，然后进行路线测量：从西藏的圣湖玛旁雍错开始，沿着商业重镇噶达克和西藏首府拉萨之间的道路向东进行测量。完成调查工作之后，他要向西沿着弧形路线回到玛旁雍错，再从那里回家。这次旅行总共让他的念珠记下了250万步，即2400千米。蒙哥马利希望这次任务能够找到藏布江的未知源头，当时他们错误地认为藏布江是源自玛旁雍错，再流向拉萨之外的。

启程之后，纳恩·辛格先向北来到加德满都以便从尼泊尔进入西藏。正值冬至，

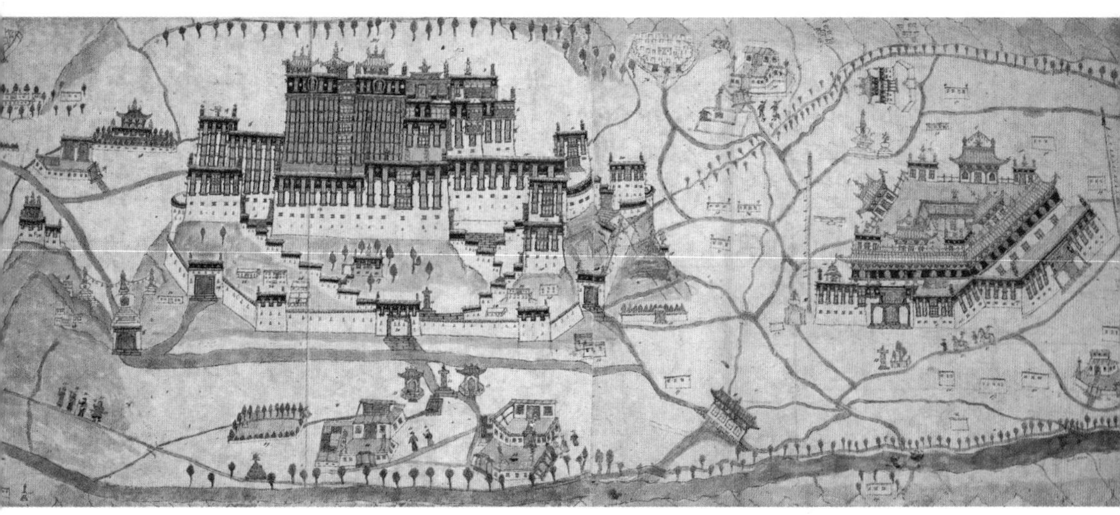

这张包括布达拉宫在内的拉萨地图几乎称得上是一张地形图，它由一位西藏喇嘛在1859年左右绘制，就在纳恩·辛格进行第一次秘密之旅不久之前。此时欧洲人被禁止进入西藏，西藏地区边界之内都是未知的世界。

梵语学者萨拉特·钱德拉·达斯1879年所画的一只西藏传统转经筒。经过改装之后，它可以变成藏匿测量结果的装置，以躲过边防卫兵的视线。

进入拉萨的旅途花了三个月——他走过海拔4875米积雪覆盖的山口，多次险些撞上中国的边防卫兵。他最后到达了拉萨，并在那里度过了三个月；他在那里进行了仔细观测，以令人惊叹的精准度测定了这座城市的维度和海拔，这些数据在当时都是未知的。然而，某天一个中国人被砍头的场面让他想到了西藏为不请自来的外人准备的命运，他立刻加入了一个去往玛旁雍错的商队，离开了拉萨。当他终于回到台拉登时，纳恩·辛格带回了一系列精心制作的路线结果，确定了加德满都至Tandum之间，以及全部在西藏境内的拉萨至噶达克之间的道路。他还定位了从玛旁雍错附近的源头开始至拉萨的雅鲁藏布江部分河道，并测定了33个从未测量过的山峰和山口的海拔高度。

在拉萨的时候，纳恩·辛格曾听别人说起西藏某个遥远的地区有金矿，当蒙哥马利听说这些金矿时，他立刻开始计划第二次探险。1867年纳恩·辛格和两位梵语学者出发前往西藏，并在数月后返回，确认了金矿的存在，并带回了更多令人印象深刻的结果。总共约3万千米的探险地域被添加到测量工程绘制的地图上，还有包括80座山头的路线测量结果。从西藏流向英属印度边境的萨特累季河被探明了河道，噶达克的位置也终于标注在了地图上。

纳恩·辛格的第二次探险之旅使他成为最著名的梵语学者。1873年，他又被征召参加任务，当时他已年近五十，对旅行开始感到疲倦了。这一回蒙哥马利指派这位梵语学者护送一次前往叶尔羌的任务。这是他最后一次旅行，并赢得了印度事务大臣和皇家地理学会主席克莱门茨·马卡姆爵士的赞誉："在地理发现方面，大三角测量部的梵语学者纳恩·辛格在1874年7月至1875年3月之间的旅行是所有本地探险家所做的旅行中最重要的。"为表彰他的贡献，皇家地理学会将赞助人奖章授予这位"在我们这个时代为亚洲地图增添最多有用信息的人"。

约翰·尤瑞/撰

尼古拉·普热瓦利斯基

中亚的地理、政治和捕猎

（1839–1888年）

在这里，如果你不带上一条鞭子，你是走不动的……

那些跟你同行的人都死不悔改地厚颜无耻，这种俄国武器

是唯一一种让他们有所知觉的办法。

尼古拉·普热瓦利斯基在中亚之旅中如是说

在许多方面，尼古拉·普热瓦利斯基都是一个矛盾的人。他一生的志向是作为探险家走进西藏的拉萨；在这一点上他失败了，但他在探险上的声誉和成就在生前就已驰名，在身后也得到了许多纪念。他选择加入沙皇的军队作为自己的职业，并且晋升到少将军衔；但他从未指挥过部队，即使是对于最渴求扩张领土的沙皇来说，他在战略上的观点也太过于激进。他和俄国与中国边缘地带的人们打过交道，并和不为外界知晓的统治者接触过，如喀什的阿古柏；但他从来不曾尊重他们，他的一些观点甚至不堪重提。他以发现普氏野马（*Equus przewalskii*）而闻名；但所有人都忘记了，他遇到的第一匹样本之所以能够活下来进行分类，是因为当时它不在他步枪的射程之内，他对当地居民的不尊重只有他对自己滥杀的野生动物的不尊重能够相提并论。这位探险家远远称不上行为楷模。

他的成长经历或许能够为他难以相处的个性做出解释——或者说至少是借口。1839年，他生于一个奇怪的俄国哥萨克和波兰贵族组合成的家庭。在很小的年纪他就被鼓励自己照料自己，他在斯摩棱斯克周围的森林打猎，并在童年时遭遇过狼、熊和其他凶猛的捕食者。他不适应学校生活，在家还欺负自己的弟弟。军队看起来是他唯一的希望，然而即使到了军队，他又因为在克里米亚战争和波兰起义中加入军事行动太晚而郁郁不得志。

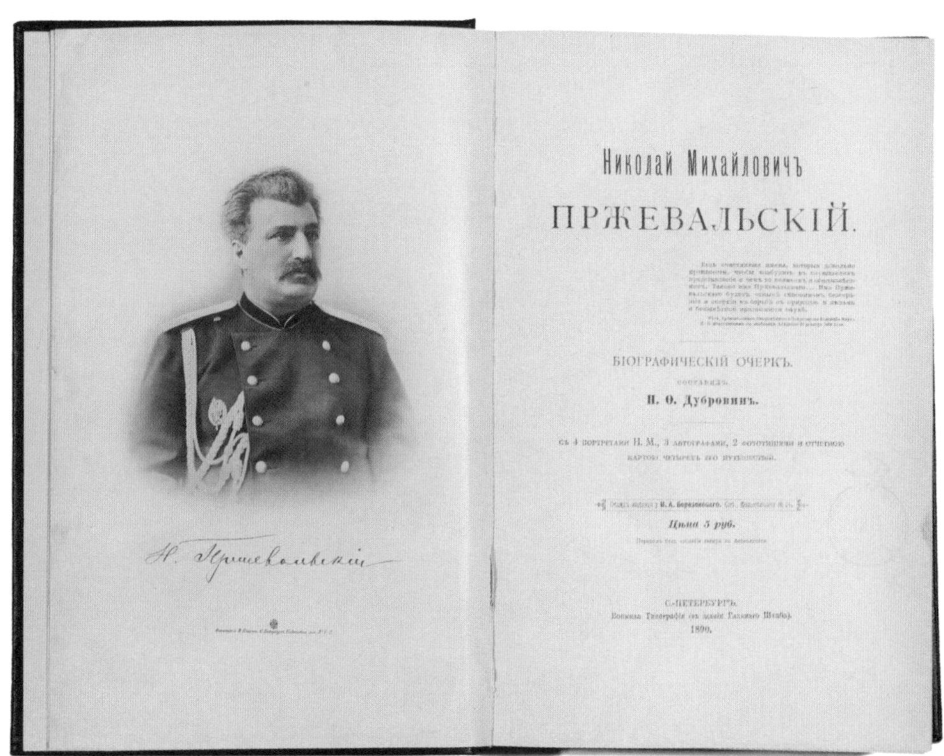

I. F. 杜布罗文撰写的普热瓦利斯基传记扉页：普热瓦利斯基和斯大林的长相极相似，这已经成为了一个饱受评论和推测的话题。

探险的热情

从规律的军旅生活向探险活动转移之后，他的第一次重要探险将他带到了东西伯利亚——与中国接壤的阿穆尔河[①]流域和乌苏里江流域。圣彼得堡的帝国地理学会交给他的任务是修正现有的地图并绘制新地图。他从贝加尔湖出发，在马背上走过一个多星期后，来到了阿穆尔河的一条支流，在那里淘金和皮货生意是当地居民全部的谋生手段。然后他继续向前并进入了朝鲜，和那里的当局进行了一些未授权的外交活动，

① 即黑龙江。——译者注

TAB. X

上图：藏原羚（*Procapra picticauda*），摘自普热瓦利斯基的《蒙古，西夏故国……》(1875年)。这个物种如今面临着灭绝的危险。

左页图：虽然普热瓦利斯基的确射杀了许多野生动物，但他也留下了这幅图，并将它出版在自己的书中。

并通过射杀野鸭和与当地人赌博的办法维持自己的探险小队。他最后毁誉参半地回到了圣彼得堡，但他已经获得了对探险持久的热情。

后面是另外四次大的探险。紧接着的这次，他横穿了长江起源的地区。旅途中他射杀了许多野生动物，但也采集了许多新物种的标本，特别是数量众多的鸟类和植物。他把这些标本送回圣彼得堡的科学院，并因此被帝国地理学会授予了奖章。他的下一个任务充满了政治色彩：与喀什新的穆斯林统治者阿古柏建立外交关系。陪同他完成这次任务的有大约九名同伴、一些挑夫、二十四匹骆驼和一辆相当大的行李搬运车。他们费劲地穿越了天山山脉，并与阿古柏建立了联系；但这次探险之后俄国人没有什么后继的动作，而且阿古柏的统治区很快就被中国人重新夺得了。所以普热瓦利斯基的政治成就无法匹及他的地志学和科学成就。

接下来又是一系列探险，分别发生在1877年、1879年和1883年，它们都有一个明确的目标：到达拉萨。虽然普热瓦利斯基并没有实现最终的目标，但他在尝试完成这一目标的过程中还有许多其他的发现。他测绘了洪堡山脉；他首次调查了罗布泊；他造访了敦煌的千佛洞；他将中国西部阿尔金山和柴达木地区在地图上的空白填补上；他穿越了蒙古的戈壁沙漠、塔克拉玛干沙漠并进入西藏。所有这些地区都曾是未知的荒野之地，正是普热瓦利斯基用指南针将它们介绍给了西方。

所有这些探险活动的条件都很艰苦：食物非常短缺，以至于他的骆驼撕开它们的鞍，吃掉里面填充的稻草；水也常常短缺，有时他不得不从有死尸的井中取水喝；他的探险小队一次又一次地依靠普热瓦利斯基射杀的猎物充当配给的口粮。他会把步枪举在自己头顶慢慢靠近驼鹿，指望他的猎物将他头上冒出的步枪当成自己同类的角。但他并没有保护草原动物的观念，常常在早已得到足够猎物的情况下继续射杀；他每次探险几乎要消耗1万发子弹，在身后的山坡上留下许多动物和鸟类的尸体任其腐烂或者喂狼；他的每一次远征都有秃鹫和其他食腐动物跟随着。

个人生活

普热瓦利斯基回到俄国并短暂停留在圣彼得堡时，因其在探险活动中的勇敢而受到沙皇的宴请。沙皇甚至邀请他为自己的儿子（即未来的沙皇，亦是末代沙皇，尼古拉斯二世）讲述中亚的情况；但这并不完全是因为他的地理学和科学成就——俄国当局将他视为向东亚核心扩张的工具。

普热瓦利斯基终生未娶，他的感情生活始终围绕着探险活动的同伴。这其中有一系列英俊的年轻男子，而许多与他同时代的和后来的传记作家都认为他是一名同性恋。他在俄国森林中的家对他也很重要，他更喜欢在探险之余在家过着隐居生活，而不是在圣彼得堡的交际圈被奉为名流。且不论他在众多方面表现出的古怪和缺乏敏感，普热瓦利斯基在身后留下了真正的探险遗产：他让欧洲人大大增进了对亚洲的了解，在某种意义上可以跟马可·波罗相比——这是位于伦敦的英国皇家地理学会的看法；尽管他嗜好不分青红皂白地杀生，但他送回的源源不断的动物、鸟类和植物绝不只局限于以他的名字命名的普氏野马。

比尔·寇格列佛/撰

内伊·爱莲斯

大博弈中的独行客
（1844-1897年）

女王陛下在亚洲的仆人中，很少有人像他那样做了那么多事，
同时对自己所做的事情又谈论得那么少。

讣告，《印度时报》，1897年

1873年，英国皇家地理学会共有两人在全体会员面前接受了学会颁发的金质奖章。两人都是当时最伟大的探险家，享受着同样的荣耀和地位。其中一位是亨利·莫顿·史丹利，如今在探险史上仍旧保持着英雄地位（见第180页）；另一位是内伊·爱莲斯，则几乎被完全遗忘了。史丹利的好运气在于，他旅行的非洲地区是英国下个世纪的利益焦点；而爱莲斯旅行的地区是中国和东亚——19世纪中期这些地方在政治上和经济上比非洲重要得多，但后来变得相对不受重视，并且基本上对外国人封闭了。

然而爱莲斯如今的寂寂无闻还有另一个原因：作为一名探险家，他几乎没做一件事情去追求名声。比较典型的在亚洲旅行的探险家——如亚历山大·伯恩斯——会寻找引人注目的目的地，然后在到达那里之后迅速返回伦敦，宣扬自己的成就。爱莲斯则尽量避免个人的公共宣传。公众几乎不了解他，尤其是他的个人生活。和许多19世纪及以后的探险家一样，他之所以踏上旅途，在一定程度上是因为远离社交压力让他感觉更安全。他一生都没有娶妻，这点跟他同时代的俄国探险家尼古拉·普热瓦利斯基（见第104页）一样。这两个人在面对路途未卜的远方时，都表现出同样毫无畏惧的决心。他们都是各自的祖国在中亚杰出的探险家。

左页图：“英-暹罗边界委员会”的成员，1889-1890年。最右边的站立者即是爱莲斯，这是他最后一次较大的探险活动。

爱莲斯在旅途中用过的指南针。如今它跟他的文件和笔记本一起存放于皇家地理学会的档案馆。

1844年，爱莲斯出生于英国布里斯托尔一个犹太商人家庭，后来被送到德国德累斯顿上学。家人希望他加入家族公司，于是爱莲斯后来又去了公司在上海的办事处。然而他很快就发现自己的兴趣在于探索而不是商贸。从1868年开始，他在三次旅行中对黄河进行了考察，此时正处于这条大河周期性的改道过程中，之前向东南流动的黄河开始向东北方向流去，并汇入一片不同的海域。但爱莲斯的心思还在别处，他的志向是到达"沙漠包围的文明"，即中国的突厥斯坦地区和喀什地区，天山山脉脚下的穆斯林生活区。

他的第二次探险是一次艰苦的旅程，也成就了他的名声。1872年7月，他只身一人离开北京，沿途尽可能地找人指路。他向北而去进入蒙古，穿越了蒙古西部沙漠北部的戈壁沙漠，闯入当地人的斗争，并翻越阿尔泰山脉进入俄国境内。此时他已经走过了4345千米，每天要走24–32千米，主要靠步行，有时骑马或骆驼，但是他距最终目的地仍然还有一半的路程。位于西伯利亚另一端的诺夫哥罗德市（高尔基市）是跨俄国铁路线的起点站，而他在隆冬时节抵达了那里。他一直在沿途观测和记录方位，这些记录最终都送到了邱观测台（Kew Observatory）。皇家地理学会的主席亨利·罗林森将这次探险称为“当代最非凡出众之旅，当其他的（旅行）早已被遗忘时，它仍然会长存我们的记忆之中”。

大博弈

爱莲斯到如今要么花光了钱，要么就是耗尽了家人对他的耐心，总之他需要收入。他被英属印度政府任命为外交部特别专员，开始了他作为政府代理人或间谍的职业生涯。他在政府机构中有多项职位，但这些都是为了掩饰他的真正身份——情报收集人员。在接下来的15年中，爱莲斯进行了6次大的探险和许多其他规模较小的探险，他的每次探险在表面上都是以私人身份进行，但实际上是为了大英帝国在亚洲的利益。这些探险有的是他自己的主意，但更多的情况是政府需要信息。在这种情况下，政府要么进行一次装备齐全、完全公开的任务，要么舍掉一切手续和繁文缛节，只管把它交给爱莲斯去办。英国人最担心的是俄国人觊觎印度的可能性，于是这两个帝国在中亚一带展开了对峙，即所谓的“大博弈”——这是双方派遣探险家进行的一场几乎不鸣一枪的战争。爱莲斯是英国方面投身到大博弈中的典型人物，也是其中最有经验的。

爱莲斯前两次探险的目的地是中国的突厥斯坦地区，他穿过喀喇昆仑山脉，进入喀什——那时的中亚权力、信息和政治中心。然后是1885年的帕米尔高原之旅，这片高原又被称为世界屋脊，他来到这里是为了寻找奥克苏斯河的源头。他从吉德拉尔进入阿富汗，成为第一个到达帕米尔高原Syr Kul湖北部的英国人。他宣称兰格库尔湖（Rang Kul）是中国佛教徒所传说的龙湖（Dragon Lake），并一边花费数月进行调查、测绘和报告，一边承受着任何一股入侵势力都可能遭遇的显而易见的困难。当时的人们都觉得帕米尔高原是一片无法进入的神秘之地，所以这次旅程更加凸显出爱莲斯的无畏精神和秘密行事的本领，特别是这次他还是只身一人，并且在后来染上了阿米巴痢疾。虽然健康状况不佳，但他不久之后就被派往锡金帮助印度政府解决政治争端，而他最后一次探险则在1889年把他带往缅甸，与暹罗沟通边境问题。他最终因病返回英国，并于1897年在英国去世。

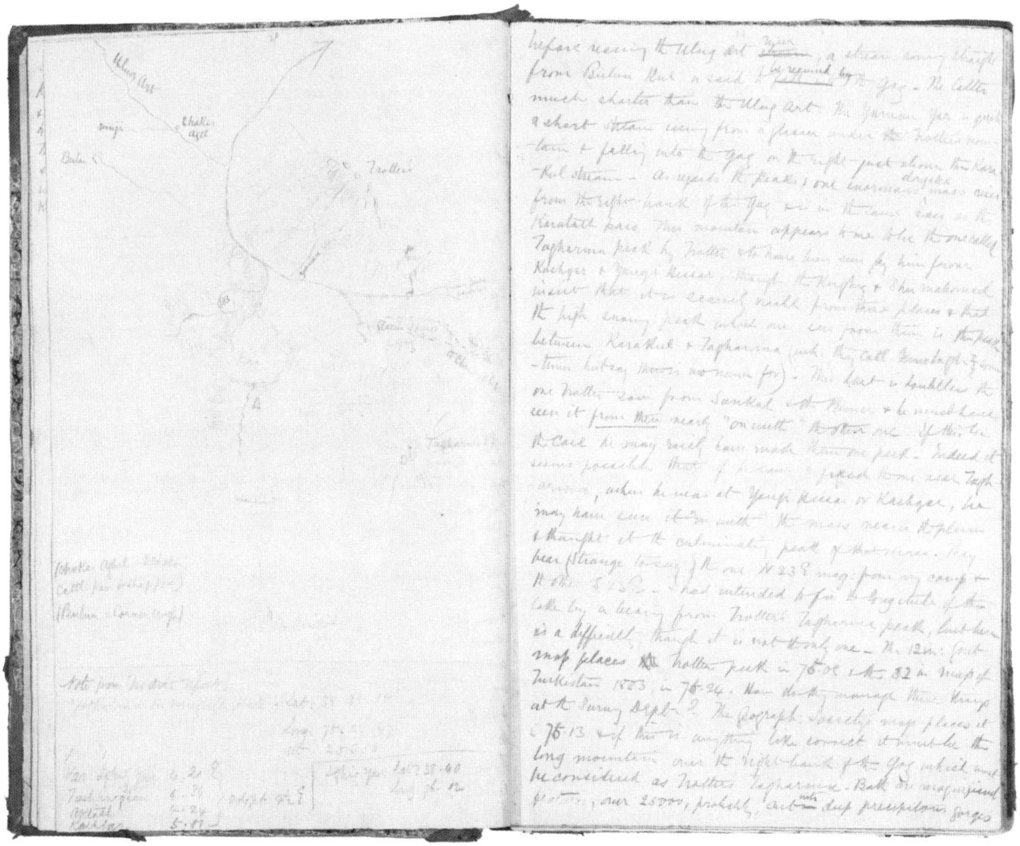

爱莲斯笔记本中的两页，上面记满了他对从卡拉克尔（Karakol，位于吉尔吉斯斯坦）看到的山脉做出的观测、绘图和描写。在所有的探险活动中，爱莲斯一直在做详尽的记录，包括调查方法以及气象和地理数据，提供了他所经地区在地形和政治局势上的重要信息。

即使是其他伟大的中亚探险家也要仰视爱莲斯，一部分原因是因为他广博的知识和丰富的经历，但也有一部分原因是对于自己的职业和令人印象深刻的成就，他始终表现得谦逊低调。

罗宾·汉伯里-特里森/撰

弗朗西斯·荣赫鹏

西藏的神秘英国军人

(1863–1942年)

我们已经带来了所有能从马具上取下来的零零碎碎的
绳索，我们把这些绳索以及男人的头巾和腰上缠的布绑在一起，
做成了一条长绳并把它绑在一个人身上，让他下到冰坡脚下第一块突出的
岩石上……当他到达那块岩石的时候，我们把长绳的上端
固定住……然后我们沿着绳索一个个地下了坡。

弗朗西斯·荣赫鹏，《一块大陆的心脏》，1896年

弗朗西斯·荣赫鹏之所以会走向旅途是受到了他舅舅罗伯特·肖的影响，罗伯特·肖是一位茶叶种植园主，是第一个进入喀什的欧洲人，并因此获得了皇家地理学会颁发的赞助人奖章。1882年7月，19岁的荣赫鹏第一次启航前往印度，那时他还是一个有着维多利亚时代也不多见的正直品行的年轻人。他加入了他的部队，位于密鲁特——曾发生那次兵变的地方——的第一骑兵近卫团，并且很快就把自己搞得很不受同辈军官的欢迎。荣赫鹏对于性的态度在某种程度上过于拘谨，但是作为一个身高只有1.65米而且很清楚这一点的人，他已经尽了自己最大的努力帮助同侪戒除这肉体的罪恶了。他梦想着用一种引人注目的方式证明自己，并且逐渐把目光锁定在满洲（中国东北旧称），因为那里是大博弈的关键区域之一；经过仔细的研究，他说服了自己的上校同意他前往那里。

1886年，他乘船前往上海，然后坐着骡子拉的大车来到了奉天（沈阳），满洲的首府。再往北走，旅途变得艰难多了，荣赫鹏在此时第一次表现出了他超凡的坚韧和勇气。他的两个英国同伴都年长得多，也更有经验，然而他们也被他毫无顾虑的胆量震惊了，同时震惊他们的还有荣赫鹏在指挥和记载他们的调查时所表

这张群像可能摄于1891年，荣赫鹏（右二）和其他大博弈的探险家们在一起，包括乔治·马嘎尔尼爵士、亨利·A. 伦纳德和理查德·比奇，当时他在一场失败的外交任务中被派往喀什。在完成让他功成名就的陆地之旅后，他从中国内陆抵达了那里。

现出的斯巴达式的献身精神。随着冬天降临，条件变得越来越恶劣，这时他们抵达了西伯利亚边境。在那里驻守边境的俄国人很好地招待了他们，并且允许他们翻越边境拜访阿穆尔河（黑龙江）上的驻军港口，他们在那里搜集到很多有用的战略信息。

回到北京英国大使馆的荣赫鹏开始写一部内容充实的报告，当他刚完成报告的时候，他的上校来了。让人惊讶的是，在英国大使向印度总督发了一封电报之后，这位 23 岁的骑兵军官被准许只身一人向西经过几乎不为外界所知的地区并穿行约 4000 千米。他先骑着骆驼穿越了戈壁沙漠，再沿着阿尔泰山脉脚下摸索，然后穿越了恐怖的准噶尔沙漠，进入天山山脉，最后抵达喀什以及周围存在人类文明的区域。

他接下来要向南行进，翻越喜马拉雅山脉抵达印度，这需要经过一段欧洲人从未尝试过的路线：即传说中的马兹他山口（Mustagh Pass）。他和他的同伴使用头巾、缰绳和衣服做成绳索，并使用这些绳索从成千上万面峭壁上下来，他对这些情景的描述已经成了探险史上的传奇。斯文·赫定将其称为“目前为止在这些群山之中最困难也是最危险的成就”。1887 年 10 月 30 日，已经连续 7 个月毫无音讯的他抵达斯利那加并受到了热烈的欢迎，完成了有史以来最非凡的旅程之一。

进藏任务

作为一个功成名就的探险家，荣赫鹏又对喜马拉雅山脉进行了几次更具政治性、科学性和更冒险的远征。1890 年，他被皇家地理学会授予赞助人奖章，不久之后，他又一次启程前往喀什，并在那里度过了令人沮丧的 7 个月，因为和俄国人的外交谈判非常不成功。接着又是无法令人满意的 10 年，军事职业生涯停滞不前的他开始寻找生活的意义，越来越执迷地追寻上帝。1899 年，他的密友寇松勋爵就任印度总督。他和寇松都坚信俄国对英国在印度的利益构成了威胁，必须抓住一切机会打退俄国人的锋芒。于是，荣赫鹏在 1903 年被派遣指挥一次去往西藏首府拉萨的惩罚性军事行动。这种行动也许是历史上最后一次。除了 1200 名部队官兵和 16 000 头驼畜，还有 10 000 名苦力搬运着大量的装备，这些装备是用来在“无知的当地人”眼中树立起英属印度的力量和荣耀的。荣赫鹏本人光是衬衫就打包了 76 件——从斜纹衬衫到礼服衬衫应有尽有，还有至少 7 套套装，包括面对听众需要穿的礼服。

当时的西藏还是一个相对未知的世界，这片面积跟西欧一样大的土地充满了谜团和传说。依靠拖过群山的两挺马克沁机枪和四门火炮，英国人建立了绝对的军事优势，然而整件事没有演变成他们的灾难已经是一件足够让他们庆幸的事。他们对于西藏人生活方式完全无知，并且对于该地区保持着非常敌视的态度（约 700 名西藏人在

1904年，率领大批军队的荣赫鹏进入拉萨。他超越了自己被赋予的权限，这次行动给了他巨大的名声，也毁了他的军事生涯。大英帝国从此再也没有进行过一次这样的惩罚性的军事行动，这次行动终结了西藏的命运，并可能导致了中国对西藏的重新接管。

沿途一个村庄被屠杀）。1904 年 8 月，当他们终于抵达拉萨，并跟在一队尼泊尔族士兵后面身着全套制服在街道上行进的时候，所有围观的西藏人都拍起手来。英国人以为他们的表演得到了欣赏，丝毫不知道西藏人拍手的含义是为了驱除魔鬼。此外，英国政府并不想让荣赫鹏的部队去往拉萨，他这么做已经超越了自己被赋予的权限。于是，虽然这件事情又为他增添了许多名声，然而西藏的最后结果对于英国当局则是灾难性的。英国不但没能在西藏保持影响，也许反而导致了西藏的独立状态——就像后来的印度一样，然后不得不将西藏的权益交还给中国，从此西藏一直成为中国的利益所在。

异乎寻常的一生

荣赫鹏的一生异乎寻常到了极致。他的身体非常健康和强壮（在年轻的时候，他保持着 300 码短跑的世界纪录）；他发现了一条新的从中国到印度的陆上通道；作为皇家地理学会的主席——他还曾经是学会最年轻的会员，他组织了——事实上他几乎是编造了——攀登珠穆朗玛峰的探险；他还入侵了西藏。在一次远征中，作为一名间谍的他在帕米尔高原被误认为已经死亡，几乎引起英属印度和沙俄的战争。在他走下坡路的岁月中，自大浮夸而又备受压抑的荣赫鹏发展出了一套怪异的神秘哲学和对性的超前思维。

苏珊·怀特菲尔德/撰

马尔克·奥莱尔·斯坦因

丝绸之路上的学者

（1862–1943年）

他同代人中集学者、探险家、考古学家和地理学家于一身的最伟大的一位人物。

欧文·拉铁摩尔对马尔克·奥莱尔·斯坦因的评价

对于斯坦因这位探险家来说，地形景观是他的向导，但过去才是他的目的地。这位大探险家有一项别人无法企及的能力，他能够根据一个地方现在的地形景观读出它在历史上扮演的角色。除了这个本事，再加上他的学识、组织能力、超凡的毅力，以及气坏许多人的固执，他在五十年中走遍了欧亚大陆的大片地区，带回来的东西不只包括超过10万件发掘出的手工艺品，还有超过1万张照片、辽阔又精准的地图，以及时至今日仍然影响着学术界的大量知识。

马尔克·奥莱尔·斯坦因于1862年出生在布达佩斯的一个犹太家庭，但是出于某些实际原因，父母让他在路德教会教堂接受了基督教洗礼。他在一生中很少显露出宗教信仰的痕迹，并且只有在被请求帮助家人逃离纳粹统治区和帮助犹太裔同事逃离墨索里尼统治下的意大利时，才肯面对自己的出身。他的兴趣形成得很早：还是个男孩时，他就痴迷于亚历山大大帝的征途，这种痴迷延续了一生。很快其他探险家也引起了他的注意，其中包括马可·波罗和公元7世纪前往印度取经的中国高僧玄奘法师。

斯坦因先后在布达佩斯、德累斯顿、莱比锡和图宾根求学，并在图宾根完成了关于古波斯语和印度学的博士论文，然后开始在英国学习旁遮普语。接着在匈牙利的兵役生活教会了他调查测绘的技术。他回到伦敦之后给印度议会的议员们留下了深刻印象，并得到了拉合尔东方学院院长和旁遮普大学注册官的双职位。1888年，他启程前往印度，并打算在那里待上几年就返回欧洲寻找一个学术职位。但是对旁遮普的岩盐矿山——他在那里学习了摄影基本技术——和其北边的斯瓦特山谷进行的考古劫掠点燃了他的激情，也决定了他从此的人生道路。他在探险闲暇进行的研究和写作并不是在象牙塔中的大学图书馆中完成的，而是在斯利那加附近的克什米尔群山中一个叫作默罕德·马格（Mohand Marg）的地方；他在这里海拔3350米的高山草甸上打开折叠桌开始工作，桌上放着鲜花，他的狗卧在脚边。虽然在早期发表了一些学术论文，但他很快就把精力放在了公共演讲上，以便推销自己的工作，并为下一次探险筹集资金。探险成了他永不满足的嗜好。

由于没有私人收入，斯坦因必须靠工作来维持生活，而且必须培养赞助人。除了曾在加尔各答短暂任职，他留在拉合尔度过了自己的一生。他必须保证离开的时间足够长，这既是为了满足探险本身的需要，也是为了准备他自己的报告和出版物。他的雇主们对斯坦因的高效、热情和老练提出了表扬，但是他总是不断地要求出发以及更好的条件，这让他们深感绝望。皇家地理学会的秘书曾就一次资金上的小问题如是说道：“就像往常一样，我发现尽管我已经尽了最大努力，却还是被斯坦因打败了。”要是没有这种坚定的决心，他的大型探险活动就不可能完成。

斯坦因在自己的夏令营中用来工作的桌子，这里是克什米尔的默罕德·马格，摄于1905年。椅子下面的狗是陪伴斯坦因的一系列猎狐犬中的第二条，戴什二号，又由于它的探险功绩被称为“伟大的戴什”。

塔克拉玛干的宝藏

斯坦因作为考古探险家的名声是在他的第一次大型探险中获得的，这次探险的目的地是位于中国西部新疆的塔克拉玛干沙漠。1890年代，这里的考古宝藏第一次流露出让人可望而不可即的惊鸿一瞥。这些线索包括用印度字母写在纸上的手稿，但是上面的语言尚无人知晓，有可能是伊朗语。作为一名印度伊朗语系学者，斯坦因对此着了迷，并决定探索于阗古国（今和田地区），这是一个丝绸之路王国，繁盛于公元一千纪，中国的史书和玄奘法师的记载中都提到了它。斯坦因这时已经上到了最高的台阶，他得到了印度总督寇松勋爵的资助，但他仍然花了两年时间才获得上路的准许和筹措到足够的资金。当他于1900年5月出发的时候，他已经37岁了。

这片舞台——塔克拉玛干沙漠中黄沙掩埋的城镇和庙宇——让他在此流连了三十年，并进行了四次探险，跋涉的距离超过了16 000千米，都是骑马和步行。他认为跟内部没有水也没有生命的塔克拉玛干沙漠比起来，撒哈拉沙漠、阿拉伯沙漠和伊朗的沙漠简直都是“温驯的”。斯坦因的准备工作常常是一丝不苟的，他从不低估这种地貌的危险性（但他常常在自己的记述中对此轻描淡写）。他对人和动物的安全都毫不妥协地在意，当他心爱的马在贫瘠的昆仑山死去时，他表现得比自己的两个脚趾被冻掉时还要不安：为了让它醒过来，他徒劳地浪费了自己的最后一瓶白兰地。

最后一件不幸的事发生在他使用刚刚得到的摄影经纬仪给周围的山脉拍照时。斯坦因热爱科技，总是喜欢测试最新的小配件、宿营装备和服装。但是导致其受伤的这次注意力松懈可不是他的典型所为：他的目标不是为了测试自己对危险的忍耐极限并体验肾上腺素的飙升，而是把自己的发现安全送回并为后来的学者做好记录。因此，他的第二次探险——包括他带回的手稿和绘画——最为人们熟悉。它们是在对戈壁沙漠中的敦煌进行的一次劫掠中获得的。

敦煌

在斯坦因到来几乎一千年前，莫高窟——又称为千佛洞——的僧侣们一直将一个小洞窟用作储藏之所，它最初是为了纪念当地一位主持而修建的。他们储藏

右页图：描绘佛祖弘扬佛法场面的绢画局部，这幅公元8世纪早期的绢画发现于敦煌的藏经洞。这里展示的局部显示了一位菩萨和伴随的僧侣。

的是数以万计用汉文、藏文和其他丝绸之路上的文字写就的纸稿——这些是世界上最早的印刷文件，以及成百上千的精美绢画。这个洞窟被密封了大约1000年并在黑暗干燥的环境中受到了很好的保护，直到1900年一个自封为莫高窟守护者的人偶然发现了隐藏的入口。他将其中的一些物品送给了当地的官员，但斯坦因说服他取出了更加多得多的东西，并把它们送回了伦敦。这座文库里剩余的文物后来四散至巴黎、北京、圣彼得堡和东京，正是斯坦因应该为它的分崩离析负责，此后他要么因为自己的“发现”被称赞，要么因为自己的“盗窃”而受贬低。但敦煌只是他成就的一部分：他的书、地图、照片、沙漠发掘和其他发现对于我们理解丝绸之路上东方众王国和周围邻国的历史乃至世界历史仍然具有重要的意义。

旧的和新的主题

斯坦因感兴趣的地域非常广大，从地中海到帕米尔山脉和印度北部，以及从中国到印度。他的舞台并不局限于一种地形——沙漠和高山各有各的诱惑。在他第一阶段的探险生涯中，塔克拉玛干沙漠一直是最重要的主题，但他也涉及了其他较小的问题，包括确定亚历山大大帝在印度北部和巴基斯坦的古战场，探索位于伊朗东部的全世界最靠西的佛教庙宇，还有测绘昆仑山脉荒凉的山峰。

1930年，斯坦因对塔克拉玛干进行了第四次探险，这是令人沮丧的不成功的行动，从此中国对他关上了大门，于是他将注意力转移到了别处——位于伊朗的丝绸之路西段。1930年代，他在这里进行了4次考古探险。在最后一次探险中，他年轻的伊朗同伴这样写道：“我们在这次危险而难以忍受的旅途中吃了许多苦头，遭受了闻所未闻的苦难，把它们复述一遍毫无用处。”75岁的斯坦因则把这场旅行称为“愉快的行军”。

在这些规模较大的探险之余，他又增添了新的主题：伊拉克和中东。他的活动包括对叙利亚和约旦的古代防御工事进行航空测量，并继续追寻亚历山大大帝的足迹。在79岁高龄时，他在印度河科希斯坦地区完成了三个月的旅行，大部分的情况是步行，走在通向海拔4750米山口的冰碛上。

斯坦因对于事业一心一意，但他并不是离群索居的人。虽然一生未婚，但他有许多忠诚的朋友、终其一生支持的家人以及给予他最高尊重的同事们。他在工作上的高

著名佛经《金刚经》的卷首插图。这部经书发现于敦煌，并于公元 868 年 5 月使用木版印刷，使它成为了世界上现存最早的印刷书籍。它是一个名叫王玠的人为了纪念自己的双亲而委托制作的：传播佛祖的图像和文字是一种功绩，而佛教界充分利用了木版印刷的新技术。

效率和探险成就只有他的友谊能够与之相比：即使在塔克拉玛干沙漠腹地挖掘了漫长的一天之后，他还会坐下来写完自己寄给朋友的圣诞卡片。他的死可正谓死得其所。他徒劳地用了四十年试图寻找阿富汗的考古遗址——总是被政治干扰，然而在 81 岁的时候他终于接到了美国领事的邀请。他制订了一年的计划表，打算去遍自己在孩提时阅读过亚历山大的征途后就一直梦想着到达的地方，随后在 1943 年 10 月抵达喀布尔。他在那里迅速得了一场感冒，意识到自己不久于人世的斯坦因交代起自己的葬礼，并表达了自己终于来到喀布尔的快乐。他被按照基督教的仪式下葬在那里的英国公墓里，他的坟墓至今仍然受到很好的照料。

虽然斯坦因直到相对较大的年纪才开始他的旅程，并且还有一份全职的工作，但他在探险上花了多年时间，攀爬群山，穿越沙漠，最重要的是发掘了超过 1000 处考古遗址，做出了开创性的发现。他的地图和照片直到今天还在使用。他以令人吃惊的详细程度记录了考古遗址和其中的物件，这种细心在他的同辈人中是绝无仅有的。而且和大多数同辈探险家所不同的是，他通常不和一队专家和助手一起上路。他从未严重受伤，也不和死神开玩笑。驱使他踏上旅途的是对大地和历史的热爱以及对做出学术新发现以供他人使用的欲望。

关于斯坦因探险生活的记述不应落下他的犬类伙伴，它们是一系列猎狐犬，名字都叫“戴什”。它们中的第二个获得了“伟大的戴什”的绰号，并被《每日邮报》称赞为“在血管里流着真正英国猎狐犬的血”。

第三章

河流

TRAVELS

TO DISCOVER THE

SOURCE OF THE NILE,

In the Years 1768, 1769, 1770, 1771, 1772, and 1773.

IN FIVE VOLUMES.

BY JAMES BRUCE OF KINNAIRD, ESQ. F.R.S.

VOL. I.

EDINBURGH:

PRINTED BY J. RUTHVEN,

FOR G. G. J. AND J. ROBINSON, PATERNOSTER-ROW,

LONDON.

M.DCC.XC.

萨缪尔·德·尚普兰

詹姆斯·布鲁斯

亚历山大·马更些

芒戈·帕克

约翰·汉宁·斯皮克

戴维·利文斯通

弗朗西斯·安邺

亨利·莫顿·史丹利

描绘马更些河的水彩画局部，J. 林顿·帕尔默于1868年所绘。在将近一百年前，亚历山大·马更些乘着桦树皮制作的独木舟，成为第一个穿越北美大陆的人。虽然他的确发现了一条河流航道，但它无法用于商贸。

♣

人们在河流上投入了多得不成比例的探险努力。这些大河从未知的土地奔涌而来，挑战人们寻找它们的源头，去查明它们是否能够提供通向未知之地的路线。这种情况在北美洲尤甚突出，寻找通往西印度群岛的快速航线的冲动困扰了探险家们将近500年。萨缪尔·德·尚普兰开发了如今加拿大的大部地区用于殖民。和他的同辈探险家不同的是，他认识到了已经生活在那里的土著部落掌握的生存技能，并努力效仿他们，向他们学习。于是，他成功地以和平方式占领了许多殖民地并避免了征服美洲印第安人时常见的流血事件。1793年，在尚普兰的探险故事结束两百年之后，一位年轻的苏格兰人亚历山大·马更些在寻找通向俄国的商业航线时，终于成为第一个穿越北美大陆的人。加上在落基山脉分水岭上的一小段陆上运输，他证明了北美几乎真的存在一条连续不断的向西航道，但它永远也不会有任何商业价值。

在非洲，两大谜团困扰着伦敦的绅士们，让他们派出探险家四处寻访：一是传说中的廷巴克图黄金的来源；二是尼日尔河的流向。芒戈·帕克试图寻找这些问题的答案，却在自己的第二次远征中走向了死亡。然而在非洲，人们将最多的注意力放在了寻找尼罗河的源头上。1770年，欧洲人第一次抵达尼罗河的源头，虽然这次找到的源头是青尼罗河的而不是白尼罗河的，这个人是詹姆斯·布鲁斯，一位拥有大块头和巨大魅力的令人敬畏的探险家。这些特质帮助他在大多数人都会没命的境况下仍能安然无恙。80年之后，这个最重要也是最古老的地理之谜仍然未被解决，对它的追寻变得疯狂起来。寻找尼罗河的真正源头没有别的目的，只是为了确定它的存在，这在那个时代的重要性就像后来的珠峰登顶或将人送到月球上。进行过多次探险的理查德·伯顿（见第89页）决心获得这一荣誉，但是约翰·汉宁·斯皮克发现并命名了维多利亚湖，并在未加证实的情况下宣称它就是尼罗河的源头，于是探险史上最大的——也是最富悲剧性的——争执就此诞生了。

戴维·利文斯通是非洲传教士探险家的缩影，而他为了自己的宗教热情而进行的旅程——特别是沿着赞比西河进行的那些旅途——超越了任何一个在他之前或之后来到这片“黑大陆”的人。亨利·莫顿·史丹利最著名的事迹是他在路上找到了失踪的利文斯通。但不止于此，他继续向前，在整个大陆进行了一系列大型探险活动和军事开发，其中许多行动都是沿着河流进行的——包括刚果河，他高效地探明了这条河流以

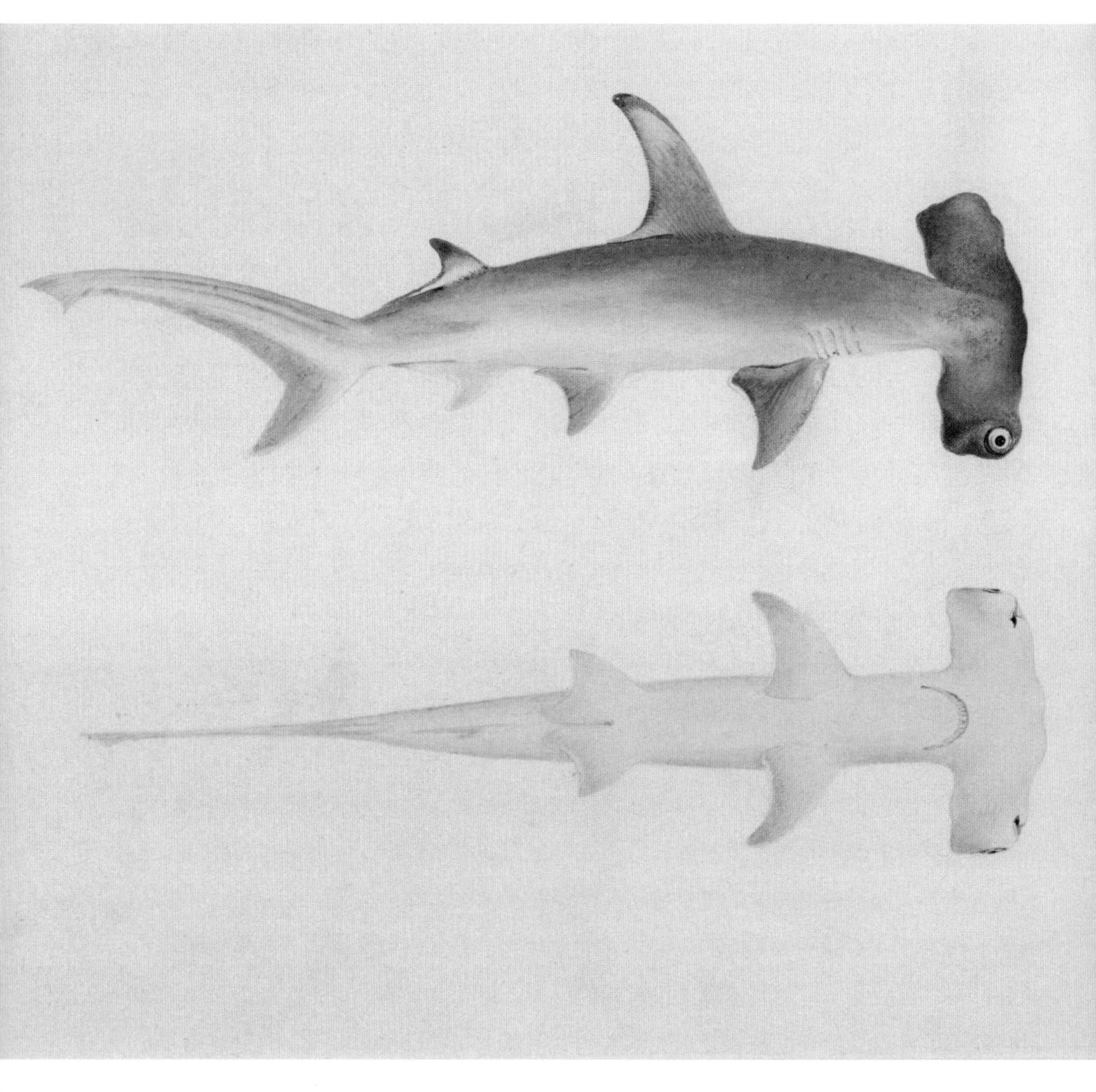

上图：对于18和19世纪的探险家来说，发现尼罗河的源头是最大的挑战和追求之一。詹姆斯·布鲁斯在绘制了这幅锤头鲨水彩的画家路易吉·巴卢加尼的陪伴下，成功发现了白尼罗河的源头。

右页图：湄公河急流中的一艘船，这幅插图来自安邺的《印度支那探险记》(1885年)。安邺原本的设想是开发一条能够通航的河流，可以帮助法国人将影响力渗透到一片广大的地区并和中国开展贸易，然而湄公河迅猛的急流很快就摧毁了他的所有梦想。

用于商贸开发。他从一个威尔士孤儿成长为美国的著名报纸记者，然后当上了一名富于传奇性的探险家和军事指挥员，最终成为英国国会的一名议员并获得了王室授予的爵位，这也是探险史上最引人注目的个人经历之一。

在远东同样有关于河流的谜团需要解开。在19世纪，从喜马拉雅山脉上流下并流经印度支那的湄公河被法国人认为是一条有可能通往中国的通道，并带给法国人在沿途扩大影响力的机会。弗朗西斯·安邺痴迷于这种可能性，并且实际上领导了——虽然技术上说他只是副指挥官——一次远征，最终沿着这条河流上溯至中国，然后沿着长江顺流而下直到海边。英国人比他自己的同胞法国人更认可他，皇家地理学会将他称为“本世纪最勇敢和最有才能的探险家”。

康拉德·海登里希/撰

萨缪尔·德·尚普兰

开发加拿大的荒野
（1570年代中期–1635年）

所有人都不适合冒险；这需要背负巨大的辛劳和疲惫，
但是没有辛劳就什么也得不到。在这些事情〔探险〕中必须得这么想；
当你使上帝满意的时候你就能得到自己想要的。至于我自己，
我将一直为那些希望在我身后继续探险的人准备好道路。

萨缪尔·德·尚普兰，1632年

尚普兰认为，在北美大陆大西洋沿岸之外的地方进行探险必须和当地人建立良好关系，并且向他们学习那里的地形和如何依靠土地生活，他是北美第一位有如此见地的探险家。他于1570年代中期出生于法国大西洋沿岸的港口小城埠湖瓦日（Brouage），父亲安托万·尚普兰是一位海军上校和领航员。尚普兰的两个舅舅乔治·卡马雷和纪尧姆·阿勒纳也都是海军上校，尤其是后者深刻地影响了尚普兰的生活。在尚普兰的家乡，港口主导着整个小城的经济命脉，尚普兰家的职业给他们带来了很高的社会地位，备受人们尊敬。怪不得在回顾自己的海事背景时，尚普兰曾写到他在少年时期就开始扬帆出海。

尚普兰很有可能进入了一所曾经设立在埠湖瓦日并专供显赫家族青年子弟求学的学校。这里的毕业生可以进入军队工作或者为贵族服务。尚普兰在调查测绘上能力突出，然而他的生活方式不够优雅，他书写的法语也没有古典风格，这些都是这所学校的课程设置的反映。和尚普兰有关的最早证明文件来自于亨利四世的布列塔尼军队在宗教战争期间的支付记录。1595年2月末，他以一名司务长的身份来到坎佩尔的卫戍部队，并当上了军队旅长让·哈迪的副官。作为司务长，他要负责皇家侍从人员和军官的食宿，而作为旅长的副官，他一定参与了哈迪的地图《布列塔尼公国》的测绘和

调查工作。虽然司务长的职位很低，但尚普兰的报酬却相当于一个中尉：他为国王和国王的高级将领之间传递秘密备忘录，能得到额外的酬劳。1598 年复员时，他已经晋升为少尉军衔。

离开军队之后，尚普兰在布列塔尼南海岸的布拉韦河（今路易港）遇到了他的舅舅纪尧姆·阿勒纳，和亨利四世作对的"天主教同盟"盟友西班牙军队正在那里疏散撤退。阿勒纳受雇驾驶 500 吨的大船圣朱利安号将西班牙军队和武器装备带回加的斯。尚普兰上了这艘船，并乘着它游历了西班牙控制的加勒比海地区，历时两年半之久。正是在这段时期，他学会了基本的航海技术。一回到法国，尚普兰就向亨利四世详细汇报了自己掌握的西属西印度群岛的全部情况。

走进加拿大

1602 年年末，尚普兰遇到了迪耶普市的市长艾马尔·德·沙斯特，沙斯特邀请他参加自己组织的调查加拿大实况的探险。尚普兰渴望出发，但他觉得必须要先得到国王的允许，国王已经给他发了退休金，而他感到对国王有一种"与生俱来的"义务。亨利四世决定在加拿大殖民，并通过他的国务大臣命令尚普兰参加这次远征，并考察圣劳伦斯两岸是否能够设立殖民点，以及是否可能穿过拉钦急流向西探索。尚普兰于 1603 年 5 月抵达圣劳伦斯河河边的塔都萨克（Tadoussac），他在那里见证了当地的蒙塔格尼人和亨利四世的朝臣订立的条约，条约规定蒙塔格尼人允许法国人在加拿大设立定居点，条件是法国人帮助他们对付自己的仇敌易洛魁人。

在那年夏天，尚普兰对从加斯佩至蒙特利尔岛的圣劳伦斯河河段进行了资源调查，得到了三本记述和许多地图，并从阿尔冈琴族和蒙塔格尼族的线人那里得到了流向西部的河道情况。于是，他做出了一个对之后的加拿大探险具有深刻影响的结论，尚普兰始终认为只有在当地人的帮助下，他的探险才能成功，因为他们既熟悉地形，又能依靠土地谋生，他们还有独木舟。探索并生活在加拿大意味着必须在当地居民和法国人之间建立和平友好的关系，包括互惠互利的义务，例如在战争和贸易中为彼此提供协助。当年年底回到法国后，尚普兰又向亨利四世提交了附带一张地图的完备报告，并出版了他的第一本书《野人》。

1604 年至 1607 年，尚普兰对从布雷顿角岛至科德角半岛之间的北美大西洋海岸进行了相似的资源调查和详细测绘，而且又一次尽职地向国王进行了汇报。1608 年，他回到了圣劳伦斯河岸，按照命令在魁北克建立定居点并开始向西探索。1609

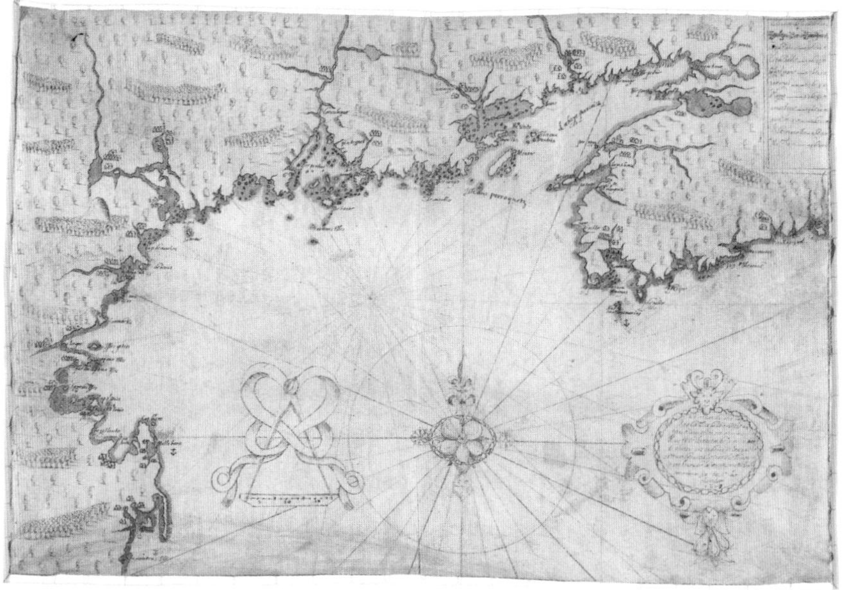

上图：尚普兰在1611年调查了圣路易大急流（拉钦急流）。自从1603年见识了这些汹涌的急流之后，他认定在这里使用欧洲技术进行探险是不可能的，只有在当地人的帮助下并使用他们的独木舟才能完成探险。

下图：尚普兰根据自己1604年至1607年进行的调查绘制的地图，它描绘了从新斯科舍的拉阿沃河到科德角半岛之间的大西洋海岸。这张地图充分展现了尚普兰的制图技术。

这件雕刻画描绘了尚普兰在攻打易洛魁人的行动中开的第一枪。虽然历史学家们常常拿这件事嘲弄他，但他们忽略了这样一个事实：尚普兰是得到命令去履行法国对新盟友承担的义务。

年，为了履行法国在条约中的义务，他在尚普兰湖（以他的名字命名）岸边参加了当地土著盟友发动的攻打易洛魁人的袭击。事后他提交了给亨利四世的最后一份报告，后来这位国王在 1610 年被暗杀。1613 年，尚普兰试图在缺少当地向导的情况下探索渥太华河，结果被阿尔冈琴族阻挡了回去。1615 年，他通过参加休伦人和阿尔冈琴族的联合远征队进入易洛魁人的领地，从而抵达了休伦湖和安大略湖，但他本人在易洛魁人的领地受了严重的伤。

1616 年回到魁北克后，尚普兰结束了探险生活，全力投身于加拿大的殖民活动。1629 年，他被除了国王之外法国最有权势的人——红衣主教黎塞留——任命为副总督。他在一生中出版了 4 本内容充实的书和许多文件，包括约 1300 页印刷页面、5 张折叠地图、22 张小地图和 14 张插图。尚普兰于 1635 年 12 月 25 日在魁北克去世。

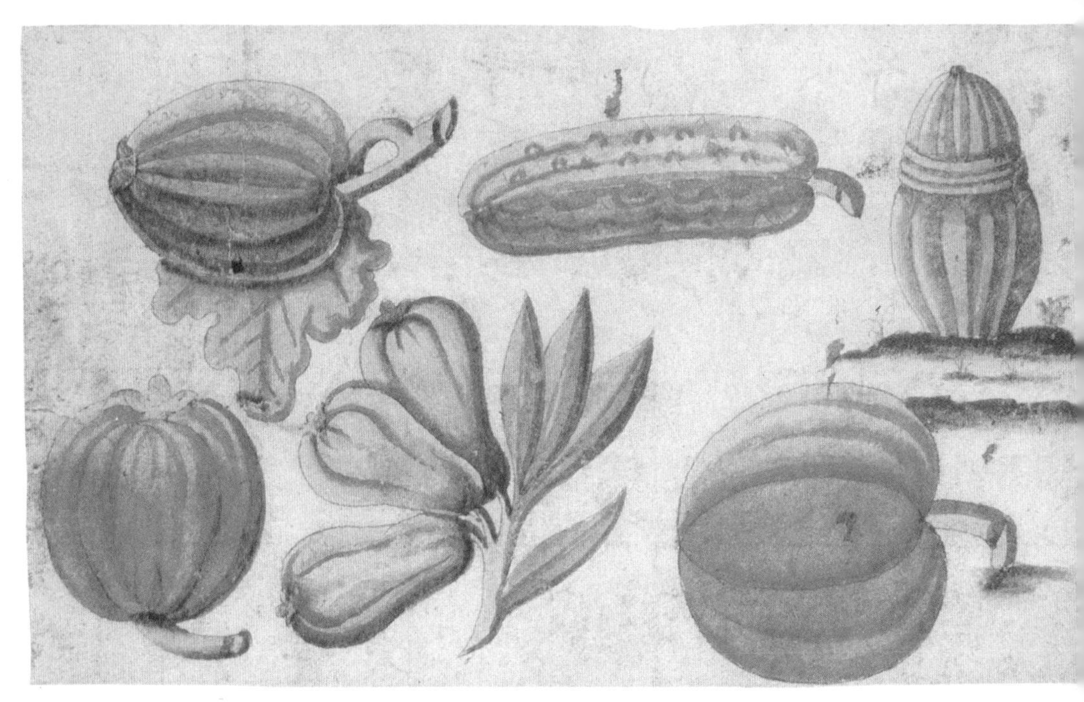

这些南瓜插图来源于《废话少说》：这是一本内含许多插图的手抄本日记，共有三个不同的版本，每个版本都出自不同人之手，但没有一个版本是尚普兰所作，然而人们总认为它是尚普兰的作品。

尚普兰的遗产

尚普兰之所以取得如此成就，并不只是因为他自己的个人品质和能力——从无怨言的性格、执着、诚实、辛勤工作的能力、急于证明自己的欲望、调查测绘和描述客观事物的技能，还有他对国王的完全忠诚以及国王对他充满信任的有力支持。尚普兰能够摆脱欧洲人在技术和社会方面的优越感，这种能力对于他的探险家生涯是至关重要的。只有采纳许多当地习惯才可能在加拿大令人敬畏的野外环境生存并继续探索下去，他是第一个认识到这点的人。受到耶稣会信徒们的支持，他决定促进休伦人和法国人的通婚："这将使我们融为一体。"他的政策是如此成功，当 1685 年第一个英国-荷兰联合探险队抵达安大略湖的时候，法国人已经探索并测绘了整个五大湖地区、通向墨西哥湾的密西西比河以及通向詹姆斯湾的众多大河中的两条。

迈尔斯・布列丹/撰

詹姆斯・布鲁斯

在阿比西尼亚展现魅力和勇气

（1730-1794 年）

迄今为止，尝试走过这同一段旅程的人最终得到的都是失望、不光彩的结局，甚或死亡；对于我自己来说，虽然我经历了种种艰难困苦和危险，但这些困难并不只限于我自己。我常常在体面地受苦，并且和这个国家其余的人一道经历磨难；当阳光灿烂的日子（阳光灿烂的日子的确有，并且非常灿烂光明）到来的时候，我可以自由地分享它们。

詹姆斯・布鲁斯，《发现尼罗河源头的旅程》，1790 年

在他那个时代，布鲁斯被认为是非常英俊的人；这幅袖珍画是约翰・斯玛特所作（1776 年）。

詹姆斯・布鲁斯是一位真正的探险家。他由于热爱探险而投身其中，发现了许多有价值的东西并把它们准确地记录下来。他的最大成就是解决了自己那个时代最大的谜团之一：尼罗河的源头。但这是青尼罗河源头，而不是更长但水流更弱的白尼罗河源头，而且当布鲁斯 1774 年回到英国时，只有很少的人相信他所说的，这让他显露出自己性格中所有最坏的品质。布鲁斯在非洲度过了“阳光灿烂的日子”，他扩展了人类的知识并经历了一段充满荣耀的时光，值得我们钦佩和感谢。

如今已经不存在能够印证尼罗河源头的发现——即使是错的那一个——的地形记录。在布鲁斯那个年代，尼罗河的源头还需要寻找发现这件事被视为尴尬和失败——在某种程度上被称为“地理学家的耻辱”。正如历史学家理查德·霍姆斯在《奇迹时代》（*The Age of Wonder*）中所写的那样，智力发现有着巨大的重要性——对新地域和新生物的发现马上会带来热忱的兴趣。布鲁斯不仅发现了青尼罗河的源头，他还测绘了红海，重新获得了佚失的《以诺书》，并学习了有关埃塞俄比亚和苏丹的大量知识，包括它们的历史和动植物等。他将要求苛刻的智力活动和极好的身体耐力以及大胆的勇气结合在了一起。颇具悲剧性色彩的是，过了一百年他的发现才被认可。

早年经历

1730年，布鲁斯生于苏格兰一个地主之家，当时的苏格兰人在政治上受到歧视，于是他被抚养成为一个英格兰绅士。他在学校表现十分出色，并且随后自学了多种语言、天文学、制图学和许多其他的学问；他后来成为一名红酒商人并结了婚，但不幸的是他的妻子在他们的蜜月期间就去世了。布鲁斯的探险事业起步较晚，当他说服乔治三世的首相哈利法克斯勋爵任命自己为阿尔及尔领事的时候，他已经32岁了。然后他启程前往非洲，并公开宣布要去寻找尼罗河的源头。

布鲁斯所拥有的土地正好出产煤，能够为詹姆斯·瓦特的改良蒸汽机提供动力，煤矿的利润让布鲁斯能够用自己口袋里的钱进行探险远征。从航海经纬仪和望远镜到马匹和武器，他买的所有东西都是最好的。而当他在利比亚海域的一次沉船事故中损失了大部分装备后，在大博物学家布封伯爵的请求下，法国国王路易十五为他置换了新的四分仪。考虑到英法两国当时正在交战，这可以说明布鲁斯拥有多么大的魅力。

在阿比西尼亚

这种魅力在阿比西尼亚（埃塞俄比亚）也帮了他的忙。历经艰险后他终于来到了这个国家，此时阿尔及尔领事的职位已由别人代替了。阿比西尼亚当时几乎处于无政府状态，年轻的皇帝被他的大臣拉斯·迈克尔操纵着，他是一位来自北方提格雷州的老谋深算的将军。南部的奥罗莫人在扩张的过程中不断进犯这个国家的基督教高地，这种扩张一直持续到现在。在阿比西尼亚的朝堂上，布鲁斯得到了皇帝和拉斯·迈克

柯雷萨恩克是那些“胆小懦弱的评论家”之一，他是一名漫画家和作家。他在布鲁斯回到英国以及出版了自己旅行的书后，都讽刺了这位性情暴躁的探险家。

尔的支持，同时还获得了寡居的皇太后以及迈克尔的妻子埃丝特的青睐。在一次次的旅途中，他和许多气味相投的人交了朋友，而那些缺乏他大胆气质的人则不喜欢他。女人纷纷拜倒在他的脚下。

被穆斯林和万物有灵论者围攻的阿比西尼亚基督教高地对于当时的现代世界还是一片未知之地，而且出于某种民族主义的偏执，这个国家切断了自己和外部基督教世界的联系。它边境上的盟国被命令不允许旅行者进入这个国家，而那些设法进入的少数人不是被杀掉就是被扣留。使用自己的魅力、夸夸其谈和治愈能力（像许多跟随他足迹的人一样，布鲁斯已经掌握了基本的医术），布鲁斯让自己在任何地方都得到了接受。他常常假装自己是乔治国王的亲戚或者正在执行一些特殊的任务，以此来抬高自己的身份。

然而光是被朝廷接受还不够；他还是需要寻找尼罗河的源头，而他的路线上正发生着一场内战，这又为他的旅程增添了危险。经历过充满了诡计、失败尝试和相当多风流韵事的许多个月之后，他终于抵达了源头：“我那时的心情可能更容易猜出来而不是描述出来——我所站着的地方在将近三千年的时间里困扰着古往今来具有天赋、勤勉和探索精神的人。”但是，最后的结果当然是令人失望的——河流的源头几乎都是一成不变的水洼：“我感到意志消沉，这消沉的意志仿佛将大地向我身上压过来，我之前过于草率地编织给自己的桂冠也枯萎了。”

布鲁斯最后被允许离开也充分展现了他的天才。这是他用更多的魅力、虚张声势和光荣的事迹换来的。他在瑟波拉克奥斯（Serbraxos）之战中指挥了皇帝的重骑兵，并且在内战进一步撕裂这个国家的时候冒着极大的危险守护了一位被谋杀的皇位觊觎者的尸体。他的许多高贵的行为得到了注意，并使他能够安全地离开阿比西尼亚，先抵达喀土穆，最后来到尼罗河边的阿斯旺，再从那里回家。在经过森纳尔王国和穿越努比亚沙漠的旅途中发生了许多事件，布鲁斯躲过了饥渴、袭击、疾病和行刑者的刀剑带来的死亡威胁，然后带着大量的标本、发现、笔记和观察记录回到了欧洲，在那里法国人庆祝他的归来，而他的英国同胞则对他深表怀疑。

有缺陷的性格

前面的描述忽略了布鲁斯的缺点——他的确有缺点。布鲁斯带着画家路易吉·巴卢加尼来到了阿比西尼亚。巴卢加尼死在了那里，而布鲁斯并没有提到他陪伴自己来到青尼罗河源头并帮助自己绘画的事情。他还攻击在他之前来到青尼罗河源头的两个传教士的论断，不过他们的声明也未被当时的世界接受。当布鲁斯回到欧洲的时候——那里的人们以为他在许多年前就已经死了，他发现自己的未婚妻嫁给了一位意大利侯爵。他立刻向这位意大利人提出了决斗。在伦敦，他和塞缪尔·约翰逊（此人翻译了前文所述传教士的一部记述）、贺拉斯·沃波尔和詹姆斯·博斯韦尔结下了梁子，这些人都是另外一种完全不同类型的人，他们在他的背后对他大加抨击诽谤。布鲁斯一怒之下，气冲冲地回到了苏格兰。

由于在穿越努比亚沙漠时染上了病，他选择了退休并在位于金奈德的苏格兰房产中生活。他痛斥任何一个胆敢质

航行中的帆船，这幅插图来自布鲁斯的《旅途》(1790年)。布鲁斯有严重的晕船反应，但他还是乘船沿着尼罗河上溯，并且测绘了红海。

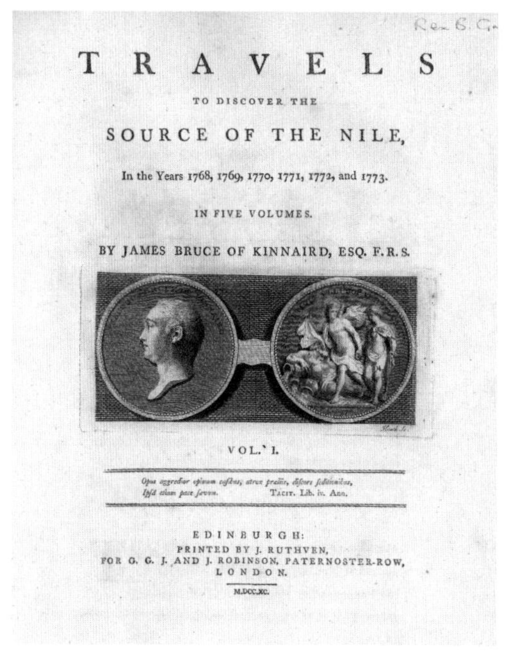

TRAVELS

TO DISCOVER THE

SOURCE OF THE NILE,

In the Years 1768, 1769, 1770, 1771, 1772, and 1773.

IN FIVE VOLUMES.

BY JAMES BRUCE OF KINNAIRD, ESQ. F.R.S.

VOL. I.

Opus aggredior opimum casibus, atrox praeliis, discors seditionibus, Ipsâ etiam pace saevum. TACIT. Lib. iv. Ann.

EDINBURGH:
PRINTED BY J. RUTHVEN,
FOR G. G. J. AND J. ROBINSON, PATERNOSTER-ROW,
LONDON.

M.DCC.XC.

布鲁斯竭尽全力保证自己的旅途记述（1790年）尽可能与出版于六年之前的库克船长的《太平洋上的航行》相似。

疑自己话语的人，并因为一些琐事起诉自己的邻居。最后他终于发现自己所寻找的是什么：某个可以去爱又不会马上死去的人。经过多年不寻常的风流生活，他终于安定下来，和玛丽·邓达斯一起走入婚姻。据说他在埃塞俄比亚和拉斯·迈克尔的妻子埃丝特育有一个孩子；在尼罗河的源头，他引诱了一位当地酋长的女儿。回英国的途中，他在意大利时，有许多信件写给他，信封上的称呼是“我的布鲁斯”，而在英格兰，范妮·伯尼迷恋上了他。

1785年布鲁斯的妻子去世，他为数不多的坚定朋友鼓励他写下自己旅程的经过，并最终在1790年出版。这部书以攻击他的“胆小懦弱的评论家”开始，并以四开本东拉西扯地写了总共五卷。不过这部书仍然有价值——这些价值在他死后出版的第二版中体现得更加明显。它激励了芒戈·帕克（见第148页）踏上尼日尔河之旅，让塞缪尔·泰勒·柯勒律治得到灵感带着阿比西尼亚女仆居住在世外桃源，威尔弗雷德·塞西格在伊顿公学用第一年的零用钱购买了他的书，后来把一生奉献给了探险事业（见第261页）。而且他最后发现了尼罗河的源头——虽然白尼罗河更长，但是埃及大部分的河水都来自青尼罗河。

戴维·利文斯通（见第162页）曾给予布鲁斯这样崇高的评价，“比我们任何一个人都更伟大的探险家”。画家佐范尼在布鲁斯的全盛时期遇到过他，他对这个男人的描述十分恰当：“这个伟大的人；他那个时代的奇迹，已婚男子惧怕的人，还是一位忠贞的情人。”一个男人还能要求更好的墓志铭么？

罗伯特·特威格/撰

亚历山大·马更些

乘独木舟穿越美洲
（1762–1820 年）

没有印第安人的帮助，我继续前进的希望非常渺茫。

亚历山大·马更些在一封信中所写，1790 年

在许多情况下，使探险家踏上旅途的偶遇之人或者说指导者总是不为人知，然而对于亚历山大·马更些来说并不是这样。这个苏格兰人首次横穿北美大陆，创造了整个 18 世纪最引人瞩目的探险成就之一。他从一个贸易学徒转变成一个准探险家是在一个冬天，那时他和臭名昭著的商人、杀人嫌犯和探险家美国人皮特·庞德待在一起，两人在如今加拿大亚伯达省北部的一个小屋里熬过了整个冬天。正是庞德"根据当地人的知识"绘制了第一幅落基山脉以西的粗略地图，也正是他点燃了马更些寻找从阿萨巴斯卡内陆湖到太平洋的贸易航路的欲望。

1762 年，马更些生于苏格兰赫布里底群岛的斯托诺威市，他的父亲是一位受人尊敬的军官，被当时颁布的新租赁法弄得颇为贫困；他的母语是苏格兰的盖尔语。1775 年，他的父亲和几位亲属带着他先移民去了美国，然后到了加拿大，只有 12 岁[①]的马更些当时还是个孩子，但很显然受过了良好的教育。15 岁的时候他开始在蒙特利尔的一家皮货商店当店员。17 岁时他进入了约翰·格雷戈里的公司，并在账房里继续工作了 5 年，才得到机会进行旅行。1784 年，他先前往底特律，然后格雷戈里向他提供了一份合伙契约，他又向北去往利润丰厚的海狸皮的产地。金钱才是马更些的主要动力，而不是荣誉。

在三年的时间里，他学会了如何跟印第安人贸易，当时他在英吉利里弗河的贸易

① 原文如此。——译者注

马更些的一幅浪漫主义肖像，托马斯·劳伦斯所作（约1800年）。马更些探索了加拿大东北部，然后希望寻找一条河流上的贸易航道。1793年，乘着桦树皮做的独木舟，他成为第一个穿越落基山脉并抵达太平洋海岸的欧洲人。

大奴湖北岸，乔治·巴克爵士所作，1833 年。马更些在试图抵达太平洋的第一次尝试中穿越了大奴湖并发现了以他的名字命名的河流。

站上生活，印第安人将这条河称为密西尼比河（Missinipi）或“大河”。与此同时，有关西方广袤陆地的传说吸引着马更些，并让他在 1787 年来到庞德的位于阿萨巴斯卡河岸的贸易站过冬，那里距阿萨巴斯卡湖约 64 千米。这个小伙子原来只想着跟当地人做生意发财，而庞德的梦想是把皮毛呈给当时的俄国女皇。庞德认为可以从阿萨巴斯卡湖一路抵达欧洲，从而切断控制印度洋和太平洋航路的大量贸易公司的财路。

但是庞德有仇人，他必须留下来应付谋杀的指控，这就意味着马更些将成为那个探索遥远西部的人。马更些先在阿萨巴斯卡湖岸边建立了一个堡垒——现代奇普怀恩堡市的前身，然后咨询了当地部落的酋长，并断定向北沿着奴河逆流而上就能发现太平洋。1789 年，在他“伟大的朋友”契帕瓦族酋长内斯塔贝克的陪伴下，他带领着两只大独木舟组成的船队穿过了大奴湖，并顺着后来被命名为马更些河的一条河顺流而

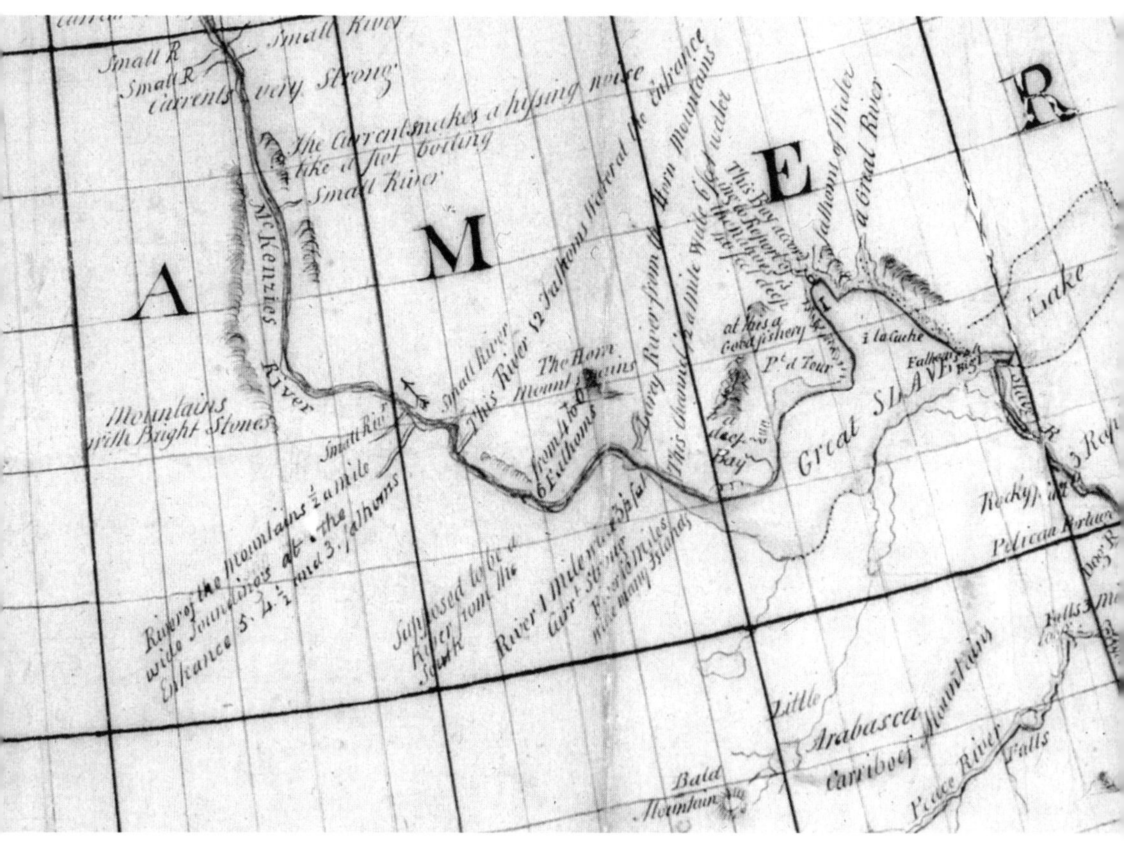

马更些在北极之旅中绘制了一幅地图，这幅地图很有可能是那张地图某副本的局部，上面还有当时做出的河流沿岸景观的标注；这部分显示的是大奴湖和马更些河。

下。六周之后，他发现自己不在太平洋，而是在北冰洋，并且为了返回必须在冬天到来之前逆水划桨而上 2415 千米。102 天之后，当他终于在 9 月份赶回去的时候，湖面上正在结冰。

马更些已经取得了一个重大发现——一条通往北冰洋的航道——许多人到这里会就此打住。但他还没实现皮特·庞德为他点燃的梦想——横穿美洲的西行之路。马更些的笔记中处处可见对航海技术的生疏，于是他决定回到英国花一年时间学习这门他尚未掌握的技术。这意味着要沿着加拿大的水路走4800千米到达东海岸，再上船去往英国。在伦敦，他购置了一台新的六分仪和几个航海经纬仪，学会了它们的使用方法，然后回到了加拿大，当时的加拿大指的是我们今天所知道的加拿大的东部。

抵达加拿大后的第一个夏天是在1792年，他沿着皮斯河逆流而上，打算向西而行。他写到自己将要“跟俄国人做违法的买卖”——这说明庞德的梦想还活在他的心里。经过640千米的航程，他抵达了如今称为皮斯河镇的地方，并和20人组成的探险派遣队建造了一座堡垒并在那里度过了冬天。第二年冰一融化，他就乘着一只8米长的独木舟继续上路，船上还有九个男人和一条狗，船员们轮替着划桨、拖拽甚至挂上帆，迎着越来越汹涌不平的皮斯河航行。

走过把北冰洋水系分水岭和太平洋水系分水岭隔开的一小段陆路之后，剩下的都是顺坡路了——但是急流变得越来越迅猛。担心独木舟损坏的马更些听从了当地萨利希语印第安人的意见，步行走过了一条320千米的狭窄陆路，最终在贝拉库拉抵达太平洋。在这里的一处海边峡湾，他向上爬了48千米，并用红色颜料在一块岩石上写下了简明扼要的信息：“1793年走陆路来自加拿大的亚历山大·马更些。”由于受到当地部落的强烈敌对，马更些被迫仓促撤离，并使用钢斧头和其他货物充当沿途的买路钱。他和他的人手只花了8天就回到了弗雷泽河边的独木舟，并在不可思议的6周时间里行进了2575千米的路程，回到了皮斯河边的堡垒。虽然马更些的确实现了找到太平洋航道的雄心壮志，但是这条航道永远也不会有商业价值。

马更些的健康在他的努力奋斗中受到了永久性的损伤。当被迫在返回蒙特利尔的途中走过一段陆路时，他曾抱怨“我的左胸像针刺一般”。从此他留在了加拿大，赚了许多钱，直到1805年才返回苏格兰。50岁的时候，已经弯腰驼背且病痛缠身的马更些仍然掌控着多项商业计划并且充满控制和征服的欲望，他娶了14岁的葛迪思·玛格丽特·马更些，并育有三个孩子。8年之后，马更些于1820年3月11日在邓凯尔德附近的穆尔南恩（Mulnain）去世。

安东尼·萨丁 / 撰

芒戈·帕克

揭开尼日尔河的神秘面纱

（1771–1806 年）

他〔朋多国王〕认为，任何有理智的人都不可能只为了来看一看这个国家和它的居民而踏上如此危险的旅程。

芒戈·帕克，《非洲内陆的旅行》，1799 年

对时机的把握是芒戈·帕克一生的主题。早年间的一次偶然相会为他打开了探险的大门；他在英国处于国家危机的时候带着探险成就返回英国，顺理成章地成了名人；而他最后一次真不是时候的探险让他在非洲送了命。那时他已经是那个时代最著名的探险家之一，并撰写了一部经典的叙事性著作，直到如今还在印刷出版。

1792 年夏天，出生于苏格兰边远山区的芒戈·帕克毕业于爱丁堡大学医学专业。第一件恰逢其时的事情就发生在那个夏天，他的姻兄詹姆斯·迪克逊，考文特花园市场的一位种子商，邀请他加入穿越苏格兰高地的旅程。这个年轻人显然给这位植物学家留下了深刻的印象，他将帕克介绍给了自己在伦敦的赞助人，约瑟夫·班克斯爵士。

班克斯是英国当时最富有和最有影响力的人之一。他是英国政府的重要科学顾问，皇家学会主席，林奈学会的创立者，还在幕后为皇家植物园邱园出谋划策——班克斯很快意识到了这个年轻人的天赋，1793 年 2 月，帕克以助理外科医生的身份登上了一艘去往苏门答腊的东印度公司商船。

非洲的诱惑

班克斯曾随库克船长（见第 46 页）周游世界，并见识了非洲部分海岸。1788 年，

1820年代的廷巴克图。苏格兰探险家梅杰·亚历山大·戈登·莱恩在1826年进入了这座城市，但他在返回海岸的途中被人谋杀了。法国人雷内·卡耶是第一个见到这座城市并活下来的欧洲人：1828年，他揭露这座城市只不过是“许许多多的泥房子”。

他和一些朋友建立了“了解更多的非洲内陆情况学会”——简称“非洲学会”。非洲内陆到了启蒙时代仍然几乎不为人知，意识到这种令人尴尬的情况之后，他们决定赞助“地理传教士”去填补地图上的空白。这个学会创立于英国历史的转折点上。班克斯认为海外殖民地耗费大量时间、金钱和人力。而且，就像北美殖民者十年前证明的那样，如果他们成功了，他们就会谋求独立。于是班克斯建议英国政府抑制攫取殖民地的欲望，并转而寻找贸易伙伴。他希望自己的探险家们能够在非洲找到这样一个贸易伙伴。撒哈拉以南存在富庶之地的传说由来已久，而且18世纪在伦敦的非洲人也极言他们的国王之富有，甚至国王的奴隶都披金戴银。班克斯和他的朋友们还听说了有关科学和社会学发现的其他故事，并梦想着能够找到古埃及人或古腓尼基人的后代。财富和知识好像都集中在尼日尔河沿岸，尤其是一个叫作廷巴克图的地方。这里就是非洲学会派遣探险家前往的地方，不是为了殖民，而是为了调查询问。正如学会秘书亨利·比尤弗伊所说："毫无疑问，我们有许多需要〔和非洲人〕交流的，还有一些我们必须学习的。"

第一次远征

帕克的任务是先沿着冈比亚河逆流而上，再通过陆路来到尼日尔河，然后去往廷巴克图——在这个过程中要弄清尼日尔河的流向。他得到的指令听起来很简单，但他知道并不是这样；学会已经派遣了好几位探险家执行这一任务，而上一个走这条线路的人在一片绿洲悲惨地饿死了。人们希望帕克比学会派遣的第一位旅行家做得更好，那是美国人约翰·莱德亚德，虽然他曾经从巴黎步行走到西伯利亚，但这次他没能治好自己的痢疾，并死在了开罗。帕克至少受过医学训练。他刚抵达冈比亚河就染上了疟疾，并在恢复期间自学了一些曼丁果语。然后帕克开始向内陆进发，跟随他的是一个仆人兼翻译，他们带着很多袋珠子、琥珀和烟草，他计划用这些东西来换取食物，并作为送给当地统治者的礼物。他还有一个六分仪、一个罗盘和一个经纬仪，以及一长串非洲学会提出的问题需要回答：谁生活在他经过的地区？他们种植什么，交易什么？他们如何被统治，受怎样的惩罚，他们如何教育自己的孩子？学会甚至想知道他们晚上睡在什么东西上面。

帕克的进展很快，直到当地的部族冲突将他向北驱赶，逼进了卢德玛（Ludamar），这是沙漠和耕种区之间的一片灌木林地带，是半游牧的摩尔人的势力

右页上图：《波诺恩（Benown）营地中阿里的帐篷》（1799年出版的《非洲内陆之旅》中的一张插图），1796年，帕克就是在这里被关了几个月，这段经历影响了他对第二次非洲之旅的看法。

右页下图：卡玛利亚（Kamalia）的景色，帕克在第一次非洲之旅的返程途中在此做客，招待他的是一个奴隶贸易商。他对这个贸易商的友谊和依赖关系使非洲学会的一些反奴运动人士深感愤慨。

帕克受到了伦敦社交圈的宠爱，德文郡公爵夫人乔治亚娜为他写了一首歌，并由伊丽莎白·福斯特夫人配了一幅图，描绘了帕克抵达尼日尔河前夜的情景。

范围，他们的头领名叫阿里。帕克请求进入阿里的地盘，却被囚禁起来，并被没收了除了罗盘之外的所有货物，阿里认为它是白人的魔术。他被关押了三个月，并饱受拷打辱骂。他被关起来的唯一原因是阿里的妻子从没见过欧洲人。帕克以为自己被怀疑是基督教间谍才被抓起来的。而从某种意义上说他的确是。摩尔人在冈比亚河口和地中海沿岸垄断了尼日尔和欧洲之间利润丰厚的贸易。他们知道欧洲人急于寻找贸易伙伴，并意识到帕克是某个商业帝国派出的排头兵。就其本身而言，他是个威胁。

在夏天，部落冲突蔓延至北方，帕克趁乱溜走了。他向东南方朝着尼日尔河前进，成为了第一位报告尼日尔河“宽得像威斯敏斯特区的泰晤士河一样”的欧洲人，并探明了它的流向——向东流去，深入非洲大陆。他已经到了塞古，距离廷巴克图只有几天的路程，但是摩尔人没能在塞古杀了他，那么他们就会在廷巴克图等着他。帕克知道自己能够进入这座传说中的城市，但是不一定有机会走得出来。他想，最好还是带着已经搜集到的信息回家吧。

他又一次堪称完美地把握了时机。帕克走出非洲的旅程就像他走进非洲那样艰难又离奇，不过当17个月之后，在1797年的圣诞节，他终于回到了伦敦，并受到发现机会的班克斯的赞誉。和法国的战争形势正在恶化，国家需要一次精神的提振：而帕克因为解决了非洲地理的难题之一立刻被誉为民族英雄。虽然被伦敦社交圈奉为名流，自己的旅行记述也很快销售一空，他却渴望回到苏格兰。使用旅行和书带给自己的收入，他结了婚并在皮布尔斯郡当了一名乡村医生。然而，枯燥的工作和北方的阴沉天气很快让生活显得平淡乏味：他曾对自己的小说家朋友沃尔特·斯科特爵士说自己“宁肯再去非洲闯荡，面对那里的恐怖，也不愿在阴郁的山丘和冷寂的石南丛中消磨自己的一生”。1805年，他的愿望实现了。

致命的尼日尔河

非洲学会成立后的17年间，班克斯对于非洲的态度有所改变。法国人在塞内加尔河沿岸的影响力不断增长，这让他相信如果英国不控制尼日尔河以及仍然难以寻找的金矿区，法国就会控制它们。他说服英国政府派遣帕克回到廷巴克图，陪伴他的还有一队士兵，他们的任务是在尼日尔河沿岸建立英国贸易站。

这次的时机不能再坏了。帕克和他手下的43人原计划在1805年7月进入尼日尔河，但他们出发的时间有些延迟，路上也走得很慢，结果直到8月中旬才抵

潇洒的探险家帕克。这张袖珍画（约1797年）是根据亨利·埃德里奇所作的肖像缩略而成，画中的他刚刚从西非回国，正是享负盛名之时。

达尼日尔河。这时，四分之三的人马已经死于疾病，包括所有造船的木匠。他离开第一次非洲之旅的最远端塞古的时候，已经死了 39 个人，然而他仍然能够给伦敦写信："这次旅程只是证明了再多的货物也能从冈比亚运到尼日尔。"他已经自信地完成了此次任务的第一部分：证明冈比亚——尼日尔航道的可行性。于是帕克启程去完成第二部分：探明尼日尔河的全部河道。

关于尼日尔河在哪里结束的问题有不同意见。非洲学会的地理学家詹姆斯·伦内尔认定尼日尔河会在现今乍得湖终止。其他人认为尼日尔河也许流入了尼罗河或刚果河。帕克在一艘船上满载食物和武器，带着剩下的 4 名幸存者逆流而上，决定不找到河流的尽头就决不罢休。他穿过了廷巴克图的港口，转过了尼日尔河的弯道，并忽视了别穿过布萨瀑布的警告。他是从船上跳下来的还是被人从河岸击中的已经无人知晓了，总之无论以哪种方式，芒戈·帕克死在了这条他比任何人揭开的谜团都更多的河里。

亚历山大·梅特兰/撰

约翰·汉宁·斯皮克

寻觅尼罗河的源头
（1827–1864 年）

我已不再怀疑，脚下的这个湖泊就是那条迷人河流的诞生之处，这条河的源头曾遭过多少人的推测，又是多少探险家的目标啊。

J. H. 斯皮克，《尼罗河源头发现日记》，1863 年

约翰·汉宁·斯皮克是非洲探险家中最具争议性也是最神秘的一位。围绕他的争议主要集中在他依赖直觉的对白尼罗河源头的发现，以及 1864 年他意外或是自杀的身亡，当时他正在自己堂兄的威尔特郡庄园打山鹑。至于说神秘的谜团：斯皮克的私人生活很少为人知晓。他的书和留存至今的信件中只有几次提到自己的感受。他在喜马拉雅山脉的通信和其他文件在他死后一段时间内被毁掉了。在斯皮克 37 年的短短一生中，只有最后 10 年——献身给探险事业的 10 年——得到了详细的记录。

斯皮克于 1827 年 5 月 4 日生于德文郡比迪福德市的奥莱格庄园，他的童年是在萨默塞特郡伊尔敏斯特（Ilminster）附近一个叫作约丹斯（Jordans）的家族地产中度过的。还是男孩的时候，他就患上了眼炎，阅读对他来说非常痛苦和困难。然而他却学会了射击，并成为一名对打猎充满热情的出色猎手。1844 年，17 岁的斯皮克加入了孟加拉本地步兵第四十六团，并参加了旁遮普战争。由于在木尔坦战役中表现英勇，他在 1849 年得到表彰并晋升为中尉。受到上级军官的鼓励，他在喜马拉雅山脉地区旅行和打猎，并绘制了西藏部分地区的地图。1854 年他来到亚丁，准备前往非洲中部进行探险。

与伯顿在非洲

斯皮克得到建议并参加了理查德·伯顿（见第 89 页）的桑给巴尔探险，这次探险的基地位于索马里兰。他从那里出发，探索了索马里兰东部的瓦迪诺格（Wadi Nogal），在日记中记述自己的旅程，绘制地图并搜集鸟类、哺乳动物和爬行动物的标本。当伊萨人武士袭击位于柏培拉的营地时，斯皮克受了 11 次伤。伯顿不但占用了斯皮克搜集的标本，还把删减之后的斯皮克日记加到了自己的书《东非第一批足迹》（1856 年）中，斯皮克对此深感不满。而且斯皮克还丧失了当初他贡献给伯顿用于探险活动的钱。作为补偿，1856 年伯顿邀请斯皮克参加皇家地理学会赞助的乌凯雷丰湖（Ukerewe）探险，这是一个传说中位于非洲中部的大湖——两名德国传教士雅各布·艾哈特和约翰内斯·雷布曼对它进行了测绘，如果可能的话，再去寻找白尼罗河的源头。

庞大的探险队从巴加莫约出发，沿着阿拉伯人的商路走了 5 个月才到达塔波拉（位于坦桑尼亚）。探险队搬运工的首领埃塞俄比亚人西迪·穆巴拉克·孟买是一个获得自由身的奴隶，他成了斯皮克的忠实伙伴。探险队的进程不太顺利，开小差、疾病和充满疑虑的部落酋长阻碍了他们的脚步。斯皮克得了沙眼，并不断出现发热、晕厥和严重的痉挛。

1858 年 2 月，伯顿和斯皮克抵达坦噶尼喀湖边的乌吉吉（Ujiji）。但是和他们得到的信息不同的是，坦噶尼喀湖并不是白尼罗河的源头。在基维拉（Kivera）岛上，一只甲虫在暴风雨中爬进了斯皮克的耳朵。斯皮克尝试用小刀把它弄出来，结果刺穿了自己的鼓膜，这只耳朵从此永久性地失去了听力。回到塔波拉之后，斯皮克决定调查北部一个更大的湖，并催促伯顿和他一起上路。然而伯顿更愿意留在塔波拉治疗自己的疟疾，同时从当地阿拉伯商人那里搜集信息。

六个星期之后，斯皮克回来了。让伯顿感到吃惊的是，他不但宣布自己发现并命名了维多利亚湖，还宣称这座湖泊就是白尼罗河的源头。虽然两人进行了激烈的争论，但当斯皮克和伯顿结束这次探险的时候，他们还仍然是朋友，不过从此以后两人的关系就开始恶化了。

右页图：这幅斯皮克的油画肖像是詹姆斯·沃特尼·威尔逊 1859 年所作。画中有斯皮克的测绘仪器、他的步枪和他身后的维多利亚湖。

在返回英国的途中，伯顿留在亚丁进行康复；斯皮克继续返程，并向伯顿保证他在伯顿回到英国之前不会独自拜访皇家地理学会。根据斯皮克的书《什么导致了尼罗河源头的发现》中未出版的一段附录，伯顿曾经想去耶路撒冷。也许斯皮克认为伯顿建议的两人分头行动是一桩诡计，或许有人说服他放弃了自己的承诺。无论如何，一回到英国，斯皮克就马上宣布自己发现了尼罗河的源头维多利亚湖，并寻求皇家地理学会的支持，以便再进行一次探险验证自己的发现。

回到湖区

1860 年，斯皮克又一次回到了非洲，这次陪伴他的是 1847 年在印度相识的詹姆斯·奥古斯都·格兰特。格兰特是一个理想的同伴。和伯顿不同的是，他跟斯皮克一样爱好打猎。他还是一个敏锐的植物学家兼优秀的制图员。格兰特从不抱怨；甚至在所有事情上都听从斯皮克。在英格兰，伯顿攻击了斯皮克的地理发现，还有他对非洲人和阿拉伯人盛气凌人的态度，以及除了打猎或记录陌生地形之外斯皮克在所有事情上明显的缺乏能力。感到厌烦的斯皮克在伯顿记述他们共同探险活动的《非洲中部湖区》出版之前就离开了英国前往非洲。在伯顿写给斯皮克的信中，语气骤然降温，对斯皮克的称呼从“亲爱的杰克”变成了“先生”。伯顿拒绝了斯皮克修复他们友谊的最后努力；对此他悔恨终生。

当斯皮克和格兰特朝着非洲内陆艰苦跋涉的时候，还有两个探险队正朝着苏丹南部的刚多卡洛（Gondokoro）进发。喀土穆的英国副领事约翰·佩瑟里克带着船只和补给，打算与斯皮克和格兰特会合。独立于政府和皇家地理学会的富有探险家萨缪尔·怀特·贝克从埃及出发，打算探索尼罗河的源头。斯皮克和格兰特在塔波拉被连绵不绝的雨水耽搁了几个月，雨水使河流暴涨，他们没法弄来粮食养活搬运工人。斯皮克的一条胳膊麻痹了，并且他由于肺部充血而呼吸困难。在卡拉格韦（Karagwe），斯皮克在罗马尼卡的王宫为国王超级肥胖的姻妹测量了尺寸——当这一幕出版在斯皮克的《日记》中后，伯顿的支持者们对此大加攻击。罗马尼卡给了斯皮克一些林羚皮，这是一个新的羚羊物种。1861 年 11 月，斯皮克见到了鲁文佐里山脉南部的维龙加火山群，传说中的月亮山脉。

然后斯皮克来到了布干达的统治者穆特萨的王宫，在这里逗留了重要但臭名昭

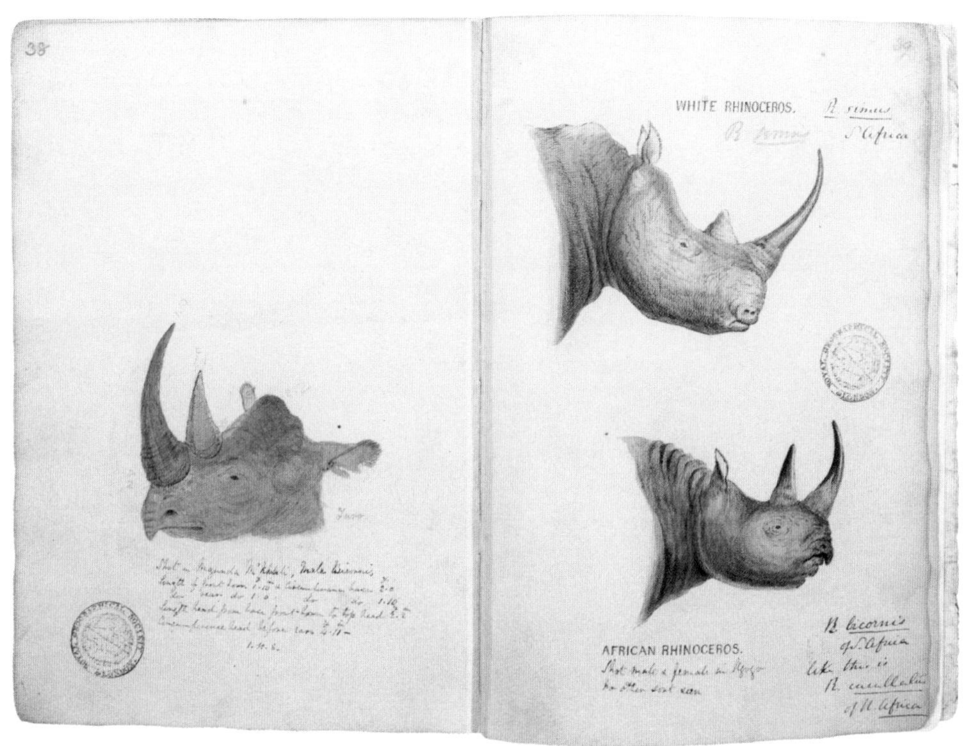

印刷的白犀牛（右上）和黑犀牛（右下）头部插图。对页上斯皮克自己绘制的黑犀牛头显示出这种动物适于抓握的上唇。

著的5个月；由于他天真又无拘无束的描述，他的批评者们后来对他这段经历大加贬责。斯皮克详述了他对穆特萨母亲的身体检查，以及她的烂醉和放荡。他在宫殿中和穆特萨的妻子们公开调情，还让她们骑在自己背上。要是他花更多的时间去调查维多利亚湖的北端并且检查一下他有时粗心大意的地理计算，这些劣迹也许不会对他的名誉造成那么大的损害。实际上，这次旅行给布干达留下了积极而富有建设性的印象。不只是他的白色皮肤和丰厚礼物带来的新鲜感——这些礼物包括一只金环和若干火枪，穆特萨用这些火枪打死了四头母牛和一个朝臣；斯皮克还为布干达打开了西方文化和欧洲人的大门。这可谓恰逢其时：此时英国在非洲中部的兴趣不只是传教活动、

里彭瀑布的一幅水彩画，斯皮克作于乌干达（约 1862 年）。斯皮克宣称的维多利亚湖就是尼罗河源头的观点最终在 1875 年被 H. M. 史丹利证实。

废奴运动和自然科学，还包括在工业革命的驱动下开发潜在外国市场的需要。

1862 年 7 月 28 日，在穆特萨王宫以东 65 千米的地方，斯皮克看到了里彭瀑布，尼罗河从那里流出维多利亚湖。然而，他宣称的已经发现尼罗河的源头的说法仍然是不成熟的，因为并没有决定性的证据，而他的陈述——“尼罗河安顿下来了”——虽然充满诗意，但直到亨利·莫顿·史丹利在 1875 年环游维多利亚湖之后才得到证实（见第 180 页）。

斯皮克和格兰特终于在 1863 年 2 月抵达刚多卡洛，大大落后于原计划与佩瑟里克会合的时间。与此同时，佩瑟里克和他的妻子已经在尼罗河的腹地进行了探险和贸易。在斯皮克的探险队抵达 5 天之后，他们也回到了刚多卡洛，却被斯皮克冷落在一旁——他后来指责佩瑟里克非法进行奴隶贸易。斯皮克和格兰特受到了贝克的欢迎，后者继续探险并发现了艾伯特湖，后来他被称为“尼罗河上的贝克”。

布干达国王穆卡布亚·穆特萨小山顶形的宫殿，以及穆特萨的一头母牛，斯皮克1862年所作。

斯皮克之死

斯皮克的《尼罗河源头发现日记》（1863年）虽然写得很吸引人，但却充满了遗漏和事实上的错误。皇家地理学会在巴斯为斯皮克和伯顿安排了一场辩论，试图解决围绕尼罗河源头的争议。斯皮克厌恶公开演讲和任何形式的对质。经过几个月不合自己胃口的辛苦写作和个人之间的敌意对抗，斯皮克感到筋疲力尽。他已经半聋，而长期的写作压力又影响到了他本来就脆弱的视力。1864年9月16日，在辩论当天上午，皇家地理学会主席罗德里克·默奇森宣布斯皮克已经于前一天在科舍姆附近死于狩猎事故。

斯皮克到底是自杀还是意外地打中了自己，一直以来都是一个谜。不过他当时正在自己的堂兄和猎场看守人眼皮子底下爬过一面墙，很难想象他会在这种情况下自杀。除了要扩充《什么导致了尼罗河源头的发现》的第二版，斯皮克还有其他令人兴奋的计划，包括去往印度的狩猎旅行以及原定于1865年法国皇帝拿破仑三世资助的大型中非探险。处于这样一种状态的斯皮克不太可能决定自杀。

1881年，伯顿终于承认了斯皮克的发现，并在快要于1890年去世时写了一封公开信，收回了自己针对斯皮克的所有尖刻的话。1866年，肯辛顿花园竖立起一座纪念斯皮克的红色花岗岩方尖碑；1995年5月4日，一块向伯顿和格兰特致谢的铭牌出现在斯皮克的纪念碑旁。

克莱尔·佩蒂特/撰

戴维·利文斯通

穿越非洲

（1813-1873 年）

非洲人一点儿也不会不可理喻。我想不可理喻更像是

欧洲的遗传病，而不是这片土地。

戴维·利文斯通，《非洲日记》，1855 年

1874 年 4 月 18 日是一个星期六，戴维·利文斯通的隆重葬礼在威斯敏斯特大教堂举行，这是一场几乎拿不到入场券的葬礼，而主持这场葬礼的史丹利牧师还记得它“唤起的人心所向的感觉比我参加的任何一场葬礼都强烈”。这个“变成传教士的纺织童工”的葬礼是那一年有名的大事。蓓尔美尔街和怀特霍尔街边站满了来自各种背景和阶层的悲伤的男人和女人们。1875 年的一幕儿童剧将他描述为“一位无畏的传教士和探险家，他是第一个将耶稣基督的好消息带到最黑暗的非洲中部大片地区的白人”。事实上这个说法只是部分正确，而和传教的成功相比，利文斯通的名声更多地来自于他非凡的自我创造。

传教士和探险家

1813 年，利文斯通出生于一座名为“梭子排”的三层小楼里的只有一个房间的租户家中，这座小楼位于格拉斯哥市附近布兰太尔的蒙蒂斯棉纺织厂。利文斯通一家对宗教十分虔诚，并且都能读会写。戴维和父亲曾因为自己在科学和旅行书籍上的痴迷而争论：尼尔·利文斯通认为这些作品对神不敬。1832 年，当父子两人听说格拉斯哥的公理会教友拉尔夫·沃德洛摒弃了只有上帝指定的某些人才能得到救赎的观念，转

而宣扬自由主义观点并认为所有人都有机会得到救赎时，他们两人都从苏格兰长老会转信公理会。这为利文斯通日后对非洲人的自由主义观点埋下了伏笔。1834 年，利文斯通获得了父亲带回家的一本小册子，里面讲述的是在中国的医学传教士的故事，于是他在自己成为医生的梦想和家庭的宗教信仰之间看到了一条折中调和的道路。凭着坚定的决心，他终于从格拉斯哥的安德森学院医学系毕业，并在学业期间尽可能地回纺织厂工作以交纳自己的学费。

1838 年 8 月，利文斯通第一次来到伦敦，此行的目的是参加伦敦传教会的面试，最终伦敦传教会接收了他并把他训练成一名医学传教士。1840 年他遇见了在伦敦休假的伦敦传教会传教士罗伯特·莫法特，莫法特向他谈起自己在南非北部库鲁曼设立的传教站，这让利文斯通十分兴奋。在伦敦他还听到了托马斯·福韦尔·巴克斯顿对奴隶贸易的谴责，巴克斯顿还呼吁合法化与非洲进行的贸易，从而结束这种残忍的行为。利文斯通曾希望将中国作为自己的传教目的地，但是 1839 年 9 月鸦片战争的爆发阻止了他前往中国。1840 年 12 月 8 日，刚刚被任命为牧师的利文斯通口袋里揣着崭新

奴隶的锁链：利文斯通可能是从 1858-1864 年的那次旅程中把它带回来的，他在自己的演讲中用它来强调奴隶贸易的残忍。

戴维·利文斯通和他最小的女儿安娜·玛丽的肖像摄影，这幅感人的摄影作品由托马斯·安南创作。安娜·玛丽几乎不记得自己的父亲。

的医学文凭启程前往库鲁曼。

利文斯通没在库鲁曼停留多长时间。他对这里有些失望并很快和另一个传教士罗杰斯·爱德华兹一起离开，寻找东北方向400千米之外的奎纳人。在接下来的两年中，为了给自己的传教站寻找合适的地点，利文斯通又进行了两次远距离旅行，并在准备过程中学习了当地的语言。1844年1月，利文斯通和爱德华兹终于与一位非洲教师梅巴鲁一起在玛波塔撒（Mabotsa）建立了新的传教站；一年之后，利文斯通娶了莫法特的长女玛丽为妻。然而利文斯通后来和爱德华兹发生了争吵，并在琼奴阿内（Chonuane）的奎纳人中建立了另一个传教站，奎纳人的酋长席其理成了他的学生并向他学习阅读。利文斯通一家（现在他们有了两个孩子——罗伯特和艾格尼丝）后来搬到了西面的科洛本格（Kolobeng），席其理也和他们在一起，但他很快就不再信仰基督教并转回到自己的非洲宗教了。

正是这段时期，利文斯通的兴趣开始从向非洲人传教到探索他们的美丽大陆转移。将自己的家人（现在又多了一个孩子，托马斯）送回库鲁曼后，他和一个富有的大猎物猎手威廉·柯顿·奥斯韦尔沿着博特莱特莱河前进，并抵达了恩加米湖（在如今的博茨瓦纳）。博特莱特莱河继续向北流去并汇入了其他河流之中，这让利文斯通倍感兴奋，他以为非洲的河流形成了一个巨大的互相交联的网络。他认为如果能够找到通向海洋的河流通道，他就能引入合法的全球贸易并将那些虐待非洲人的奴隶贸易商驱逐出去，从而掌握实现这块碎裂状大陆现代化的钥匙。回到科洛本格之后，奥斯韦尔去寻找走得更远所需要的船，利文斯通保证会等他回来。但当奥斯韦尔带着船回来时，他发现急性子的利文斯通已经离开了，并且和他的家人重聚在一起。奥斯韦尔设法赶上了他们，但利文斯通的两个孩子病得很严重，于是他们又返回了科洛本格。

1851年，再次开始旅行的利文斯通选择了一条穿越沙漠的危险道路，沙漠差一点儿杀死了他的孩子，但他们最后抵达了乔贝河。然后利文斯通和奥斯韦尔同当地酋长塞比图阿内（Sebituane）进行了会面，并在1851年8月抵达赞比西河。利文斯通非常高兴，他终于找到了他需要的大河。迫不及待地想要继续探索它的利文斯通必须先陪同自己的家人回到开普敦；在途中诞生了他们的另一个儿子奥斯韦尔。1852年3月，玛丽和孩子们启程前往英国，并在接下来的四年中过着痛苦的贫困生活，而利文斯通开始进行他史诗般的旅程。

穿越东西海岸

利文斯通向北出发，并在 1853 年 5 月抵达乔贝河边的利尼扬蒂。他受到了塞比图阿内的儿子塞克勒图（Sekeletu）的欢迎，但是这个地区流行疟疾，不适合建立他想要的传教站，于是在塞克勒图的帮助下，利文斯通在 11 月出发并沿着赞比西河逆流而上，希望探明它是否能够提供一条向西通向海洋的航道。当雨季到来的时候情况变得糟糕起来；探险队消耗光了在沿途的村落中用来贸易的货物，而且抛弃了独木舟上岸赶路。当利文斯通于 1854 年 5 月 31 日抵达海边的罗安达时，他已经患上了疟疾并且极度疲倦，但仍然拒绝登上从那里返回英国的船。

直到 9 月，他才把身体养好并开始沿原路返回再次穿越非洲——回到利尼扬蒂的旅程花了他将近一年的时间。1855 年 11 月，利文斯通领导了又一次赞比西河探险，

赞比西河上的维多利亚瀑布，托马斯·贝恩斯所作（1862 年）。1855 年，利文斯通成为第一个抵达这条瀑布的欧洲人，当地人称这条瀑布为莫西奥图尼亚，“发出雷鸣的雨雾”。

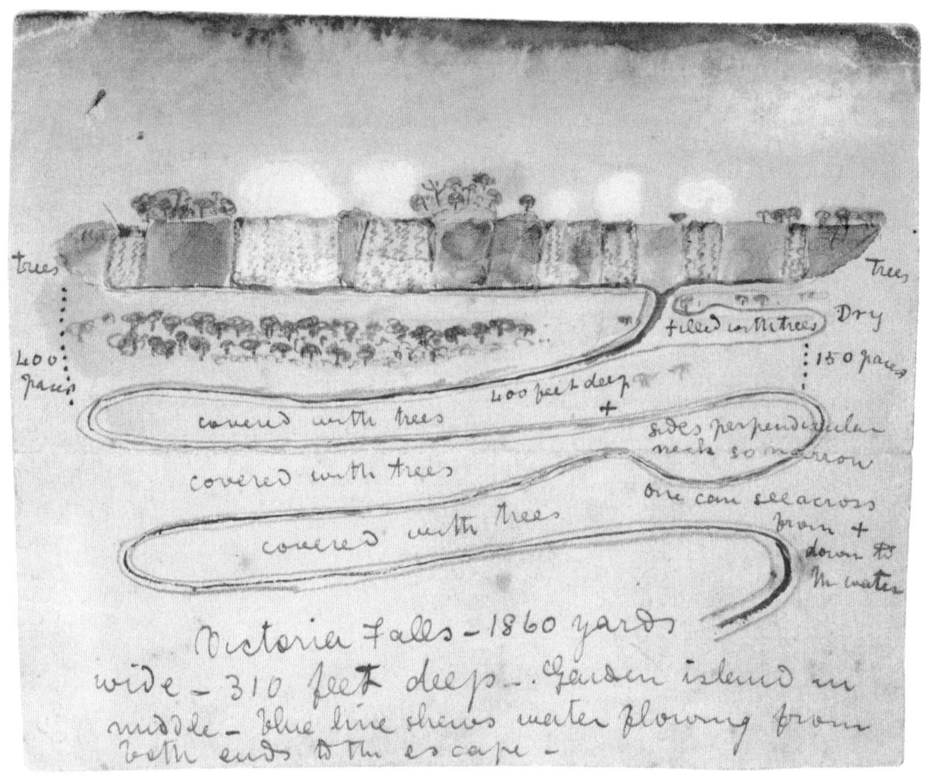

利文斯通绘制的维多利亚瀑布（可能是1860年8月所画）。这是他非洲画作的典型，通常是为了记录而画——他已经用步伐丈量了距离，并仔细地标注了这一地区的植被分布和瀑布的尺寸。

这次他希望发现一条向东的航道。不久之后，他们就来到了一片巨大的瀑布面前，当地人叫它莫西奥图尼亚，意思是“发出雷鸣的雨雾”，利文斯通后来将它重命名为维多利亚瀑布，以表达对英国女王的尊敬。他对于这个地区感到很兴奋，觉得终于找到了一块适宜的地方来建立自己持久的传教站。12 月的时候，探险队到达太特（位于莫桑比克）的葡萄牙人定居点，并在路上无意识地躲过了克布拉巴萨急流，它在日后将给利文斯通带来大麻烦。利文斯通最终抵达了东非海岸的克利马内，并在那里启程回“家”，于 1856 年 12 月 12 日抵达南安普顿和玛丽相聚。

MISSIONARY TRAVELS

AND

RESEARCHES IN SOUTH AFRICA;

INCLUDING A SKETCH OF

SIXTEEN YEARS' RESIDENCE IN THE INTERIOR OF AFRICA,

AND A JOURNEY FROM THE CAPE OF GOOD HOPE TO LOANDA ON THE WEST COAST; THENCE ACROSS THE CONTINENT, DOWN THE RIVER ZAMBESI, TO THE EASTERN OCEAN.

BY DAVID LIVINGSTONE, LL.D., D.C.L.,

FELLOW OF THE FACULTY OF PHYSICIANS AND SURGEONS, GLASGOW; CORRESPONDING MEMBER OF THE GEOGRAPHICAL AND STATISTICAL SOCIETY OF NEW YORK; GOLD MEDALLIST AND CORRESPONDING MEMBER OF THE ROYAL GEOGRAPHICAL SOCIETIES OF LONDON AND PARIS, F.S.A., ETC. ETC.

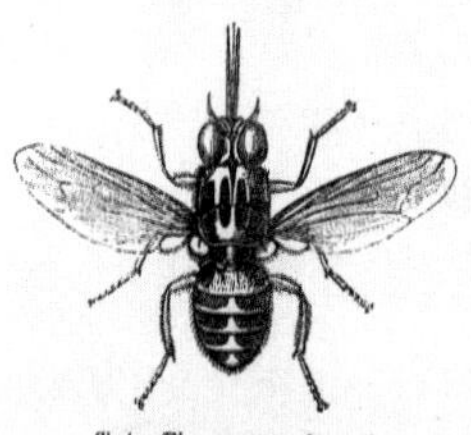

Tsetse Fly.—*Magnified.*—See p. 571.

WITH PORTRAIT; MAPS BY ARROWSMITH; AND NUMEROUS ILLUSTRATIONS.

LONDON:
JOHN MURRAY, ALBEMARLE STREET.
1857.

利文斯通的《非洲南部传教旅行和研究》(1857年)扉页。扉页下方的插图《放大的采采蝇》说明这本书的重点在于“旅行”而不是“传教”。

英伦名人

在下船之前，利文斯通压根不知道自己在英国有多么出名。1855年，他被皇家地理学会授予年度创始人奖章，而他本人对此毫不知情。他从非洲寄到英国的所有信件全部被公开发表。在伦敦的寄宿之处，利文斯通以极快的速度写完了《非洲南部传教旅行和研究》。这本书注定是那个世纪最热卖的畅销书之一。然后他进行了一系列反

利文斯通的蒸汽船玛－罗伯特号，托马斯·贝恩斯于1858年5月24日所画。这艘船是为1858年开始的赞比西河探险所造。由于锅炉出现了大量问题，它曾被授予“哮喘病人”的称号，并在1861年被替换。

应热烈的公开演说并在1857年12月4日来到剑桥大学发表演讲，在这里他向观众中的青年男学生发出了充满热情的恳求，希望他们投身于非洲的传教工作。正是这次演讲催生了运气不佳的中非大学传教会（UMCA）。

利文斯通成为了皇家学会的会员，接受了许多荣誉学位，被任命为理事，还受到维多利亚女王的接见，在这些社会事务的间隙，利文斯通还计划了一次沿赞比西河顺流而下的新探险。然而伦敦传教会已经不愿支持他的下一次旅行了，他们感觉如今利文斯通的真正职业是探险家而不是传教士，在这一点上他们是正确的。这一次赞助利文斯通的是对于潜在商贸机会感兴趣的英国政府。

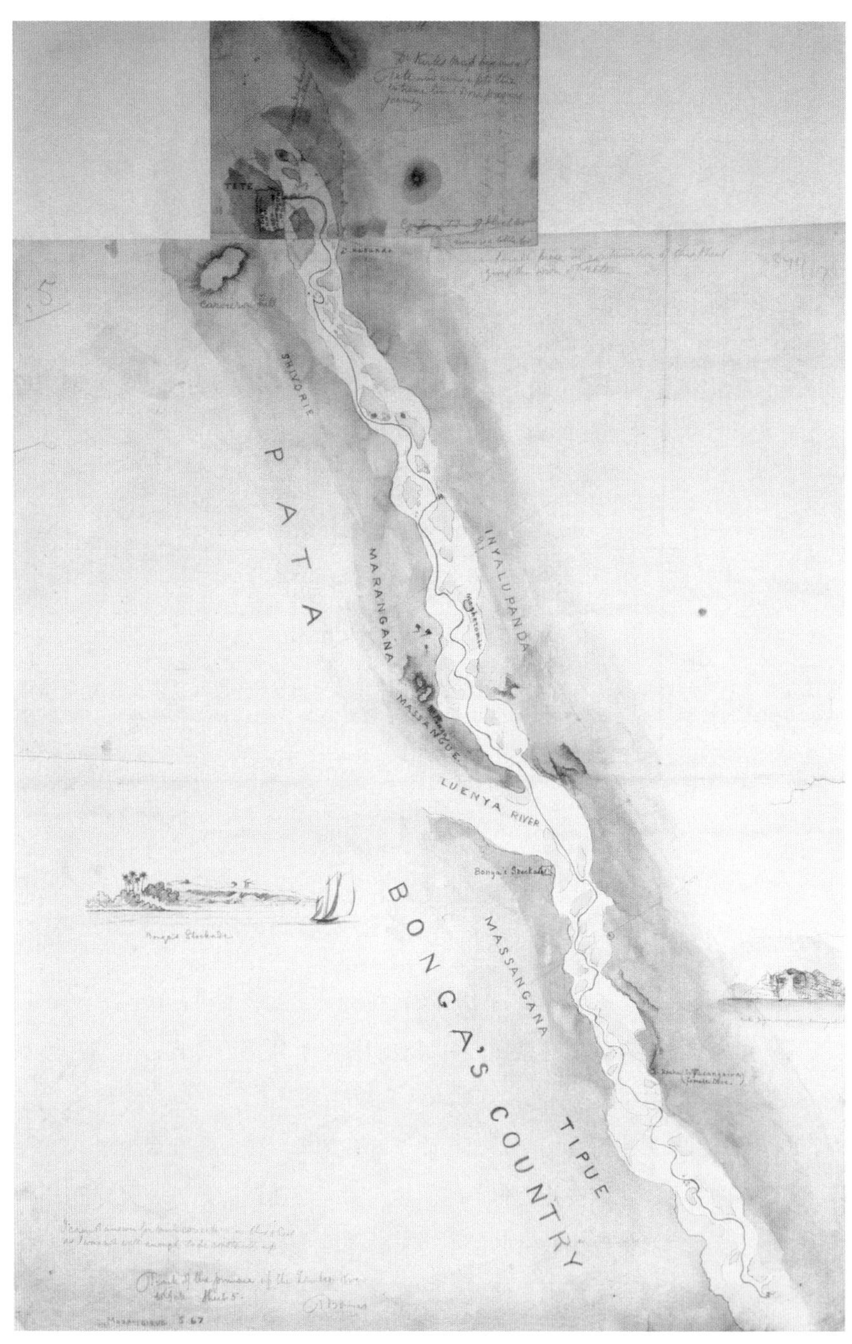

贝恩斯手绘的地图（1859 年），记录了利文斯通乘着玛-罗伯特号在赞比西河中的探索路线。这一年晚些时候，贝恩斯和一半欧洲队员一起被开除出探险队，在这之前利文斯通和他们发生了激烈的争吵。

远征赞比西河

1858 年 3 月 10 日，赞比西河探险队离开英格兰，探险队的成员包括利文斯通的弟弟查尔斯以及随队画家托马斯·贝恩斯（见第 79 页）。他们使用的是一艘分段制造的蒸汽船，名叫“玛－罗伯特”号，这是玛丽·利文斯通的非洲名字。玛丽本人也在船上，但这次她又怀孕了，于是她留在了开普敦，并随后和她的父母一起前往库鲁曼。玛－罗伯特号的境遇很不顺利：它需要大量燃料使蒸汽机开动，而且河流的状况很危险，探险队常常需要把它拆卸成段再随队携带。但他们来到利文斯通第一次走这条路线时躲过的克布拉巴萨急流时，更多的问题出现了。他的同伴约翰·科克意识到这些急流是无法通过的，但是利文斯通就是不接受这一点。

不管怎样，利文斯通决定进入赞比西河的一条支流希雷河作为他新的路线，希望能在这里找到适合建立传教站的肥沃土地。1859 年 9 月，探险队抵达了尼亚萨湖的南端。英国政府继续支持着这次探险，并在 1861 年派来了一艘新船先驱号替换残破的玛－罗伯特号。然而这次赞比西河探险的队员之间的个人关系在一开始就很紧张，而利文斯通和大部分的欧洲人同伴都发生过争吵。

1861 年 2 月，利文斯通遇到了刚刚从开普敦来到这里的中非大学传教会的传教士，并陪伴他们上溯了希雷河，和他们在希雷河上游的马格美罗（Magomero）建立了一个传教站。然后利文斯通离开这里去进一步探索尼亚萨湖。他还收到了自己购买的轻便型汽轮尼亚萨夫人号。1862 年 3 月，他听说了中非大学传教会传教站的负责人查尔斯·马更些的死讯，而 1862 年 4 月 27 日，刚刚和丈夫团聚不久的玛丽·利文斯通也不幸死去。深感震惊和悲伤的利文斯通开始进行一系列狂乱的尝试，试图驾船上溯赞比西河和鲁伍马河。然而到最后，即使是他也不得不放弃。1863 年，干旱和劫掠奴隶的活动让希雷河谷变成了人间地狱，河中漂浮着肿胀的尸体。利文斯通的探险队深受痢疾困扰，并在此时被英国政府征召回国。失望又愤怒的利文斯通启程返回英国，并在 1864 年 7 月抵达伦敦。

在谈不上成功、花费巨大且持续时间极长（持续了六年多而不是预想中的两年）的赞比西河探险过后，利文斯通的名声衰退到了低谷。他和最喜爱的女儿艾格尼丝一起来到了纽斯台德庄园和他的朋友韦布一家待在一起，他在这里写下了《赞比西河及其支流的一次探险》（1865 年），他在书中试图为自己在探险中所犯的错误开脱责任，并算在其他人头上。他急切希望重返欧洲，并开始酝酿一个新的庞大计划：探明尼罗河的源头，超越各执一词的伯顿（见第 89 页）和斯皮克（见第 155 页）。

这张照片拍摄于韦布一家的纽斯台德庄园，当时是1874年6月，在利文斯通死后，他的仆人也来到了英格兰。从左至右：阿卜杜拉·苏西、贺拉斯·沃勒、詹姆斯·楚马、艾格尼丝·利文斯通（坐者）、韦布夫人、威廉·F. 韦布和汤姆·利文斯通。

尼罗河溯源

这支探险队出发于1866年，队伍中没有其他欧洲人；利文斯通常常能与阿拉伯人和非洲人更好地共事。他相信坦噶尼喀湖也许隐藏了尼罗河源头的秘密，于是尽管他的测量仪器受到损坏并且失去了精准度，他还是走向了那里（或者说他认为自己在走向那里)。探险队中的一个仆人带着他的医药箱逃跑了，而通常很健壮的利文斯通这次真的病了。奴隶劫掠和暴力让探险进展非常缓慢和困难。1869年3月，利文斯通设法到达了伯顿和斯皮克也曾来过的乌吉吉，却发现他预订的补给只到了很少的一点儿。探险队继续踏上艰苦的旅程，并在1871年3月抵达卢瓦拉巴河。利文斯通被奴隶商人屠杀非洲人的行径吓坏了，因此他冷冷地拒绝了阿拉伯人提供的用来继续前进的船只，并回到了乌吉吉。然而在这里，他的补给非常缺乏，甚至必须不情愿地依靠阿拉伯人的帮助维持生活，直到1871年11月亨利·莫顿·史丹利(见第180页)碰到了他。听到那句著名的“您是利文斯通医生吧，我猜?”，利文斯通无疑非常高兴，然后他和史丹利探索了坦噶尼喀湖的北端，并没发现任何出口。1872年3月14日，史丹利在塔波拉和利文斯通分手，并随后从海岸线上给他送来了新的补给和搬运工。

利文斯通仍然痴迷着尼罗河的源头，并继续环绕着班韦乌卢湖探索。他的病情很快就变得很严重，不得不坐上担架才能走动。1873年4月30日，他死在了奇塔姆博村(Chitambo)。利文斯通的心脏和内脏埋在了一棵树下的旧面粉罐里，但他的仆人们对他的遗体进行了防腐处理并运到非洲海岸，最终返回英国。来自舒潘噶(Shupanga)的阿卜杜拉·苏西和尧人詹姆斯·楚马是领头的两人。他们直到1874年2月才抵达巴加莫约，英国领事在那里安排将遗体送回英国。1874年4月，利文斯通安葬于威斯敏斯特大教堂。虽然利文斯通作为传教士并不成功，他对于赞比西河探险的论断也充满疑点，并且他未能找到尼罗河的源头，但他还是得到了伟大英雄般的葬礼。

戴维·利文斯通并不是那种去非洲进行探险后就回家的人，他在那里和非洲人一起生活和工作。除了两次短暂的回国，他在非洲度过了成年后的所有生活。他是一个探险传奇，也是一个移民传奇。他笔下的许多作品是带着一定的距离从非洲的视角看待欧洲和“旧的文明国家”。这让利文斯通的探险显得既独特又复杂。

约翰·凯伊/撰

弗朗西斯·安邺

情迷湄公河
（1839–1873 年）

只有在印度和中国之间这个位置理想的半岛上建立一个新的印度帝国才能……保证我们国家〔法国〕的财富和地位。

弗朗西斯·安邺，1867 年

出生于圣埃蒂安并注定要进入海军的安邺在年轻时有一个绰号——“波拿巴小姐”。这不是恭维和赞美，而是一种嘲讽，因为安邺有着总是变来变去的雄心壮志，他还是个又矮又瘦的小个儿。但是如果说探险家和旅行家的区别在于他们拥有一种使命感，甚至是痴迷劲儿，那么弗朗西斯·安邺则是一个不折不扣的地理巨人。人们经常拿他和利文斯通（见第 162 页）做对比。1871 年安邺和利文斯通两人一起受到了第一届国际地理大会的赞扬和表彰；1873 年两人都神秘地失踪了；1874 年他们的死讯几乎同时得到了证实。利文斯通是一位富于献身精神的传教士，驱动他前进的力量是对奴隶贸易的痛恨。而安邺是一个富于献身精神的爱国者，他在意的是挽救法国的财富和命运，当时的法国看起来好像难以得到海外领土的利益。吞并印度支那将改善这一局面。如果说有人促成了未来的“珍珠帝国”的建立，那么这个人就是安邺。

就像刚果河上的史丹利（见第 180 页）一样，安邺也是通过探索这一地区的主要河流来追求自己的目标。流向不规则且丛林密布的刚果河大部分河道都无人知晓，安邺在它身上投入了极大的热情。它几乎杀死了他，让他昏迷了整整 12 天，还几乎引诱了他，当时他在下游的老挝漫不经心地考虑“土著化”。在 2500 千米的路程中，只有

左页图：湄公河探险委员会进入缅甸掸邦时正赶上第二个雨季。河水暴涨，探险队被迫走森林小径，但森林也被雨水浸满了。

测绘出河道的每次扭曲带来的满足感能让他继续走下去。“什么东西也打断不了我这种持续不断的全神贯注，而这种全神贯注变成了一种痴迷，”他解释道，“我为湄公河而疯狂”。

湄公河还把他折磨得发狂。就好像这条河下定决心要隐藏自己的潜力，让法国的希望落空并让安邺个人灰心丧气。成立“湄公河探险委员会”的想法从一开始就是他提出的。1859年他参加了法国海军对越南海岸的第一次攻击。法国人拿下了西贡和一个小港口，把这一小块殖民地作为进行商业、政治和地域扩张的桥头堡，而安邺把这个任务揽在了自己肩上。1863年从湄公河三角洲推进到柬埔寨的行动得到了成功；柬埔寨国王欢迎法国提供保护。安邺认为在上游的国家也能得到相似的反应；它们的植物和矿物产品都能让殖民地变得富有；而且虽然这条河的源头还未确定，但它可能在进入东南亚雨林之前经过云南，从而提供一条通往中国的秘密水上通道。安邺本人愿意探索这条未来的“商贸大道”。现在他只需要资金和官方的批准。

在柬埔寨——从桨船到独木舟

尽管高级官员并没有打消疑虑，但探险计划还是得到了批准。1866年6月，6名法国军官和16个护送者乘着两艘用桨驱动的小炮艇从西贡出发。他们吱吱嘎嘎地穿越了三角洲来到金边，接受维修后又抵达吴哥古迹测试他们的仪器，然后在雨季到来时重新上路。在旺盛的雨水中进入一片臭名昭著的雨林看起来有些不合情理。水蛭这时最为活跃，蚊子这时数量最多；痢疾和疟疾随即而来。但这怪不到安邺头上。由于他只是一个27岁的中尉，还不能指挥这次探险，因此官方上他只是指挥官拉格里的调查员和副手。拉格里比他年长20岁，非常了解柬埔寨；而且正是他断定只有在河水上涨时才能越过河流中的障碍并安全地在河中航行。

不出所料，湄公河很快就展示出它真实的一面。白浪激起的泡沫涌来，平静的水面立刻变得汹涌起伏。森林将岸边布满了热带植被。半淹在水下的树干像鱼雷一样戳破了炮艇的船身，漩涡让它们在水中打转，而在岩岛分开水流的地方，水流的力量是如此之大，就连蒸汽机驱动的桨轮都难以向前推进。刚刚离开金边两天他们就被迫放弃了。蒸汽机的力量在湄公河的急流面前无计可施。

探险队转而使用当地的狭长独木舟。一般情况下这些独木舟是用桨划动的，但是在洪水面前必须使用一端带钩的撑篙勾住树根或岩石向前移动。探险队就是用这种痛苦的移动方式在一年中情况最好的时间内挪动了接下来的1000千米。他们表现出了堪称典范的耐性，然而这种冒险可能是没有必要的。因为现在看来，安邺在调查其可通航性的这条河流显然是无法通航的。他们刚刚穿过第一片急流就遇到了孔瀑布，湄公河在这里跌落并从老挝进入柬埔寨。即使是海豚也难以越过这个障碍，更不会有船只能够这样做。探险队步行爬上了这条瀑布，并在它上方征用了新的独木舟。它“完全无法逾越”，探险队的一位军官这样记录道；因此，“蒸汽船无法像在亚马孙河上那样在湄公河上穿行，而西贡也永远没有办法被这条巨大的水道和中国西部连成一体”。这场探险必须在此宣布流产。

然而这样的事情没有发生完全是因为安邺。在之前的急流中是他找到了可以通过的航道，而他很可能在面对瀑布时也会做到这一点。但他永远也不会有这个机会，因为探险队抵达瀑布时，正赶上他12天的昏迷。直到探险队翻越了瀑布才恢复意识的安邺既没见到瀑布的大小，也没相信同事们的描述。相反的是，他出版的记述中描述的情况意味着独木舟实际上翻越了瀑布。毫无疑问，“波拿巴小姐”不会就这样因为河流上的异常情况而气馁。他的力量和他的决心一起重新回到了身上。从现在开始——他们的奥德赛之旅已经进行了3个月，安邺开始发号施令。

穿过老挝、缅甸和中国

为了前进什么事都可以做得到。拉格里认为要是没有北京方面的授权信函，向前推进就毫无意义，而这些信函正在金边等候他们回来。安邺表示自己愿意返回金边并取回这些信函。而他的确做到了这一点，并在60天内跋涉了1660千米。与此同时，还有许多支流有待探索，许多金矿和银矿有待调查，设立种植园的潜力有待评估，政治活动的前奏也有待进行。更妙的是，撤退已经不是一个选项了；据归

弗朗西斯·安邺中尉，湄公河探险的倡导者和实际领导者。

在下游的老挝，探险队在巴塞河（占巴塞）停留了很久，并在这里庆祝了这条河每年一度的送水节和烟花表演。这个地方打动了安邺，他计划在当地退休养老；随队画家路易斯·德拉波特画下了一系列呼之欲出的素描作品。重新描绘并上色后，它们成为这次探险最著名的遗产。

来的安邺所说，柬埔寨正在发生叛乱。事实上，现在中国和长江是他们逃离这里的唯一机会。

万象，老挝曾经的首都，成了一片废墟。他们穿过一片危险的瀑布急流来到了琅勃拉邦。这里终于有了文明的迹象。当地的国王看起来很友好，他的女人们看起来更友好。他们可以在此休息调养，等待他们的第二个雨季过去。安邺却坚持继续前进。资金快不够用了；而延误毫无可能。他们又一次坐上了独木舟，撑着篙冒着雨绕过了泰国北部。

当湄公河向北流去进入缅甸的掸邦时，情况变得更糟了。即使是安邺也必须承认这里的急流是无法通过的。他们雇了搬运工，开始走森林中的小径，不过这里的情况比河里也好不了多少。掸人的族长们敲诈他们——省出来的裤子换鸡，衬衫换黄瓜。安邺吃了鳄鱼蛋（“不算特别恶心”）；其他人则饿着肚子。所有6名军官都得了疟疾，有两人被水蛭咬伤的伤口发生了感染，而拉格里已经几乎说不出话来。事实上，当他们终于在1867年底走出森林并抵达中国云南省首府昆明时，指挥官先生已经走到末路了。三个月后，他死在了去往长江的路上。

安邺当时并不在场，他回去进行了最后一次探索湄公河的失败尝试。与探险队会合之后，他正式成为了自己长期以来实际担任的指挥官。1868年6月6日，在他们离开西贡整整两年后的同一天，探险队出现在长江港口城市汉口的法国领事馆，震惊了世界。

死于非命

当他们重新出现的消息传来，皇家地理学会将“安邺探险”赞颂为“本世纪最了不起和最成功的探险之一”，并在1870年授予安邺学会的赞助人奖章；安邺本人也的确是“本世纪最勇敢和最有才能的探险家”。更多的奖章和赞美随之而来。但这些大多数来自伦敦。巴黎几乎没有什么反应，因为探险队的凯旋正撞上1870-1871年灾难性的普法战争。

安邺参加了徒劳无益的巴黎保卫战，然后在人们的厌恶中起航前往中国。在国家面临危机的时刻，殖民扩张并不受欢迎。他沿长江逆流而上，写了又一本书，并生活在那里，直到1873年被征召再次进行印度支那的“建设”。他领导了又一次探险，从西贡航行至河内，这次探险更像是一场战争，表面上的名义是营救一名法国公民。安邺的行为充分说明了这一点。他占领了河内的城堡并升起法国三色旗，宣称已经“占领了拥有两百万生灵的土地”。老挝和湄公河将形成它西侧的边界，而越南北部的红河能够提供另一条通往中国内地的“商贸大道”。

胜利是短暂的。越南的反抗力量很快集结起来，在一次报复性的袭击中将安邺包围在一片稻田里并杀死了他。安邺死时只有34岁。令人尴尬的是，法国政府随即宣布不对安邺的行动负责。但这只是延迟了他梦想的实现。在接下来的10年中，河内以及湄公河两岸的土地都正式纳入了所谓“印度帝国”的版图，而安邺为此付出了短暂的一生。

詹姆斯·L. 纽曼 / 撰

亨利·莫顿·史丹利

大英帝国的仆人

（1841–1904 年）

他有许多缺点，有些缺点甚至很严重，但我认为
它们主要是他品质上的缺点，而且没有这些缺点他很可能会缺少
另外一些伟大的品质，正是这些品质帮助他在从事的
每一项事业上获得成功。

亚瑟·J. 芒特尼·杰夫森如是评论史丹利

亨利·莫顿·史丹利成为一名功成名就的探险家的经历只能用了不起来形容。作为一个非婚生子女的他原名约翰·罗兰，出生于威尔士的登比，从 6 岁至 15 岁一直生活在救济院里。无法在英国找到一份长久工作的约翰登上了一艘开往新奥尔良的船，船刚抵达奥尔良他就设法逃跑并开始了新生活。他以新奥尔良一个如日中天的棉花经纪人的名字为自己取名叫亨利·史丹利。经过几次试验之后，他在中间加上了莫顿。1861 年，生活在阿肯色州赛普利斯本德（Cypress Bend）的他在美国内战中加入了南部联邦一方。在夏伊洛之战中被俘后，他被关押在芝加哥附近道格拉斯营的联邦监狱中，并在突然发作的痢疾中挺了过来。为了出狱，他同意加入北方的蓝衫军，然后很快从弗吉尼亚州哈珀菲利镇（Harper' s Ferry）的一张病床上逃走了。随后他还加入了联邦海军并参加了几次任务，然后在 1865 年 2 月又一次迅速逃走了。

找不到工作的史丹利向西而行，在圣路易斯逗留期间，他和《密苏里民主党人》报社签订协议，成为了报社的一名自由记者。他遇见了另一名有抱负的记者威廉·哈洛·库克，两人决定从西向东穿越亚洲，寻找他们的运气。在纽约，他们说服了史丹利的合伙人路易斯·诺伊从海军逃跑和他们一起上路。1866 年 7 月，三人出发前往土耳其士麦那（伊兹密尔）并在 8 月底到达。然而，他们刚刚走了不远就

被一伙强盗抓了起来。在当地官员的干预下，他们被释放并庆幸自己还活着，随即放弃了亚洲探险的计划。

拜访了自己在威尔士的亲属之后，史丹利又一次穿越大西洋，并很快回到《密苏里民主党人》报社，报社派他去报道政府试图消除同西部美洲土著敌对关系的努力。后来史丹利决定到纽约碰碰运气，并在幸运女神的垂青下得到了纽约《先驱报》老板和主编小詹姆斯·戈登·班尼特的面试机会。在一段简短的谈话过后，班尼特告诉史丹利他可以报道英国对阿比西尼亚的侵略。但是他必须自己承担费用，并根据新闻稿的质量接受报酬。事实证明他的报酬比花费更多。史丹利总能抢先得到新闻，把生动的记录最先呈现给读者。《先驱报》的其他任务随即而来。1869 年 10 月 28 日，史丹利和班尼特在巴黎进行了一次会面，据史丹利所言，在这次会面中班尼特让他去“寻找利文斯通”。然而，首先他必须先在埃及至印度沿途写完一系列任务稿件，史丹利直到 1870 年 10 月 12 日才从孟买出发前往桑给巴尔。

从记者到探险家

一系列问题延误了从桑给巴尔出发前往内陆巴加莫约的行程，史丹利直到 1871 年 3 月 22 日才终于开始向内陆进发。史丹利并没有任何探险意图——他唯一的目标是尽快找到利文斯通并告诉全世界他的消息。然而这是一段困难的旅程，在抵达阿拉伯贸易中心塔波拉的途中，史丹利跌跌撞撞地穿过了未被测绘的贡博湖（Lake Gombo）。当年 11 月，史丹利在乌吉吉遇到了利文斯通，两人随后起航前往坦噶尼喀湖北岸，并结束了它是否属于白尼罗河集水区一部分的争论，因为他们发现鲁济济河（Rusizi River）流入了坦噶尼喀湖而不是从这个湖中流出来。

回到巴加莫约并向利文斯通发送了补给以便他能继续进行尼罗河源头的研究后，史丹利登上了开往英格兰的船，等待发现并救援这位好医生的荣誉。然而他却在英国受到敌对和攻击，皇家地理学会指责他不是一个真正的探险家并且伪造了利文斯通从非洲寄过来的信。史丹利的美国背景、新闻式的文体以及某些不当言论更让人们对他恶言相向。然而到了年底，他开始流行起来，他的书《我是怎么找到利文斯通的》立刻成为畅销书。

1873 年末，内心仍然是一个记者的史丹利重返非洲，报道英国人在黄金海岸和阿桑特人的战争。战争结束后，带着更多为其增添声誉的故事，他启程返回英格兰，并在途中听说了利文斯通的死讯。很显然这名医生曾经触动了他内心深处，并改变了史丹利的志向。他要继续完成利文

上图：这张史丹利的照片上有他的扛枪人塞利姆和私仆卡鲁鲁，该照片在他寻找利文斯通的探险结束之后摄于1872年的桑给巴尔。

下图：史丹利探险队中部分桑给巴尔和其他非洲人，这张水彩画是凯瑟琳·弗朗西丝·弗里尔的作品，1877年画于开普敦政府大厦。

斯通未竟的尼罗河探索，并在这一过程中为非洲打开商贸、基督教和文明的大门。这促成了《每日邮报》和《先驱报》赞助的英美联合探险队的建立，他们在 1874-1877 年花了 999 天史诗般地穿越了非洲中部。史丹利成为第一个环游维多利亚湖的欧洲人——也许是全世界第一个这么做的人，从而证实了约翰·汉宁·斯皮克关于维多利亚湖是白尼罗河源头的论断。随后，他发现卢瓦拉巴河与刚果河交汇，从而解开了又一个长久困扰人们的地理谜团，并在非洲地图上增添了许多新的地名。

史丹利的探险吸引了比利时国王利奥波德二世的注意，他意图在非洲建立一个帝国。史丹利在 1879 到 1884 年期间受到利奥波德的两次委托，在刚果河沿岸为所谓的“国际非洲协会”建立了一系列贸易站。这个所谓的协会就像史丹利怀疑的那样是子虚乌有的，但他相信利奥波德是一个博爱的人，于是他带着任务继续前进，并由于作风硬朗获得了一个绰号布拉马塔利（Bula Matari），意思是“打破石头的人”。留给探险的时间并不多，但史丹利还是沿着菲米河前进并测绘了利奥波德二世湖（今马伊恩东贝湖）。

史丹利的最后一次非洲探险是在 1887-1889 年，他领导一支探险队去营救被认为困在苏丹的艾敏·帕夏（爱德华·施尼策尔），他正在绝望地跟马赫迪军队拖延时间，他们不久前刚刚在喀土穆杀死了戈登将军。这次行动取得了成功。在进入苏丹的路上，史丹利成为了第一个描述伊图里森林和艾伯特湖以西土地的欧洲人。在返程途中，他将鲁文佐里山脉测绘在了地图上，从而定位了传说中的月亮山脉；塞姆利基河与爱德华湖也被他添加在地图上。

面目模糊的声誉

把从前未知的土地和人们呈现给世人，并在欧洲人的地图上填补“空白”，在这些领域，亨利·莫顿·史丹利是所有非洲探险家甚或是全球探险家中的佼佼者。然而对于他本人和他的方法还存在许多保留意见。史丹利常常被指责不断撒谎，非常清楚的是他伪造了自己早年生活的许多经历，虽然使用夸张的冒险故事试图吸引读者的做法或许可以得到原谅。更严重的问题在于，他对自己探险队的成员非常残忍。史丹利很容易发脾气，而在许多情况下他会下令鞭打探险队员，这是当时旅行队的首领为了保持纪律常用的惩罚手段。还有几次，他监督执行了对几个探险队员的处决，因为他认为他们做了背叛探险队的行为。史丹利的角色越来越像一名将军。

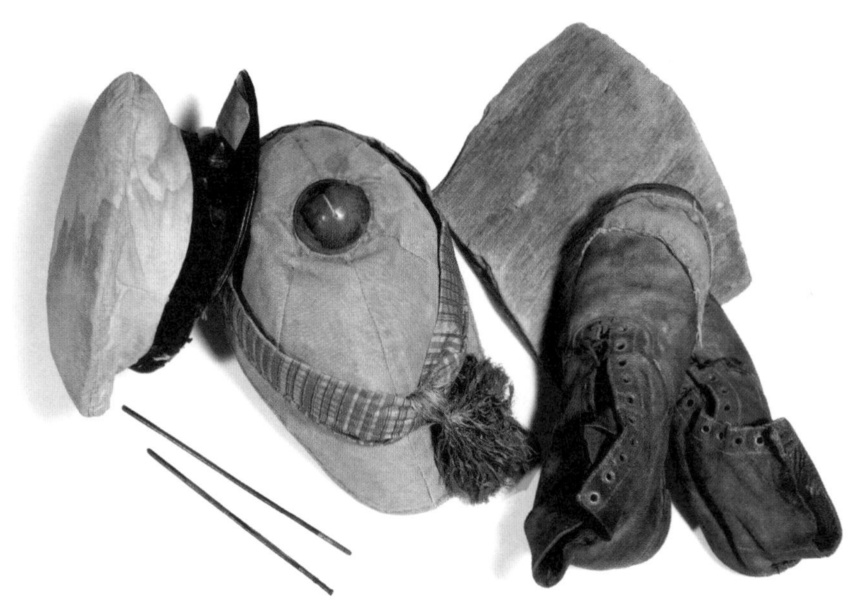

史丹利的一些个人物品：手工制作的帽子、遮阳帽和修补过的靴子，断成两截的俾格米人的箭，以及一截树木，当年他就是在乌吉吉的这棵树下第一次遇到戴维·利文斯通。

这导致了对史丹利的反复指控，人们指责他指挥着全副武装的大型军队，冷酷无情地踏过挡在路上的任何人。然而在寻找利文斯通的探险中，他的小旅行队在进入非洲和走出非洲时都没有进行过一场战斗；相似地，史丹利在刚果河沿岸建立贸易站时也没有使用暴力。史丹利只有少量听从他指挥的军人，而且他知道自己的初衷是建立自由贸易，而暴力无益于创造自由贸易的条件。在 1874-1877 年以及 1887-1889 年的两次探险中，史丹利的手下的确可以称得上是一支军队，而前者途中发生的两件事情一直在困扰他的形象。

第一件事发生在坦桑尼亚的万亚图鲁（Wanyaturu）或瓦力米（Warimi）。探险队预料这次探险会遭到敌对——考虑到之前和陌生人交流的经验，这是一个合理的推测——于是他们发动了两次袭击。成功地将本地人赶走之后，史丹利命令他的手下执行焦土政策，得到了“一片寂静黝黑的河谷”。第二件事是针对维多利亚湖中布姆别岛

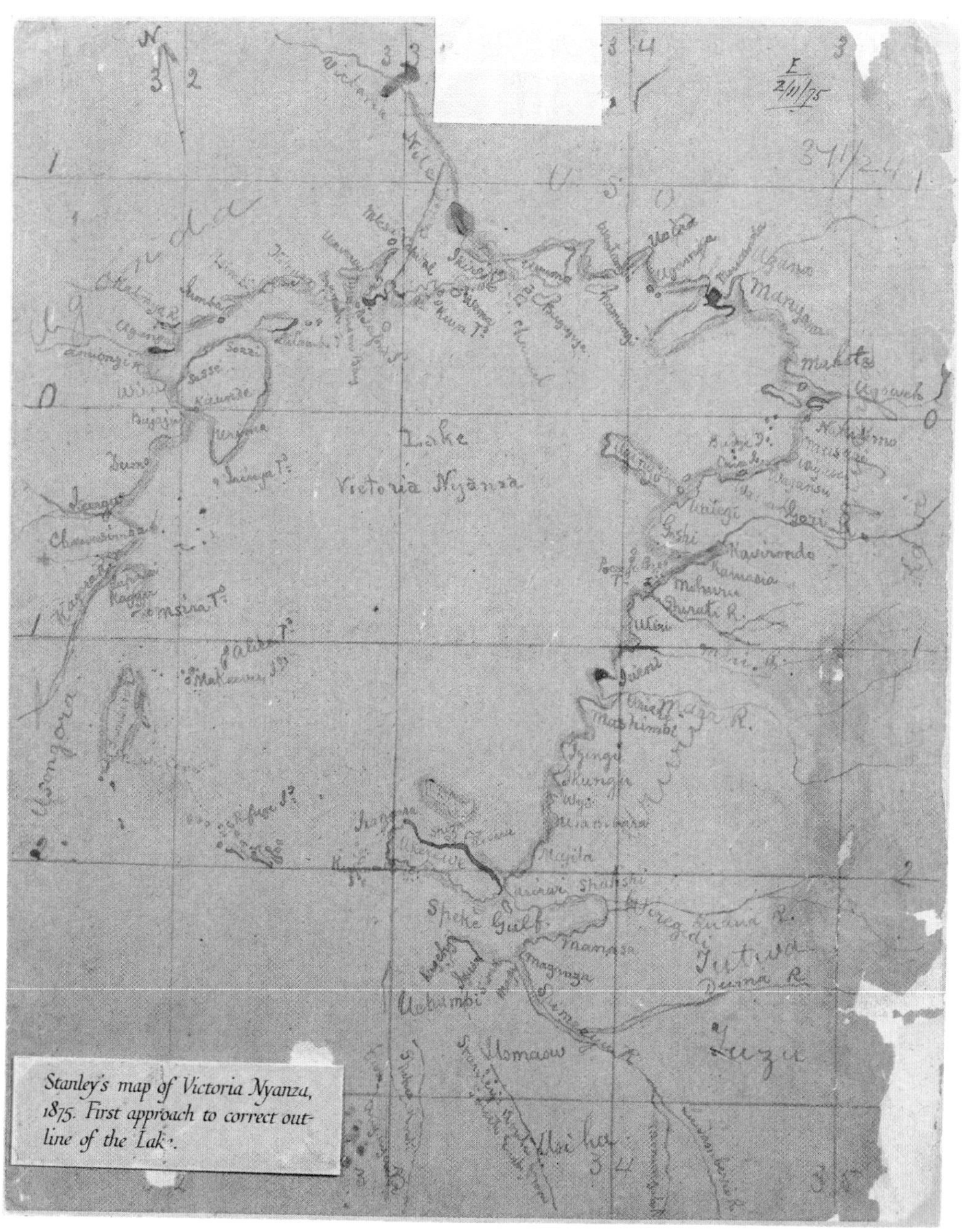

Stanley's map of Victoria Nyanza, 1875. First approach to correct outline of the Lake.

史丹利手绘的维多利亚湖地图，这张地图是在他1875年环游这座大湖之后绘制的，这次环游证明它是一个单独的水体，从而证实了斯皮克的论断：它就是尼罗河源头；这是维多利亚湖第一次得到完整精确的绘图。

史丹利在乌吉吉发现利文斯通后，两人在一起待了4个月，并在坦噶尼喀湖上航行，确定了鲁济济河流入这个湖泊而不是流出它，因此它不可能是尼罗河的源头。

（Bumbire Island）居民的报复。史丹利和几个人在拜见过布干达国王穆特萨之后被扣留在那里。担心性命不保的他们设法逃脱了。后来，在回到乌干达的途中，拥有大批士兵的史丹利精心安排了一场水面上的进攻，粉碎了岛上的防御力量。虽然史丹利的确下令禁止登陆从而避免了一场很可能发生的屠杀，但是他只要平静地经过布姆别岛就能避免整个这一幕，因为岛上的居民已经没有能力威胁到他的探险队。

而且，在沿着卢瓦拉巴河和刚果河顺流而下时，史丹利记录了32场战斗。但他的部队并没有大量减员，并且没有证据表明他主动挑起了其中任何一场战斗。就像史丹利记录的那样，要么还击，要么等死。在史丹利营救艾敏·帕夏的探险行动中，当探险队穿越伊图里森林的时候发生了许多造成伤亡的小规模冲突，有时整个村子都会消失。在饥饿状态下对食物的搜寻常常让探险队员挑起当地人的对立情绪。有一次寻找食物就导致了屠杀，但他们也没得到多少食物。史丹利当时并不在场，后来才听说了

1891 年，史丹利和他的妻子多萝西在美国巡回演讲途中，他们在特制的火车车厢的车窗旁。在所有探险和旅行过后，史丹利定居在英格兰并成为英国国会的一名议员。

这一事件。当探险队带着艾敏向海岸前进的时候和瓦苏库玛人（Wasukuma）发生了战斗。瓦苏库玛人攻势凶猛，阻挡了他们好几天，直到探险队使用了马克沁机枪。然后探险队烧毁了附近的所有村庄；史丹利和其他欧洲人因此得到了“恶毒白人”的称号。

对于发生在刚果自由邦的恐怖统治，史丹利不应受到指责。虽然是他先建立了基础设施，利奥波德才能在这些基础设施的基础上建立自己的封地国家，但最终发生的事情并不是他的所作所为，而且史丹利常常警告这位国王，如果想对这片土地进行开发并使比利时人和刚果人都能受益，暴力只会损害这个目标。后来，必须承认的是，他不得不采取鸵鸟政策，对国王的干预视而不见。

今天，就像他在世时一样，亨利·莫顿·史丹利的名字会引起完全对立的反应。一些人仍旧将他视为一个在面对致命危险时展现出巨大勇气的英雄探险家。另一些人认为他代表了 19 世纪欧洲对非洲的侵略中品行最败坏的急先锋。人们对他的这些看法很可能一百年后也不会改变。

第四章

极地冰雪

弗里乔夫・南森

爱德华・威尔逊

罗尔德・阿蒙森

沃利・赫伯特

北极，这片冰雪之地的边缘和它丰富的海洋生物已经为人熟知了几个世纪。因纽特人和其他原住民在人类涉足的最北端生活了上千年，已经掌握了它的行为方式并学会了如何在这里打猎捕鱼。维京人也很了解它，并在它周围航行了极远的距离，寻找新的土地。18 世纪中期曾经有一个理论，认为在北极圈正中间是一片开阔的海域，如果能够到达那里，就能发现一条直接通向太平洋的航道。1773 年，康斯坦丁・菲普斯上校受命率领两艘英国皇家海军舰艇调查这条航道的可能性，虽然他们只到达了北纬 80°48′，但他们的发现帮助了后来的旅行家。

北极点在此后的一百多年仍然不为人知。大多数努力都投入到了寻找传说中的西北航道上。在众多探险中，最为悲惨的是约翰・富兰克林 1845 年进行的尝试，129 名船员以及两艘大型蒸汽船在北极的失踪非常有名。与此同时，向北极点进发的征途也开始有了一些进展。詹姆斯・罗斯在 1831 年定位了磁北极，当时它位于布西亚半岛附近的陆地上；1875–1876 年，乔治・内尔斯率领两艘舰艇进行了最后一次海军北极探险，并到达了北纬 82°29′。

直到 19 世纪末，极地探险的伟大时代才刚刚开始。两个挪威人引领着这个时代。弗里乔夫・南森意识到北极点周围存在围绕它旋转的强劲洋流，于是他设计了特殊结构的弗拉姆号船，试图随洋流漂到那里。当这一计划不奏效的时候，他和一个同伴下了船，试图乘雪橇抵达北极点，然而再一次失败了，只来到了北纬 86°13′[①]，而令人震惊的是他们居然徒步走了回去。南森的门徒罗尔德・阿蒙森在 1906 年乘船穿越了西北航道，他是第一个这么做的人，然后他将注意力放在了北极点上，但是弗雷德里克・A. 库克和罗伯特・彼利已经先后宣布抵达北极点，于是在最后一刻他决定掉头向南。

---

① 原文如此。此处所提数据与后文《弗里乔夫・南森：北极探险家和外交官》中数据不一致。——译者注

左页图：1910–1913 年的英国南极探险除了要努力到达南极点之外，这次探险也有科学目的。在赫伯特・庞廷拍摄的这张照片中，探险队员正在设法乘一只小船通过浮冰，试图抵达帝企鹅的聚居区。

南森极地探险队的成员：西格德·斯科特·汉森、弗里乔夫·南森和奥托·斯维尔德鲁普在弗拉姆号的后甲板上休息，他们正试图随浮冰漂流至北极点。

对于主宰地球的人类来说，荒凉的北极和南极冰原被视为身体上的终极挑战。后来的极地探险家没有贪婪的征服欲望，也不需要取得当地人的臣服，他们只和自然元素做斗争。而且无论在南极还是北极，他们的目标都是确定的：极点。对于这场竞赛来说，国家荣誉成了它的核心。美国人对北极的胜利志在必得，而英国人在南极的表现非常优秀。欧内斯特·沙克尔顿和罗伯特·福尔肯·斯科特是这个时代最知名的人物，他们为抵达南极点付出了许多努力。爱德华·威尔逊和他们两人都旅行过，但最终他和斯科特的探险队却被阿蒙森先拔头筹，他本人与斯科特在返程中一起蒙难。

威尔逊称得上是最伟大的探险家，因为除了是勇者中的勇者，他还是一位科学家、医生、博物学家和画家。他在去世时的帐篷中保存的一块地质标本证明，南极大陆曾一度是温暖的。

沃利·赫伯特生活和探险的年代比这些传奇人物晚了50年，他可以说是所有极地探险家中最伟大的一位。在以测量员的身份穿行探索了南极之后，他把兴趣转向了北极，并在这里进行了所有时代距离最长最为重要的极地穿越探险。在无意的情况下，而且他们当时也并不知情的是，他和他的探险队很可能成为了第一批抵达北极点确切位置的人，罗伯特·彼利1908年的成就如今受到了严重的质疑。

拉塞尔·波特/撰

弗里乔夫·南森

北极探险家和外交官

（1861–1930年）

也许他们听说了这是一桩光辉的事业；但是为什么？
最后的目标是什么？……但他们的目光完全被船所吸引，那里
仿佛出现了一场转瞬而逝的图景，呈现了一个全新而且无从想象的世界，
而这个世界只有通过追求这种他们知道毫无实际价值的事情才能到达。

弗里乔夫·南森，《最远的北方》，1898年

在所有的探险史上，弗里乔夫·南森博士的名字都是最独特的存在；和那些为了得到极地英雄的桂冠而愿意舍弃一切——他们的财富、道德良知和健全心智——的人不同的是，南森保留了所有这三样东西。如果他的探险成就不是那么非凡的话，他作为一个有高度文化和艺术修养的人、一个人道主义者和一个世界公民的名望也许完全可以超越他在北极取得的成就。

作为一个著名律师的儿子，南森本可以轻松地享受安逸舒适的生活，然而他是如何发现自己对北极广袤荒原的欲望的呢？1861年出生于弗罗恩的南森擅长科学和绘画，这两门课程他在奥斯陆大学都有学习，并最终以动物学为专业。在他职业生涯的早期，他在一艘挪威猎捕海豹船上待了四个星期并沿着格陵兰的东海岸航行；这次航行开始点燃了他对遥远北方的热情。他随后被任命为卑尔根市博物馆馆长，在那里工作了6年，并成为了一名北欧式滑雪高手。他正是在这里孕育出了史无前例的滑雪穿过格陵兰腹地的想法。1888年夏天，南森和包括奥托·斯维尔德鲁普在内的5名精心挑选的队员踏上了41天的旅程，他们穿过了覆盖着冰雪的裂缝和令人却步的山峰，到达了海拔2745米的地方。走过艰难的下山路之后，探险队最终在10月抵达阿梅拉利克峡湾，并在一致的赞扬声中回到挪威。

穿越内陆冰雪的探险——1888 年 7 月至 1889 年 5 月的格陵兰探险中拍摄的一张照片。

漂流到极点

尝到胜利滋味的南森很快得到了下一次探险需要的支持，这次探险将更加显示出南森的雄心勃勃。南森知道北极的冰盖本身是在不停移动的，他专门委托建造了一艘特殊结构的船，它要故意被围在浮冰之中并且能抗击冰块的冲击。他希望这艘船能与浮冰一**起**移动，而不用**穿过**这些冰雪，从而漂流到极点。这艘船由海军最棒的造船师科林・阿切尔设计以达到南森的要求，它就是弗拉姆号（“前进”号）；使用了厚重的橡木船壳板和大量内部支柱，她将是有史以来建造的最坚固的木船。

许多人对南森的计划提出了公开的批评。其中表示最强烈反对的是美国探险家阿道弗斯・W. 格里利，他声称这个计划冒险到了鲁莽的程度，他还认为北极点附近存在方圆几百英里的大片陆地；此外坚不可摧的船只这个概念本身就是胡说八道。有许多杰出人物赞同他的这一观点，如探险家和植物学家约瑟夫・胡克爵士、乔治・H. 理查

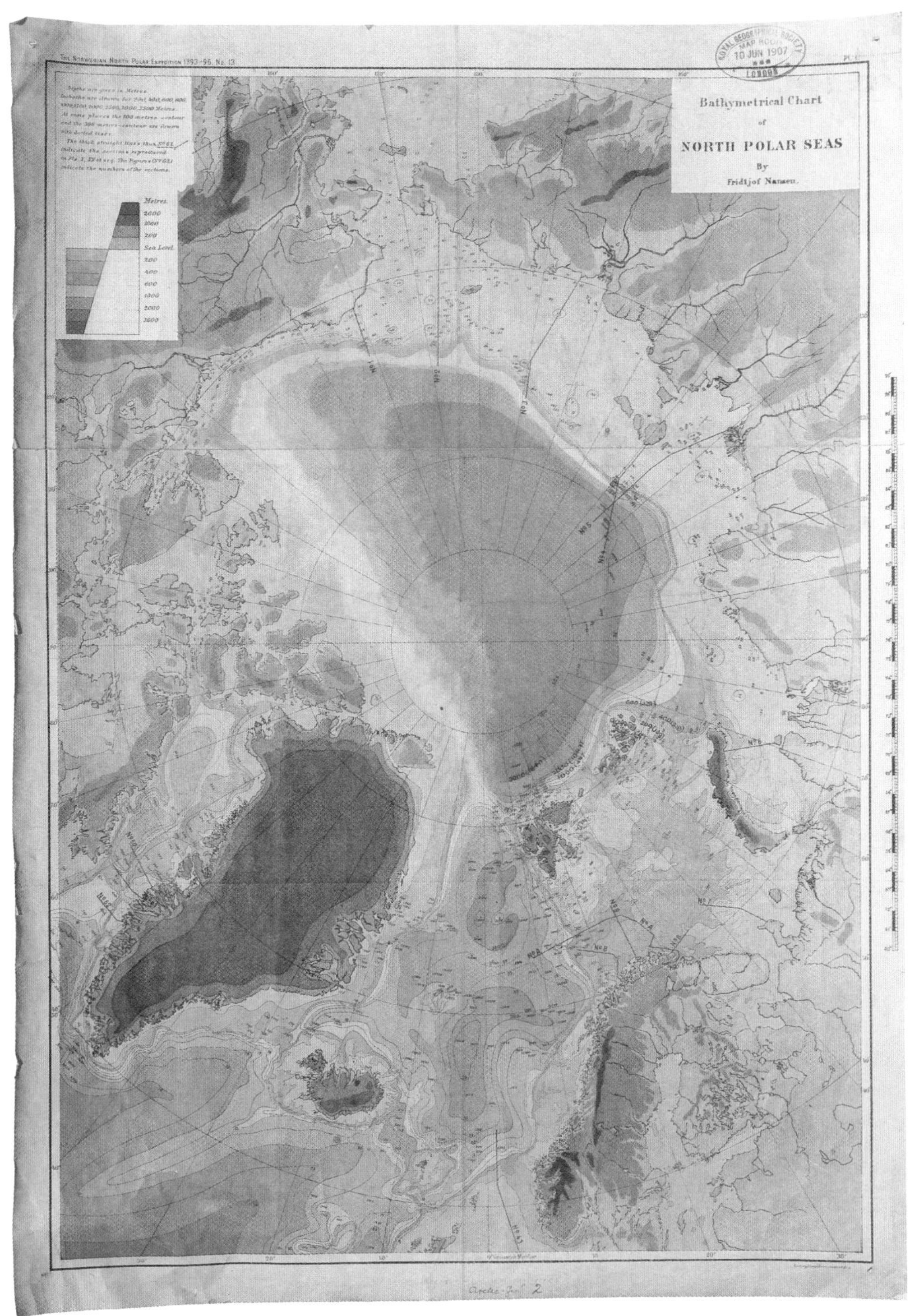
The Norwegian North Polar Expedition 1893–96. No. 13
Bathymetrical Chart
of
NORTH POLAR SEAS
By
Fridtjof Nansen.
Metres.
2000
1000
200
Sea Level.
200
400
600
1000
2000
3000

上图：卡在冰中的弗拉姆号：南森的计划是让船被冰困住，然后被冰带着漂流至北极点。

左页图：一张记录了北极海域深度的海底地形图，南森根据 1893–1896 年的北极探险所画。

兹上将和艾伦·杨爵士。作为对他们的报复，南森在描述自己航行的书中引用了他们的批评。

1893 年 6 月 24 日，弗拉姆号从挪威东北部的一个偏远小镇瓦尔德启航出发。南森发现这艘船能够从容地应对浮冰，在冰面上扭转腾挪，“好像大盘子上的一个球”，它还发现了其他船只不可能发现的通道。他们从新地岛南部经过，穿过了喀拉海；9 月 22 日，他们在诺登舍尔德海进入极地冰。就像计划中的那样，他们往西北漂流而去，然而两天之后漂流逆转了方向，然后停了下来，然后又开始漂流。极地冰并不是不间断地向西北旋转漂流，在洋流、风和地球自转的影响下，它的运动很不稳定。因此，虽然这场速度慢的折磨人的漂流整体上的方向是对的，但是他们不可能借此抵达北极点。

南森随即做了一个大胆的决定：和希尔玛·约翰森一起，他要做一次陆上冲刺，让其余的人留在船上等待冰融或救援，然而这两件事起码一年之内都不会发生。南森重读了富兰克林不幸的1845年探险的记述，那次探险中所有129人都消失在了北极的冰原中。经历过北极的严酷之后，他对这些人又有了新的敬意；虽然他们在技术水平上受到限制，但他们都是充满了勇气的人。毕竟，“出生在一个不知道如何使用雪鞋的国家并不是他们的错”，南森这样写道。

陆路跋涉和返程

1895年3月14日，南森和约翰森离开弗拉姆号；他们带了三副雪橇、两艘竹结构橡皮船和28条狗。经过精心的计算后，南森带了足够30天的狗粮，并计划在狗粮吃完后逐渐把狗杀掉给剩下的狗当食物，这样还可以再坚持50天；80天之内，他们一定能“到达什么地方”。他们乘雪橇向北疾驰而去，穿过一片冰脊迷宫，向南漂来的浮冰常常抵消他们的许多进展。4月8日，约翰森说服南森相信再向前的话就不可能返回去了，南森停了下来。他们停在了北纬86° 14′，是人类当时抵达的地球最北端——但这看起来还不是胜利的时刻。

回程之旅比任何一个人所能想象的还要漫长和艰难。它将持续70多个星期，包括在一个未知岛屿上度过的冬天，他们在路上以海象脂肪和北极熊的肉维持生存。他们的表已经不走了，所以他们无法确定自己所在的经度。直到他们碰到了前来调查法兰士约瑟夫地群岛的英国探险家杰克逊－哈姆斯沃斯才知道自己身在何方，他们的目标斯瓦尔巴群岛还在遥远的西面。搭上杰克逊的船后，他们在1896年8月13日回到了探险的出发点瓦尔德，一周之后，弗拉姆号在斯维尔德鲁普的指挥下抵达谢尔沃于，全体船员安然无恙。

在他后来的外交官生涯中，南森在伦敦成为独立挪威的第一位大使（1905–1908年），并同时进行了几次重要的海洋探险。第一次世界大战后，他参与了国际联盟的建

在北极之旅中，南森使用他特制的仪器测量深水温度。这张照片原来的标题是“深水温度。‘提出温度计！’1894年7月12日”。

立。1921年，作为难民事务高级专员，他为无国籍人士创造了“南森护照”，并最终受到52个国家的承认。1922年他被授予诺贝尔和平奖。1930年5月13日，南森在位于挪威莱萨克的家波尔赫格达（Polhøgda，意思是“北极光”）中去世。

《南极时代》第一卷扉页，出版于1902年4月，由沙克尔顿编辑，威尔逊负责绘制书中的插图。所有探险队员都可以在上面投稿，这本杂志是在探险结束之后发行的，用来为探险提供资金，每本7个几尼[①]。

---

① 几尼，英国旧货币单位。——译者注

伊泽贝尔・威廉姆斯/撰

爱德华・威尔逊

科学家、医生、博物学家、画家
（1872–1912年）

我无法用语言来形容比尔・威尔逊。
我相信他是我遇到过的最好的人。
罗伯特・福尔肯・斯科特，1911年10月22日

在20世纪初，南极洲是唯一一片未被探索的大陆，而爱德华・威尔逊是南极探险的先驱之一。作为一名博物学家、画家和医生，他是斯科特两次南极之旅中唯一的文职专员。威尔逊参加过许多早期的旅行并发现了在极寒天气拖拽雪橇车的艰苦。1902年12月，他跟随斯科特和沙克尔顿来到了“最遥远的南端”，而他对帝企鹅的迷恋让他进行了一次非凡的突袭并得到了几只蛋，这是第一次有人在南极洲的严冬这么干。1912年，他和斯科特以及三名同伴抵达南极洲。这5名英国探险家在返程途中全部不幸罹难。

威尔逊出生于切尔滕纳姆，他的家庭充满了实干家：他的曾祖父在铁路和土地上发了财；他的母亲是一位画家和作家；他的一位叔叔少将查尔斯・威尔逊爵士指挥了从喀土穆营救戈登的行动。但年轻时候的威尔逊并不想进入商界、军队或是去探险。他先后在剑桥和伦敦的圣乔治医院学习医学，想成为一名外科医生。然而他患上了严重的呼吸系统疾病，后被诊断为肺结核，这让他必须重新考虑自己的职业目标，而这时斯科特的发现号探险队向他提出邀请，请他担任随队医生、动物学家和画家，前往南极洲探索并科学地记录这片神秘的大陆，这个职位简直是为他量身定做的。斯科特后来写到，威尔逊的加入是他最感恩的事情之一。

发现号，1901-1904 年

发现号探险队的目标是打开南极洲内陆的大门，并做出真正的科学、地理学和地志学发现。威尔逊是一个著名的肯干的人，他在船上画画，进行自己的医学和动物学研究，参与船上的工作，收集气象资料并参与探险。此外，他的调解能力也极大地促进了远征队的和谐。探险会让人们的自我意识膨胀，难以与他人相处。威尔逊是一个虔诚的教徒；他愿意为自己的伙伴服务。他扮演的从来都是促进者的角色，从未希望取得领导权。

在艺术上，威尔逊遵循的是约翰·罗斯金"事实呈现"的训诫，他认为这比文字的描述解释更加重要。在发现号探险中，他绘制了两百多幅作品，其中包括对罗斯冰障、维多利亚地以及南极洲鸟类和动物的一丝不苟的精确描绘。他是最后一位大型探险随队画家：摄影技术的发展很快就让照相机成了记录未知大陆沉静美景的实用工具。

罗斯冰障是南极大陆外围的一座冰架，它的面积跟法国一样大。当发现号探险队

停泊在冬季驻扎地麦克默多湾的发现号，威尔逊一张未注明日期的水彩画。威尔逊在这次探险中画了许多画，试图努力捕捉燃烧般的橙色至柠檬色天空以及闪烁着浅蓝色光辉的冰。

威尔逊画的帝企鹅卵。这些鸟类的生活史是威尔逊在发现号探险中最感兴趣的科学问题。

抵达南极洲的时候，它的性质还无人所知，斯科特1902年的南极之旅提供了第一个支持这一论断的证据。斯科特出乎意料地选择了威尔逊作为他的同伴去往最遥远的南端；显然，跟这个既聪明又能给人帮助和支持的人待在一起，他感到更为自在。威尔逊还想再加上一个人，他的朋友欧内斯特·沙克尔顿被选中，沙尔克顿自己日后也将成为南极探险史上的名人。由于船上的其他成员爆发了坏血病（维生素C缺乏症），他们的出发被迫延迟。这次耽搁让南极点成了遥不可及的目标，但是三人仍然希望尽可能地深入内陆。

这次南方旅行在支援队和19条狗的陪伴下开始出发，他们的进程一开始非常顺利，斯科特提前于原计划就让支援队返回了，留下三人和他们的狗以及雪橇继续穿越这片冰障。然而虽然开头充满了希望，后来的路程很快就变成了漫长而痛苦的忍耐。他们在这片白茫茫的冰原上走了29天，每向南前进1英里就要走3英里的路程。当

威尔逊正在特拉诺瓦号探险中画一幅素描。这张照片是随队摄像师赫伯特·庞廷所摄，他拍摄了许多美丽的南极洲照片。

陆地终于在西南方向出现时，他们决定驶向它。威尔逊如释重负，不用再想着为了创造最南纪录而进行艰苦乏味的旅程了。他们最终到达了南纬 82° 12′，并且必须在此返程，因为食物补给不够了。他们也无法从罗斯冰障登上南极大陆，因为二者之间有一条巨大的峡谷分隔。威尔逊注意到了潮汐冰裂的存在，这说明罗斯冰障实际上是一座漂浮冰架。他们没能达到所期望的成就，但是已经抵达了当时“最遥远的南端”，并且记录了罗斯冰障西边维多利亚地的广阔山脉。

在发现号探险队于 1904 年回到新西兰之前，威尔逊又做了几次探险。他在南极发现了帝企鹅的蛋，说明虽然这里极度寒冷并且寒风呼号，但是帝企鹅仍然在南极洲进行繁殖。威尔逊需要刚刚产下的卵进行他的研究，但他这次没能得到新鲜的卵，这也是他后来重返南极洲的原因之一。尽管如此，他仍然取得了重要的成就。他已经探索了最遥远的南端，记录了南极洲的野生动物，揭露了罗斯冰障的真正性质，并且成为了第一个对维多利亚地内部山脉进行观测的人。

在参加发现号探险队不久之前，威尔逊娶了他的一生挚爱奥里安娜·索帕。她在新西兰等待他回来，“像从前一样美丽”，这对夫妇在新西兰度过了迟来的蜜月，他们立即爱上了这里，并希望能够再次回来。

威尔逊首先是一名科学家，他回到英国之后的工作和他仔细耐心观察的习惯完全相符。1905年，他被任命为“松鸡委员会”的现场工作人员，成立这个委员会的目的是找出导致英格兰北部和苏格兰荒野中的红松鸡大量病死的原因（猎松鸡这项运动对于苏格兰的经济非常重要）。勤劳肯干的威尔逊夜以继日地在荒野中调查，近距离地观察这些鸟类。他最终发现了病因——一种蛲虫，并提出了阻止病情蔓延的措施。1907年，他意外地接到沙克尔顿的邀请，沙克尔顿请他作为自己的副指挥官参加重回南极洲的探险。威尔逊拒绝了：他不是那种抛下未完成工作的人。他权威性的松鸡报告在1911年终于面世；而威尔逊没有机会见到它的发表。

特拉诺瓦号，1910-1913年

1910年，威尔逊参加了斯科特的特拉诺瓦号探险队，他又一次向南极进发，这一次他的身份是随队科学家的负责人。留给他画画的时间很少，但他参加了两次任务，一次是纯科学性质的——在南极洲的严冬中偷袭并获得帝企鹅的胚胎标本，第二件任务就是去往南极点。

在上一次南极之旅中，威尔逊已经意外地发现了帝企鹅是在南极洲的严冬中繁殖的。这一次，威尔逊、“小鸟”·鲍尔和阿普斯利·彻丽-加勒德三人冒着微乎其微的机会前去寻找帝企鹅的繁殖地。这场持续5个星期的探险比威尔逊所能想象的还要糟。在黑暗中，他们在沙子似的雪上冒着冷酷的严寒艰难跋涉，温度计曾记录下零下59℃的低温。威尔逊想得到刚生下来的卵，以便研究鸟类是从恐龙进化而来的理论，他相信帝企鹅的早期胚胎能够显示这种进化留下的证据。他最后只得到了三枚蛋。一场暴风雪把三个人困在了他们自己建造的俯瞰帝企鹅栖息地的小屋里，并且把他们的帆布屋顶和帐篷都卷走了。他们被埋在雪里整整两天，没有食物和饮料，但却唱起了圣歌。他们最终能重新找到帐篷并且返回基地本身就是一个奇迹。斯科特诗意地描述这次英雄壮举：这是一个当代传说。然而这次探险后来遭到

1911 年，完成冬季旅途的威尔逊、鲍尔和彻丽－加勒德回到了克罗泽角。他们遭受了冻伤并且筋疲力尽。

了批评——威尔逊没能借此找到鸟类和恐龙的联系，而且这次探险就发生在去往南极点行动的之前几个月。但威尔逊一定会坚决地为自己辩护。这是一次很可能得到重要发现的科学探险，他为了完成这次探险展示出了坚定的决心。

英国人如今知道了他们正在和罗尔德·阿蒙森（见第 208 页）领导的一支挪威探险队进行目标为南极点的竞赛。他们在 1911 年 11 月出发晚于挪威人出发，因为他们的马出现了问题。斯科特走的是沙克尔顿 1908 年的路线。他按照已经公开发表的计划进行这次行动，开始共有 16 人向极点前进，然后按照顺序将小股人员撤回。威尔逊经常给奥里安娜写信，告诉她自己多么希望被选中参加最后的极点冲刺。英国人以为挪威人走的也是沙克尔顿的路线，因此还觉得已经走在了他们前头，所以当他们终于在 1912 年 1 月 16 日抵达南极点时，那里已经矗立起的一面黑色旗帜残忍地粉碎了他们所有的希望和梦想。事实上挪威人早在一个月前就来到了这里。

返程是一场名副其实的死亡之旅。营养不良、体温降低、体液流失、身体脂肪和肌肉大量消耗，他们在这种糟糕的状态下向北折回。他们最终的悲惨结果被1912年初的异常低温封存在冰雪之中。第一个倒下的人是军士长埃文斯，他遭受了上述的所有苦痛，可能还要加上手上一个伤口造成的细菌感染，是他在操作雪橇时割伤的。"提多"[①]·奥茨是第二个死去的人。他的最后一句话是他要出去转转。威尔逊、斯科特和"小鸟"·鲍尔在他们的帐篷中慢慢地死去，那里距离下一个埋藏食物的石堆只有18千米。

尖顶帐篷的素描图。只有一个人可以舒服地站着，而且他们共用一个睡袋。

1912年11月12日，在南极洲的春天，探险家们的遗体被发现了，同时被发现的还有他们向南极点进发以及死亡回程的记录。威尔逊的信平静而充满希望。这些信件肯定能为奥利安娜提供一些慰藉，她是从卖报纸小贩的吆喝声中最先得知这一残忍消息的。威尔逊期待着来生。"不要难过——所有这一切都是出于好意。我们在上帝安排的计划中扮演着属于自己的那一部分，一切安好。"

起初，英国被这场悲剧震惊了，然而随着探险家们英雄行为的细节在全世界得到披露，人们受到了他们成就的鼓舞，悲伤也部分被自豪感所代替。英雄的南极探险时代的火焰熊熊升起。

① 提多，《圣经》中使徒保罗的门徒和秘书。——译者注

拉塞尔·波特/撰

罗尔德·阿蒙森

向极点进发的炽热雄心

（1872–1928年）

奇怪的是，在约翰·富兰克林的记述中，最强烈地吸引我的部分是他和他的队伍所承受的磨难。一种奇怪的志向在我体内燃烧，我也希望承受同样的磨难。年轻人的理想主义常常演变成殉道式的自我牺牲，也许这种理想主义以北极探险的方式进驻了我的心头。

罗尔德·阿蒙森，《西北航道》，1908年

那些在北极和南极都探险过的人中，罗尔德·阿蒙森取得了最不平凡的成就。第一个驾船走通西北航道，第一个到达南极点，而且很可能是第一个从空中俯瞰北极点的人，阿蒙森完成了他所钦佩的人的梦想，最后以一次冰雪之中的神秘失踪作为了他伟大成就的句号。然而，在他的一生中，他很少得到其他极地探险家所得到的掌声和称赞：英国人冷落他（在皇家地理学会，他抵达南极点的消息迎来了三声欢呼——为他的狗）；美国人憎恨他；而且虽然他的桂冠在挪威受到欢迎，但他从未享受过南森（见第194页）所得到的那种崇拜。造成这种情况的部分原因也许在于，从个人角度来讲，他是一个有些冷漠孤僻的人，他的个性带有一种骄傲的情绪，不能忍受哪怕一丁点儿不忠诚的迹象。他还很钦佩因纽特人，并向他们学习在极地生存的技巧，这极大地帮助了他的旅行，然而对于那一代的英国探险家们来说，这好像是一种侮辱，他们对于土著文化持有一种轻慢的态度，并且认为人才是前进的理想动力，而不是狗。

1872年7月16日，罗尔德·恩格尔布雷格特·格拉夫宁·阿蒙森出生于厄斯托尔（Østold）的博尔格，当时的挪威处于瑞典的统治下。他的父亲是一个造船主，所以看起来他家庭的行业正好适合他去做一个探险家；然而他的母亲意识到了他的智力天赋，想让他成为一个医生。他向母亲承诺完成她的心愿，同时为他心目中的理想事业

1897–1899 年比利时北极探险中站在雪橇上的阿蒙森。当探险队开始困在冰雪中的时候，阿蒙森通过捕获新鲜肉食保证了他们的生存。

做秘密准备。在阿蒙森 21 岁的时候，母亲的死让他能够离开大学，开始实现自己的梦想；四年之后，也就是在 1897 年，他志愿参加了比利时北极探险，并在那里为美国医生弗雷德里克·A. 库克服务。当他们的船贝尔吉卡号被冰困住的时候，他们成了第一批在南极过冬的人。这次计划外的逗留被阿蒙森充分利用了起来，他进行了一系列短程旅行，研究海冰，设计并建造帐篷，还捕猎海豹和企鹅。他让同行的船员们见识了挪威式长雪橇和雪鞋，他们都觉得这些比加拿大的雪橇雪鞋更好。阿蒙森还在伙食问题上帮了库克一个大忙，他保证了新鲜肉食的稳定供应，阿蒙森坚决要求船员们吃下它们，这些肉保住了他们的命。

西北航道

对于极地探险的兴趣被完全点燃之后，阿蒙森开始着手计划他自己的探险，希望完成穿越西北航道的儿时梦想。除了这个浪漫的原因之外，阿蒙森还急于为这个目标寻找一个可靠的科学理由，并强调这次探险的主要目的是进行磁力观测，特别是确定北磁极的位置。他得到了地磁学一流专家的支持，而且——更重要的是——已经树立起挪威第一极地探险家美名的南森也支持了他。就像大多数此类行动一样，资金是最难弄到的东西。在特罗瑟姆弄到了一艘坚固的拉网渔船格约阿号之后，阿蒙森被迫借债为这艘船提供全套装备和给养。除了自己之外，他只招募了 6 名船员，并带上了足够 5 年的给养，因为他认为北极的冬天将超过两或三个季度。1903 年 6 月 16 日，在夜幕的掩映下，阿蒙森启航了——正赶在曾经威胁过他要在次日早上占领这艘船的债主们前面。

尽管阿蒙森穿越西北航道的行动是受到了英国海军探险，特别是约翰·富兰克林爵士探险的鼓舞，但是从许多方面来说，他的计划跟他们的完全相反。英国人派出两艘大型舰艇以防损失其中的一艘；阿蒙森只有一艘小船，船员数量也只相当于富兰克林探险的一小部分。海军船员完全依靠船上储存的给养，而阿蒙森则计划打猎，尽可能地补充新鲜肉食。最强烈的不同在于他们对因纽特人的态度。虽然在迫不得已的时候接受了因纽特人的帮助，但是英国探险家们将这些“爱斯基摩人”视为没有什么东西值得学习的原始人。尽管阿蒙森也认为欧洲文明在大多数方面更加高等，但他清楚因纽特人几千年积累下来的经验对于任何一个希望在极地地区顺利生活和旅行的人都是无价之宝。

阿蒙森沿着富兰克林的路线穿越了兰开斯特海峡，并顺道拜访了富兰克林部分船员在比奇岛（Beechey Island）上的坟墓。沿着磁力装置确定出的路线，他从那里向西南行驶，穿过了皮尔海峡，并开向威廉国王岛的东侧海域，而不是富兰克林路线中的西侧。这让他穿过了越来越浅的海水；在马蒂岛（Matty Island），格约阿号搁浅了，阿蒙森被迫扔掉了 25 箱狗肉干肉饼。富兰克林的舰艇比阿蒙森的小船吃水深度大得多，这段经历说明富兰克林不可能通过阿蒙森的这条路线。

正当他们沿着威廉国王岛的东南海岸小心地航行的时候，汉森上尉在桅杆瞭望台上叫喊自己发现了“世界上最小的港湾”。阿蒙森将其命名为“格约阿哈恩”（格约阿安全港），在接下来的两个冬天，这里将成为他们的操作基地。这里距离磁北极只有

145 千米，阿蒙森认为这是一个进行磁力观测的理想地点。直到进入秋天之后他们才首次遇见因纽特人。他们和因纽特人交易得到了食物，后来又得到了驯鹿皮做的衣服；阿蒙森和他的手下每人都得到了一件从头到脚的全副套装，他很快就意识到这比欧洲人的衣服更加暖和、舒适和耐久。不过，他仍然经常称呼因纽特人为“石器时代”的人，并禁止他的手下和因纽特男人的妻子们发生个人联系，以防他文明的世界观和他们原始的世界观之间那道无形而紧要的界线被打破。

在威廉国王岛舒适的小港湾中度过的两个冬天足以进行阿蒙森计划的磁力观测，而尽管他努力让因纽特人和自己的探险保持距离，但当他和他的手下终于要向这个地方说再见的时候，他还是有些伤感。阿蒙森继续走完了西北航道，在后续航程中没有

两个生活在格约阿哈恩的因纽特人，普雷德里克和他的妻子德拉加。这张 1903 年的照片拍摄于阿蒙森的西北航道探险中。

阿蒙森的手下正在炫耀他们临时自制的“专利护目镜”，他们位于南极洲基地弗拉姆海姆的餐饮区。

遇到任何大的阻碍，他将这归功于良好的计划，然而对于追求了这个目标一百多年的英国人来说，这似乎有些不公平。当他们抵达阿拉斯加的育空堡时，旅程终于走到了终点，然而阿蒙森却发现那里没有电报，他无法把自己的胜利向世界宣告。于是他被迫乘雪橇向南走了大约320千米，来到伊格尔城。不幸的是，有一个接线员把电报传给了一名新闻记者，阿蒙森卖掉自己故事独家专有权的希望破灭了。不过，新闻报道让他迅速成名；皇家地理学会在1907年授予了他赞助人奖章，而挪威国会经过投票决定提供40 000挪威克朗支付他的花销。

南极竞赛

阿蒙森从来不是安稳地躺在桂冠上的人，他迅速制订了一个去往北极点的计划，并利用刚刚获得的名声快速地进行了准备工作。南森给予了他极大的支持，贡献出弗拉姆号供他使用，而上一次那些曾经向他发出威胁的供应商则渴望把他们的名字和这

上图：阿蒙森在南极点探险中携带的挪威国旗，下图飘扬在极点帐篷顶端的就是它。

下图：1911 年 12 月 14 日，位于南极点的成功探险家们。阿蒙森本人在左边。这张照片是奥拉夫·比阿兰德拍摄的，当时的原始摄影底片只洗出了唯一一份照片。

次行动联系起来。然而库克和罗伯特很快先后宣布抵达了北极点，阿蒙森迅速改变了计划，但一直等到弗拉姆号上了路才告诉他的船员们南极点现在是他们的目标，而不是北极点。他向斯科特上校发了一封电报，后者此时已经上路进行自己同样目标的公开南极探险，但是阿蒙森没让别人知道自己的计划，甚至是自己的支持者们。

1911 年 1 月 2 日，阿蒙森和他的船员带着一个便携式庇护所和 97 条精挑细选的雪橇犬抵达鲸湾并在那里建立了一个营地，他将其命名为“弗拉姆海姆”。阿蒙森立即开始为自己在南极的跋涉囤积物资，并为迟迟不肯到来的南极洲春天焦躁万分。他最早在 9 月 8 日进行了一次不成熟的尝试，结果在零下 58℃的低温面前不得不撤退，他的狗冻死了两条，他的手下也遭受了严重的冻伤。10 月 19 日，他们进行了第二次尝试，并于 11 月 11 日抵达毛德皇后山脉。在艰难地爬上阿克塞尔・海伯格冰川之后，他们在此扎营并杀掉了二十多条狗来喂养幸存的 18 条。他们向南穿过了危险的裂缝，由于能见度极差，阿蒙森不得不依靠航位推算法来辨别方向。让他高兴的是在 12 月 8 日阳光突然出现，使他能够进行观测，显示他们已经到达了南纬 88° 16′。1911 年 12 月 14 日，他们花了不到一周的时间抵达了南极点。阿蒙森在那里待了 3 天，建立了一个他命名为“波尔海姆”的营地。他们在返程中的大多数时候走的是夜路，由于负载变轻了，他们走得更快，于次年 1 月 25 日抵达弗拉姆海姆。尽管第一个抵达了南极点，但是当阿蒙森听到斯科特的死讯时仍深感震惊，说“如果能够使斯科特上校免于惨死，我甘愿放弃任何荣誉或金钱”。然而，许多英国人仍然认为阿蒙森没有公平竞赛，他是在虚假的表象下秘密启程的，并且用的是狗而不是人来作为动力。

飞过北极点

阿蒙森并没花多少时间品味自己的胜利，再经过一些改动之后，他马上进行了之前的北极点探险计划，试图用毛德号从东北方向抵达北极点。虽然经过了仔细的计划，但是毛德号却困在了北极地区厚厚的冰中，阿蒙森没法把它弄出来，他被迫回到挪威并将注意力转移到了极地航空探险上。从空中抵达北极点的想法并不新鲜，但由于技术条件的限制，之前的尝试者都遭到了可怕的失败。S. A. 安德烈曾试图在 1897 乘热气球抵达北极点，却不幸遇难身亡，而沃尔特・韦尔曼在 1907 年和 1909 年使用飞船的努力也只是代价高昂的失败。阿蒙森对航空旅行并不陌生，他在 1912 年就取得了挪威第一个飞行执照，这次他希望使用安装上滑雪板的飞机进行探险。

他的第一批试验很快就结束了，飞机的着陆装置在落地时完全崩溃了。后续的试验由于缺乏资金而受阻，直到阿蒙森发现了一位有能力的实业家朋友林肯·埃尔斯沃斯。埃尔斯沃斯向他提供了资金，供他买入两架经过特别改装的多尼尔沃式水上飞机，阿蒙森还招募了熟练的飞行员；他和埃尔斯沃斯将作为领航员。这两架飞机于1925年5月21日从斯匹次卑尔根岛出发，一路顺利地飞行至北纬88°，这已经是当时的极地航空纪录，他们也在此时用掉了一半燃油。他们尝试着陆，结果其中一架飞机摔得很严重，无法修好了。阿蒙森监督着另一架飞机的维修，这项工作持续了几个星

1926年5月，人群欢送正在起飞的挪威号上的阿蒙森，他正要向北极点飞去。虽然之前理查德·伯德宣布自己在空中抵达了北极点，但如今阿蒙森被认为是第一个做到这一点的人。

期；等到他们终于能起飞并返回斯匹次卑尔根岛时，才发现人们以为他们已经死了。

就像他之前的约翰·罗斯爵士一样，阿蒙森发现这种让人吃惊的“死而复返”为他带来了巨大的名声。认识到燃油限制和固定翼飞行器的脆弱性之后，阿蒙森恢复了使用飞艇的想法。他向为意大利空军设计了远距离飞艇的翁贝托·诺贝尔上校寻求帮助。以自己当飞行员且5名意大利人进入机组作为条件，诺贝尔同意了阿蒙森的请求。令人沮丧的是，就在阿蒙森的飞艇挪威号1926年5月出发之前，美国飞行员理查德·伯德进行了自己的北极点飞行。伯德的飞行是从斯匹次卑尔根岛出发的，并且只持续了16个小时，如今这次飞行是否真的抵达了极点广受质疑，但在当时他的说法得到了相当的信任。挪威号在伯德的飞行两天之后出发，经过了一场非常平静而波澜不惊的飞行之后，在5月11日早上9点55分抵达北极点。飞艇继续向前飞，穿过了北极冰盖，虽然当时对于北极圈外围冰层的状况有些担忧，但它还是在持续飞行超过70个小时之后于5月14日在阿拉斯加的特勒安全着陆。这是阿蒙森探险生涯的顶峰，但是他的胜利被诺贝尔蒙上了一层阴影，后者坚持认为这份荣誉属于自己，还有意大利。

两年之后，当阿蒙森听说诺贝尔的飞艇意大利号在第二次北极点飞行中坠毁的消息时，他将两人的过节搁置一旁并迅速采取了行动。他从法国政府那里得到了一架飞机和一名飞行员，于1928年6月18日在能见度很低的情况下起飞前去寻找诺贝尔。据推测，阿蒙森的飞机可能坠毁在巴伦支海上的熊岛北部，但是到目前为止搜救人员还没找到它。

拉塞尔·波特/撰

沃利·赫伯特

最后一次北极大远征
(1934–2007年)

先驱者具有一种无言的责任，他们要从旅途中带回某些有价值的东西——一张地图，一项独一无二的发现或是增进人类对地球理解的专业知识——但是这里也隐藏着一个困境：如果一个人发现了天堂，他应该把它的秘密展现给其他人么？这并不是一个简单的选择；当一个人发现了一个美丽的地方，从许多方面来说，他就为它的未来承担了责任。

沃利·赫伯特，《极地世界》，2007年

一个理想的极地探险家应该有三种能力。第一是完成探险本身必需的坚韧和理智；第二是写下生动可靠的探险记录的能力；第三是视觉感受力，用素描、照片或图画的方式描绘新奇世界的本领。能够同时具有其中两种能力的人已算少见，而沃利·赫伯特同时精通这三种能力，几乎独一无二。赫伯特领导了最后一次北极大探险，或许也是地球上最后一次伟大旅程——几个月后人类就踏上了月球。他把自己后半生的职业兴趣转向了研究、写作和绘画，留下了不同于当时其他任何一位极地探险家的持久遗产。

最为人津津乐道的是，赫伯特对极地的兴趣是被一张报纸点燃的，他当时正在长途汽车上，这张报纸从头顶的卧铺飘到了他的头上。报纸上有福克兰群岛独立调查局（FIDS，后来的英国南极洲调查局）招募志愿者的广告。这一年是1954年，而福克兰群岛独立调查局是一个盛产极地探险家的训练场。赫伯特在那里学会了驾驶狗拉雪橇，一项远距离穿越冰雪的必备技术；当没有其他任务的时候，他还在那里开始使用自己的小美术工具盒，里面包括一个颜料盒和三只毛刷。

赫伯特有一项将艺术和科学结合起来的任务，即绘制地势图。在早期，绘制这些

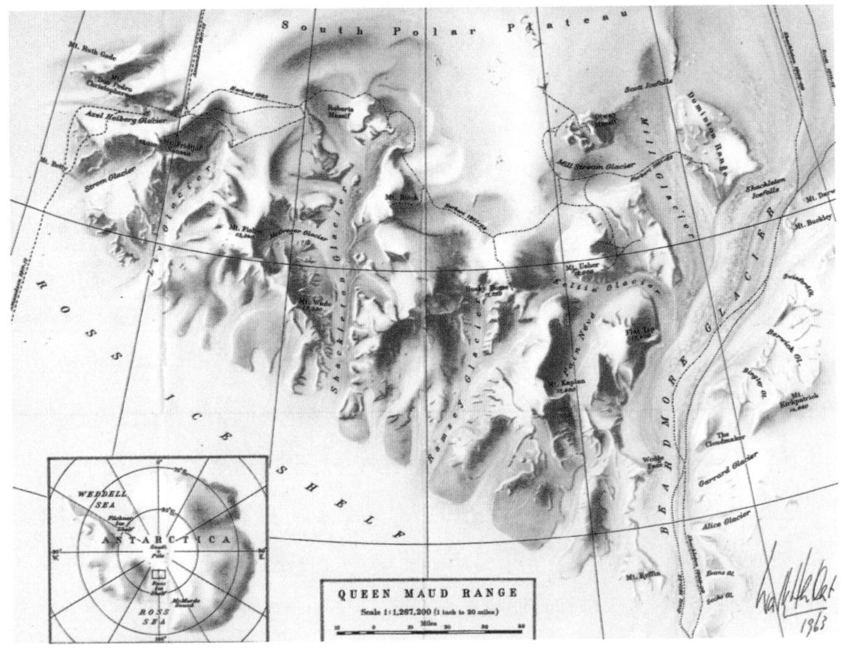

上图：赫伯特使用铅笔和手术刀创作的自画像。从他的形象中可以捕捉到极地的精神。

下图：赫伯特描绘的南极洲毛德皇后山脉地势图；他帮助绘制了这片广大未知陆地的第一批精确地图。

地势图要先准备一张薄薄地覆盖着墨的箔纸，然后使用外科手术刀以极大的耐心和专注刮去表面的墨粉，以这种方式表现出地势。赫伯特的团队绘制了毛德皇后山脉的第一批精确地图，作为团队的一分子，赫伯特熟练掌握了测量员和制图师的技能；在后来的岁月里，他把同样的绘图方法用在了绘制肖像上，充分利用了那些小心谨慎地表现光影的日子。

赫伯特在南极度过了丰富多彩且回报丰厚的学徒生活——但是为了什么呢？就像他当时痛惜的那样，南极已经没有什么好探险的了，他们的旅行线路都曾有过先例——但是北极呢？他驾驶雪橇旅行的技术可以在那里得到发挥，因纽特人的狗和当地人的技能也能帮助他。而且，虽然北极也是一片冰雪世界，但它的核心并不是一片大陆，而是一块缓慢旋转的巨大冰盖，它的兴衰变迁只得到了部分了解。

穿越北极冰盖

在当时，赫伯特坚定地相信他心目中的英雄罗伯特·彼利已经到过了北极点，但是还没有人从最长的轴线穿越北极冰盖。这样一次穿越需要比通常情况下出发得更早，只要二月的太阳能够提供每天两个小时的光照他们就要上路。然后他们要长途跋涉，经过危险的软塌塌的夏季冰雪，目标是成为第一批抵达所谓“不可到达之极地”的人，那是距离任何一块陆地都最远的一片海冰。然后他们要扎营过冬，并借用南森的想法顺着缓慢漂流的冰盖向东缓慢地移动。针对北极点本身，赫伯特轻描淡写地说道：“我希望我们能够抵达极点，但那只是附带事件而已。”

赫伯特带上了三个值得信任的同伴，每个人都经过了背景和个人品质的调查。这三人中最重要的是极地冰川学家罗伊·科恩纳博士，他曾在南极洲的霍普湾（Hope Bay）和赫伯特一起共事。这支队伍还包括南极地球物理学家艾伦·吉尔和军医肯·赫奇斯。1968 年 2 月 21 日，他们从巴罗角出发，但刚开始在不停移动的冰面上的进展比计划中的要慢。赫伯特不得不把旅程延长至夏天，那里的条件将是最糟糕的。在穿越北纬 80°之后，前面的冰中出现了一系列长长的空心通道，他们被迫偏离原来的线路 128 千米。1968 年 7 月 4 日，他们终于抵达了夏日营地，并发现这里非常有利于顺着冰盖漂移。的确，在整个夏天，他们以每天 2.4 海里的速度被冰带着行进——这比他们最后两周冰上旅行的速度还快。

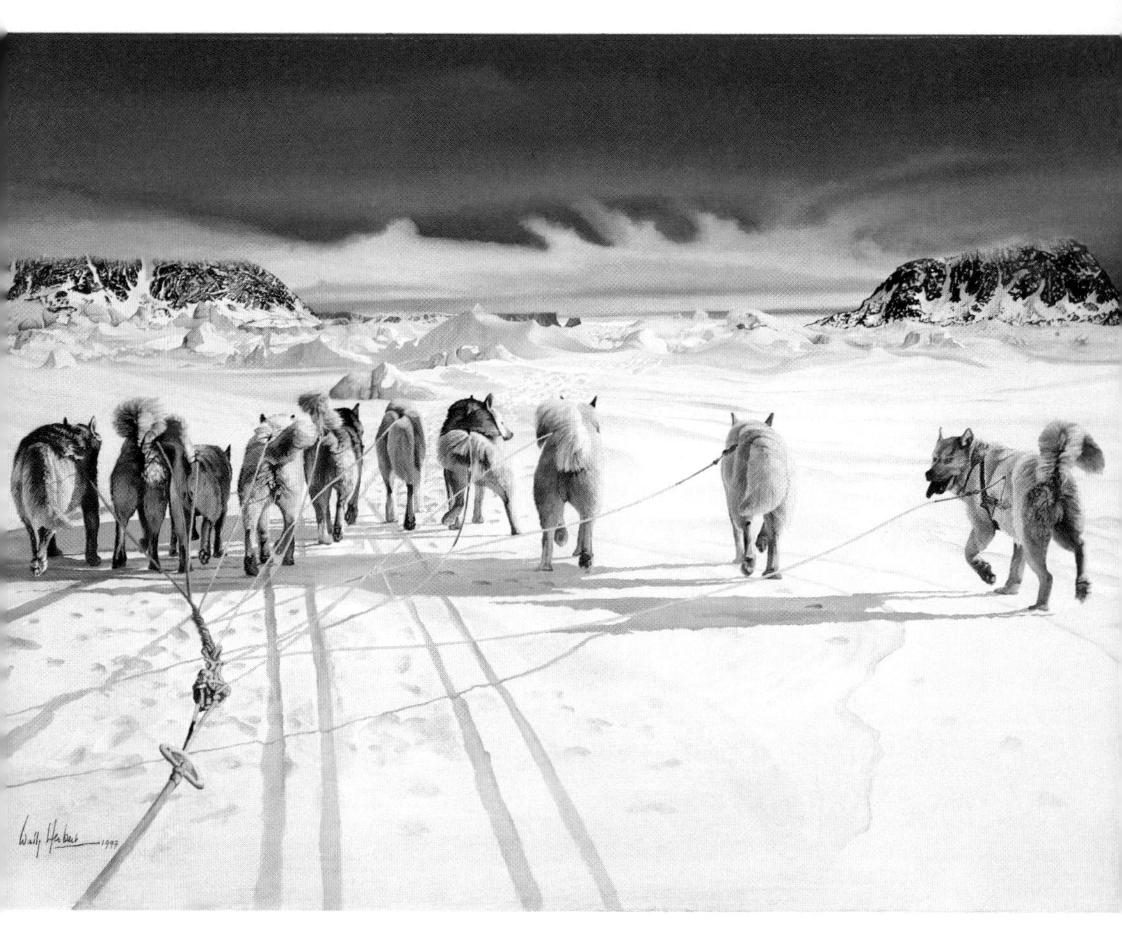

《登陆斯瓦尔巴群岛，1969 年》：赫伯特的这幅画作描绘了英国跨北极探险队完成沿最长轴线穿越北极冰盖的壮举后最终抵达陆地的情景。

然而一个更大的挑战在接下来的季节中等待着他们，在走出营地 4 天之后，吉尔不慎跌入一个雪泥坑并弄伤了自己的背。吉尔确切的伤情和严重程度难以判断；赫伯特和位于皇家地理学会的这次探险的委员会进行了一系列无线电交流，说他宁愿等吉尔自己恢复健康，也不要进行一次冒险的营救行动。但是他被否决了，经验丰富的加拿大无人区飞行员威迪·菲普斯从康沃利斯岛起飞进行了一次营救飞行，却不得不掉

英国跨北极探险中的冬季营地，拍摄于 1969 年 1 月左右。此时探险队已经落后于原计划，但他们后来的进展非常顺利，并按照赫伯特的原计划一天不差地抵达了旅途的终点。

头回来，因为起伏的冰面根本无法降落飞机。虽然这意味着他们要提前扎营过冬，但起码吉尔完全恢复了健康，命运又一次站在了赫伯特一边。

冬天结束时他们大大落后于原计划；为了弥补损失的时间，赫伯特计划在完全的极地黑暗中进行一系列急行军。4 月初他们已经接近北极点，但是冰在不停地漂流，他们必须不停地迂回绕道；就像赫伯特后来所回忆的那样，找到北极点“就像踩到头顶盘旋的飞鸟的影子”。无论如何，他们在 1969 年 4 月 6 日抵达了北极点，距离彼利宣称抵达北极点整整 60 年。他们以创纪录的速度完成了剩下的旅程，并在 5 月 29 日抵达斯瓦尔巴群岛中的塔夫勒厄于阿岛（Tavleøya Island），这一天正是赫伯特在 5 年前所制订的计划中旅程结束的时间。

探险后的生活

对赫伯特成就的称赞从全世界涌来；英国首相哈罗德·威尔逊称它是“一次充满耐力和勇气的壮举，可与极地史上任何一次探险相提并论”。虽然这次探险因为随后的人类第一次登月而在媒体上迅速淡出，但它仍是一场前无古人而且无与伦比的旅行。赫伯特还计划进行一次环格陵兰航行，这次行动虽然没有成功，但他对西格陵兰的文化和居民有了更深入的了解。

也许是命中注定，虽然赫伯特对于自己的抵达北极点轻描淡写了一番，但这件事带来了更多对 1909 年彼利宣称抵达北极点的质疑。美国国家地理学会找到了赫伯特并且带来了彼利的个人日记，经过深思熟虑之后，他同意检查这个证据。渐渐地，而且令赫伯特本人非常失望的是，他发现了令人信服的证据，彼利在 1909 年并没有抵达北极点，而且——可能更糟的是——彼利知道这一点。赫伯特对此事的记述《桂冠的绞索》出版于 1989 年，虽然它没能完全平息这场争论，但它有效地减弱了对彼利说法的支持。在后来的岁月中，赫伯特终于再次拿起画笔，创作了一系列反映他生活和探险家职业的重要艺术作品；2007 年，他的最后一本书《极地世界》出版于他去世后。

第五章 荒漠

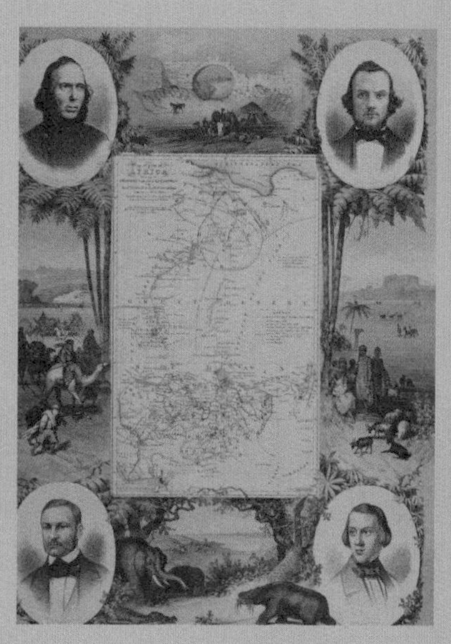

海因里希·巴尔特
查尔斯·斯特尔特
格特鲁德·贝尔
哈利·圣约翰·费尔比
拉尔夫·巴格诺尔德
威尔弗雷德·塞西格

荒漠总是吸引着探险家们。在极度炎热和干燥中生存的挑战就像克服严寒和冰雪的磨练一样诱人。海因里希·巴尔特是荒漠探险者中的佼佼者。他的同伴在他面前不断死去，但他不可征服。带着一个指南针、一块表和两支手枪，流利地说着所经过的每个区域的语言，还做着丰富的记录，巴尔特堪称探险家的模范。作为一名真正的学者，他揭开了传说中的城市廷巴克图的真相，并就他的旅行出版了一部巨著，在150年后的今天仍然是一本关于撒哈拉沙漠和它的居民的权威性著作。

在澳大利亚，河流的存在让探险家们对内陆存在湖泊和肥沃土地的可能性兴奋不已，但大多数人只是逐渐消失在了无边无际的荒漠中，许多人死在了试图穿越它的途

拉尔夫·巴格诺尔德和他的8人探险队在他们的A型福特轿车旁扎营，这里是1932年埃及南部一个新月形沙丘的脚下。在这次探险中，他们旅行的距离超过8000千米，经过了汽车从未抵达过的地方。虽然大多数的路程“走得很糟”，但这些轿车没有发生严重的故障。

骑在马背上的格特鲁德·贝尔，这里是黎巴嫩的库波特杜瑞斯（Kubbet Duris）葬礼纪念碑，拍摄于她1900年的首次沙漠之旅。贝尔随后在中东的旅行使她成为了这个地区探险和政治上的一个传奇人物。

中。查尔斯·斯特尔特进行了三次史诗般的探险，徒劳地寻找澳大利亚的内陆海。虽然斯特尔特没能找到它——他怎么会找到呢？它并不存在，但斯特尔特的确揭开了澳大利亚内陆和河流网络的许多秘密。

阿拉伯沙漠吸引了许多稀奇古怪的人物，也许没人能比少校格特鲁德·贝尔小姐更加古怪，她留下了一项颇具讽刺意味的遗产，即是几乎由她一手促成的作为现代国家的伊拉克。既是探险家又是政治动物的她充满勇气地前往哈伊勒，并在那里成为第一个从内部记录伊斯兰教妻妾制度细节的人。哈利·圣约翰·费尔比宣称自己是第一个“真正”穿越鲁卜哈利沙漠的人，他也成为了一名阿拉伯半岛专家，骑在骆驼上走过遥远的路程。最后他和英国政府产生了不快，并在相对不光彩的境况下结束了自己的生命（然而跟他的叛徒间谍儿子金姆相比，这都算不了什么）。

拉尔夫·巴格诺尔德事实上开创了现代化的沙漠旅行方式。撒哈拉沙漠是地球上最大的沙漠，巴格诺尔德从1926年就开始探索这里，他驾驶着T型和A型福特轿车，开往从未有人试图驾车去过的地方。他还是一名优秀的科学家，对沙丘的运动规律做出了许多发现，同时还找到了许多考古遗址。后来，在第二次世界大战中，他帮助建立了北非的远程沙漠部队。

威尔弗雷德·塞西格热爱沙漠，并亲身穿越了非洲和亚洲的许多沙漠。他曾经短暂地加入我在婆罗洲雨林的探险，我们询问他对这次探险的看法。塞西格回答说，他“喜欢更加珍惜水的环境”。他最出名的是他的著作《阿拉伯沙地》，这本书以一种前无古人后无来者的方式捕捉了鲁卜哈利沙漠的精神。

贾斯汀·马洛奇/撰

海因里希·巴尔特

穿越撒哈拉沙漠
（1821–1865年）

在科学和人性方面，所有的民族都应该因为一个共同的利益联合起来，每个民族应根据其独特的性情和使命贡献出属于自己的那份力量。

海因里希·巴尔特，《旅行和发现》，1857–1858年

在19世纪，许多沙漠探险家在灼热的沙地上留下了他们的名字，德国人海因里希·巴尔特毫无疑问是其中最伟大的之一，他所没有的身份和他拥有的身份一样引人注目。如今将英国人引领的对世界的探索谴责为帝国主义野心已经成为时髦，无论它是否还有更高尚的动机。这些探险中有许多都是为了废止奴隶贸易进行的尝试，抱有这种动机的探险曾走过撒哈拉沙漠的大片地区，就是在这里，巴尔特在非洲探险史上留下了持久的名声。

与他同时代的某些冲劲儿十足的探险家所不同的是，巴尔特是一位成就很高的学者和语言学家；他的人类学研究在今天仍然被视为对非洲土地、居民和语言的权威性调查。他的代表作品，《非洲北部和中部的旅行和发现：1849–1855年英国政府赞助的探险日志》展示了一位具有强烈人道主义情怀的人物的内心世界，他超越了自己的时代，对在旅途中遇到的非洲人表现出极大的尊重，和许多非洲人结下了深厚的友谊，并深深痴迷于他们的历史、文化和语言。这本巨著分为五卷，共3500页，仍然是一部重要的参考资料。难怪他的巨大成就直到今天还被以他名字命名的研究所纪念着，这个位于科隆的研究所“致力于传播海因里希·巴尔特的精神，他用自己的旅行和出版物为非洲的跨学科研究奠定了基础”。

巴尔特于1821年出生在汉堡，后来在柏林大学学习古典文学，在那里他得到了许多知识大家的指导，如地理学家亚历山大·冯·洪堡（见第270页）、权威“科学”历

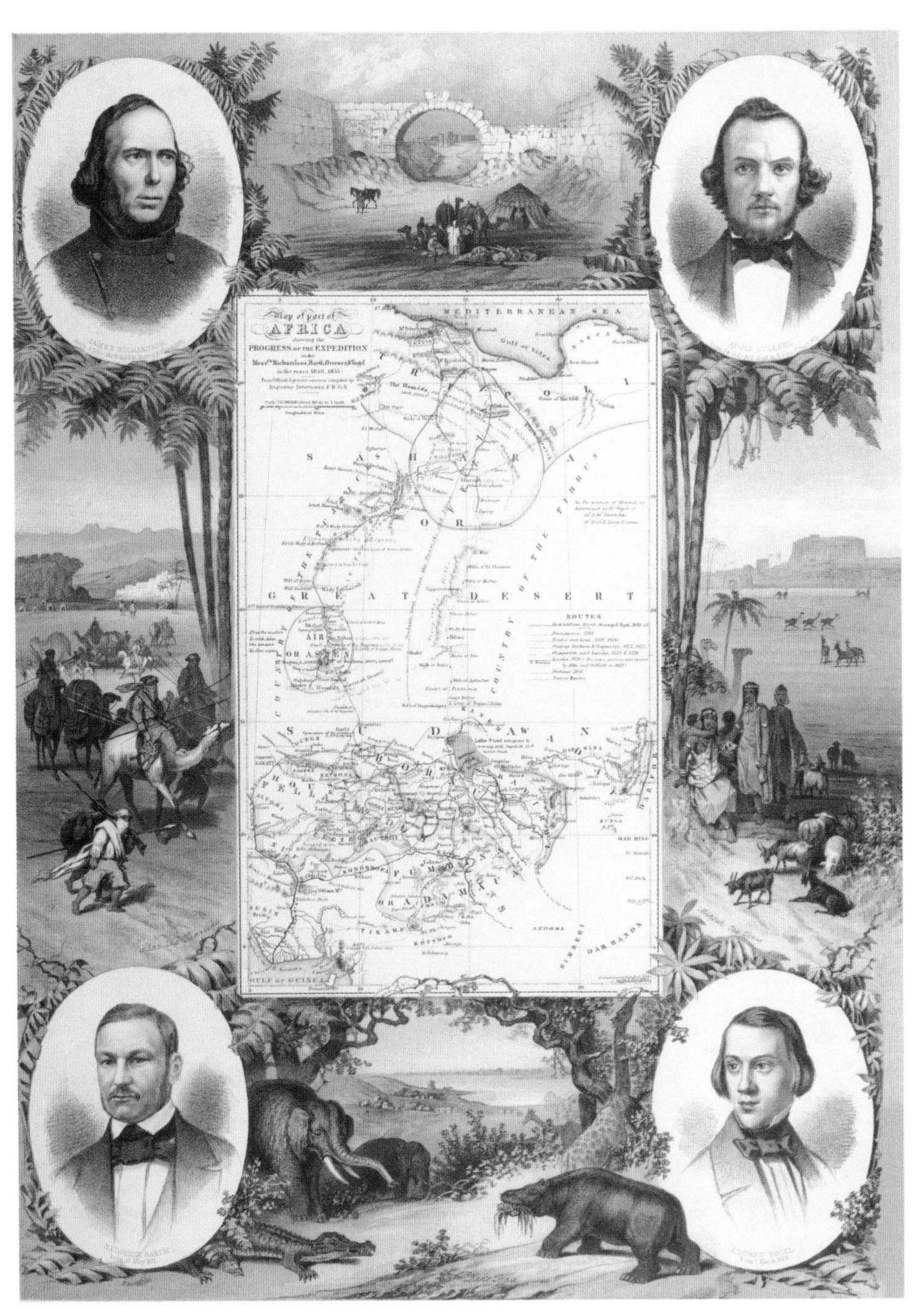

1854年出版的关于非洲中部探险的一部记述的卷首插图，画面上有这次探险的路线、4名探险家的肖像以及作为装饰图案的他们所经历的场景；左下者是巴尔特。

史学家利奥波德·冯·兰克、哲学家弗里德里希·冯·谢林和语言学家雅各布·格林。这些学者和其他人为年轻的巴尔特提供了知识力量，这给他之后的探险帮了大忙。他能够流利地说法语、西班牙语、意大利语和英语，后来为了准备他的非洲之旅，他又学会了阿拉伯语，因为这次旅行会让他穿过伊斯兰教控制的区域。巴尔特毕业于1844年，正是欧洲人探险非洲的高峰期，引领潮流的主要是英国人，在这个时期受人尊敬的皇家地理学会进行着自己的研究并向世界的每个角落派遣探险家。在这些1820年代的英国旅行家中，曾在一次成功的探险中测绘乍得湖湖岸的探险老手沃尔特·奥德莱博士和休·克拉珀顿探索了加特省（利比亚）的绿洲，并带回了宝贵的政治、商业和人种学信息。无论自愿与否，非洲面向世界的大门被打开了。

阿比嘎（A' bbega）和德瑞古（Dyrregu）的肖像，他们曾是奴隶，奥弗韦格解放了他们，巴尔特将他们带回了欧洲。

第一次走进非洲

巴尔特很快就加入到了这场探索中去。在伦敦学习了阿拉伯语之后，他在1845年开始了自己的第一次非洲之旅。他从摩洛哥的丹吉尔港出发，向东前进穿过了巴巴里和利比亚的明珠昔兰尼加，抵达埃及，在那里遭到强盗的袭击并受了伤，这是19世纪旅行探险途中的典型事件。他沿着尼罗河向南逆流而上，最远抵达瓦迪哈勒法，然后穿越西奈沙漠进入巴勒斯坦，继续向前，穿过了巴勒斯坦、叙利亚、土耳其和希腊，最终在1847年返回柏林，成功完成了这次重要的旅行。两年之后，他将这次探险的记录出版，书的标题相当谦虚:《漫游地中海地区》。巴尔特的初次登台给人留下了深刻印象，也给了他鼓舞，现在他已经准备好要进行更加严肃的探险事业。

在英国的非洲探险家中，有一位在巴尔特后来的职业生涯中发挥了决定性的作用。詹姆斯·理查德森是一位充满激情、固执且易怒的反对奴隶贸易运动家，他已经领导了一次开创性的北非探险，并针对这次探险写下了充满感情的记述《1845和1846年在撒哈拉大沙漠中的旅行》。理查德森对于自己第一次任务的过早结束很不满意，他在1849年由帕默斯顿勋爵任命，进行一次"更为彻底的探险，沿着非洲北部抵达撒哈拉沙漠，并继续向南，如果可能的话抵达乍得湖，从而得到沿途这些国家的详尽信息……并鼓励这些国家和欧洲进行产品交换，从而压制非洲内陆的奴隶贸易"。简而言之，这次探险要在地中海地区和尼日尔之间建立"定期和安全"的交流——在不借助飞行器的情况下这种雄心壮志实际上无法达到。

非洲中部的探险

普鲁士大使在伦敦进行了外交斡旋，再加上亚历山大·冯·洪堡的全力支持，使得巴尔特和他的普鲁士同事天文学家阿道夫·奥弗韦格加入了理查德森的第二次探险。这次大型非洲中部探险将于1850-1855年进行，巴尔特就是在这次探险中做出了让他成名的发现。就像这次行动的官方文件中描述的那样："理查德森先生将由两名普鲁士绅士陪伴，一位是巴尔特博士，杰出的非洲旅行家和柏林大学的成员，另一位是奥弗韦格博士，地理学家和柏林地理学会的会员。这两位德国人由普鲁士政府挑选出来陪同理查德森先生；但他们在旅途中与理查德森先生享有同等地位，并共同受到英国政府的保护。"

1850年初，这支名号响亮的探险队从的黎波里出发向南行进。麻烦从一开始就找上门来，健康状况成了一直困扰这些探险家们的问题。探险队经过加里亚丘陵（Garian Hills）并穿越了荒凉的哈姆拉石漠（红色平原），然后抵达了迈尔祖格（Murzuk）绿洲——在很久以前这里就一直是撒哈拉奴隶贸易的中心；他们继续向南，来到了遥远的加特地区定居点，位于今天的利比亚和阿尔及利亚交界处。

在穿过阿伊尔山脉抵达阿加德兹之后，探险队产生了分歧并分成了两支，分歧产生的部分原因是由于理查德森难以捉摸并且专横独断的领导方式；圆滑从来不是他的行为方式。在分离之后，巴尔特向卡诺进发，而理查德森向东而去，然后在从乍得湖西岸的库卡瓦（Kukawa）出发行进了6天之后，于1851年3月4日在昂古鲁图瓦（Ungurutuwa）死于发热和极度疲惫。"我看待事物的方式和我这位年长的同伴并不完全一样，因此我们常常产生一些小分歧，"当巴尔特凝视着一棵无花果树下这位英国人的坟墓时，他用这种充满外交辞令的口气写道，"但我非常尊

1853年9月，巴尔特抵达廷巴克图；和之前的旅行者不同的是，他谨慎、敏感和充满学者风度的行为保证了自己在这座传奇城市中的生存，并在这里展示了让他成为大探险家的所有技能。这幅插画是J. M. 伯恩南兹根据巴尔特所画的素描改绘而成，出现在《旅行和发现》的第四卷（1857–1858年）。

重他，他对非洲土著人的苦难表现出了深切的同情，我对他的去世深感悲痛。”巴尔特如今担任起了探险队的领导。他和奥弗韦格一起测量了乍得湖北部、西部和南部的陆地。在理查德森死后18个月，奥弗韦格也在乍得湖附近离开了人世。如果不是巴尔特在两名最重要的同事死后表现出的勇气和远见，这场探险就会成为一场代价高昂的失败，无论是在损失的生命还是耗费的金钱上。巴尔特就像所有最棒的探险家那样，不屈不挠地继续着旅程。

除了撒哈拉之旅外，巴尔特还调查了环乍得湖地区以及西边的巴吉尔米和廷巴克图，向南则远至喀麦隆。对当地语言非常熟悉的他还在博尔努、卡诺、索科托、甘多、努佩和廷巴克图的古苏丹王国之间流连，并痴迷于当地的历史和他正在编纂的词典。

为了抵达传说中的城市廷巴克图，他伪装成一名旅行的穆斯林，并取名叫作阿卜杜·卡里姆（“仁慈真主的仆人”）。“通过这种方式，”他写道，“我赢得了当地人的尊重，他们对于我的境况产生了如此真实的兴趣，甚至当我病重的时候，他们会说，‘阿卜杜·卡里姆不该死掉’。”巴尔特在1853年抵达廷巴克图，这场诡计没有白费。这让他证实了之前法国探险家雷内·卡耶的早期报告。他也能指出贝努埃河流入了尼日尔河，而沙里河流入乍得湖。他还对尼日尔河的中段进行了首次测量，这是非洲探险的重要谜团之一。慷慨大方、拥有无穷好奇心和人道主义光辉的巴尔特与许多非洲土著首领和学者建立了良好的关系；在廷巴克图，他和一位著名精神领袖艾哈迈德·阿尔巴凯·阿尔贡蒂的友谊救了他的命。

巴尔特还对自己的驼畜产生了强烈的感情。和许多同辈人不同的是，他从不斥骂自己的骆驼，这种自然界最受贬低和轻视的生物之一。他对这种饱受诽谤的动物的喜爱仍然让那些曾和骆驼一起长途旅行过的人深有同感。

> 我经常害怕欧洲人用他们那种愚蠢的方式对待骆驼而让它们变傻，而我则习惯于将这种高贵的动物视为一位明白事理的同伴，它载着我或是我最重的东西从的黎波里一路走来。我给它吃剩下的橘子皮，它特别喜欢这个，或是一些海枣（它会将自己优美的脖子转过来）……它的忠诚将作为我的旅行中最让人愉快的回忆之一永远留在我的记忆中。

当巴尔特完成了又一次撒哈拉沙漠穿越，终于在1855年回到英格兰时，人们已经很久没有他的消息，英国政府以为他要么死了，要么失踪了。事实上，他沉浸在了自己的研究中。

成就和称赞

虽然这次探险在有形的方面取得了惊人的成就——巴尔特总共进行了16 000千米的陆上旅行，但是奠定他伟大探险家地位的是他取得的学术成就。巴尔特在他的研究中表现出了系统的方法学，展示出了巨大的精神毅力，足可以与其在险恶地形中长途跋涉所表现出的勇气相提并论。

穆斯古人（Musgu）居住所的内部，此处位于乍得湖南部，今尼日利亚境内。在他的旅途中，巴尔特目击了博尔努人袭击穆斯古人的场面——跨撒哈拉奴隶贸易的一个残忍实例。

虽然《非洲北部和中部的旅行和发现》也许没能让所有人满意——大多数公共读者认为这部出版于1857-1858年的著作极其无趣，而在注意力渐渐被稀释的今天它也只是作为延伸阅读——但它是一部有关历史、地理、地志学、人类学、商业和哲学研究的著作，其中附有许多华丽生动的插图，大大增加了这部著作的趣味性。在许多层面上，巴尔特带回了关于撒哈拉和苏丹的比欧洲人以往所知的更全面的信息。他对于这些地方的历史和居民的深入研究包括对苏丹历史以及博尔努王国历史的发现和挖掘。光是在乍得湖区，他就编纂了40种不同非洲语言的词典。皇家地理学会很快就意

上图：这幅插画展示了砂岩悬崖中的石刻和岩画（位于远景中），Wadi Telsaghe (Telizzharen)，1850 年。巴尔特深深地迷上了这些“令人钦佩的”图画和雕刻。

下图：乍得湖附近的一群大象，1851 年。巴尔特环乍得湖进行的调查得到了许多有用的知识，他在探险途中送回欧洲的一幅非洲中部地图被描述为“所有非洲旅行家中最全面和完整的……”。

识到了他这次 5 年探险的价值，向他授予了维多利亚奖章；英国政府向他授予了巴斯勋章。

在 1858 年的小亚细亚之旅后，巴尔特在 1860 年代努力研究他收集的中非语料库。1863 年他成为了柏林大学的地理学教授和柏林地理学会的主席，这是一个官方授意的选择。巴尔特死于 1865 年，年仅 44 岁。

他的事业是一座纪念碑，代表着心胸坦荡的探险中的可能性。他在自己代表作的序言中这样写道：

> 如果……我能够成功地在公众面前呈现出一片全新而生动的图景，并使这些显然较为野蛮和落后的部落和已经达到较高文明水平的种族的历史之间产生更为紧密的联系，那么我所经历的所有辛劳和危险都将得到足够的补偿。

他令人钦佩地成功了。

约翰·罗斯/撰

查尔斯·斯特尔特

寻找澳大利亚的内陆海

（1795-1869年）

我宁愿把自己的森森白骨留在那片荒漠上，

也不愿向我花了这么大代价和力气才得到的每一寸土地屈服。

查尔斯·斯特尔特，《挺进澳大利亚内陆探险的故事》，1849年

在三十年中，查尔斯·斯特尔特对寻找澳大利亚内陆海的痴迷既让他作为一名政府官员的体面生活变得更加生动有趣，又是对这种生活的一种威胁。他在这三十年中进行的三次探险都是史诗般宏大的，热浪、饥渴和疲惫将他的手下带到痛苦的死亡边缘甚或是死亡本身。但在斯特尔特的脑海中，他的成就——包括他沿着墨累河顺流而下的旅程——却因为未能发现梦想中的内陆海而蒙上了一层阴郁。

1795年，斯特尔特出生于印度，是一位法官最大的儿子。他在英格兰接受教育，并作为一名少尉进入了第39团。作为一名船长，他和一支分遣队押解着一船罪犯于1827年5月抵达新南威尔士州。在澳大利亚，斯特尔特成了州长拉尔夫·达令爵士的军事秘书，不久之后他得到准许领导一支进入内陆的探险队。斯特尔特被神秘的澳大利亚地理和澳洲内部大片未知之地深深地迷住了，并想要得到解开这些谜团的荣誉。1818年，约翰·奥克斯利曾经测绘了新南威尔士州的一系列内陆河，但在沼泽地面前不得不停下脚步。人们仍然认为在地平线之外隐藏着一个内陆海。

干渴之旅

斯特尔特得到准许沿着麦夸里河的河道查探，并于1828年11月10日离开悉尼。

他挑选了一位富有经验的探险家汉密尔顿·休姆作为他的副手，探险队中还有三名士兵和八个罪犯。在12月，他们从麦夸里河的上游源头旁出发，经过被干旱和热浪烤焦了的地区，并来到了曾经挫败奥克斯利的巨大的麦夸里沼泽的北部边缘。他们没有试图穿越这片芦苇海，而是向西走去，来到了波刚河（Bogan River）边，顺着这条布满水坑的道路继续向前。1829年2月2日，让他们深感惊奇的是，他们遇到了一条向西南方向流去的“宏伟的河流”。斯特尔特将其命名为达令河。他们冲到水中试图平息自己的干渴，结果发现河水是咸的，无法饮用。他们沿着达令河顺流而下走了7天，此时斯特尔特和休姆都觉得逼人的热浪、成群的苍蝇和良好饮用水的缺乏已经让他们难以继续前进了。回到哈里斯山的基地之后，他们又向西来到卡斯尔雷河，并沿着它的河道向北探查，直到发现它汇入麦夸里河为止。为了拼凑出该地区完整的面貌，他们选择从麦夸里沼泽的东侧返回。

斯特尔特已经得到了新南威尔士州北部河流系统的主要轮廓，并发现了之前未知的达令河，但他没发现任何水草丰美之地。更令他困扰的是，他没能抵达内陆海；但他认为沿着达令河寻找一定能够揭开这个秘密。州长正在寻找更加肥沃的土地，并决定斯特尔特应该调查更加靠南但仍然是内陆河流的拉克伦河－马兰比吉河系统。斯特尔特得到指示，如果马兰比吉河无法通行的话，他才能前往更靠南的达令河流域。

新的探索

1829年11月3日，斯特尔特和他的队伍开始出发，并在投身于未知地区之前来到了殖民区的边缘，今岗德盖附近。他们抵达了马兰比吉河，周围的景色用斯特尔特的话来说就是“狂野、浪漫和美丽”；这条河宽25米，水流很急。斯特尔特这回带了一只可折叠的8米长的捕鲸小艇，但他决定还是不用它在激流中冒险，于是他们赶着牛拉的马车沿着河岸步履艰难地行进。1830年1月6日，斯特尔特终于在布满芦苇的马兰比吉河水中使用了这只捕鲸小艇，并挑选了7个人陪伴他进行这次“孤注一掷的探险”。这艘小艇最终穿过了芦苇地，并进入一片急流中，小艇上方出现了凸悬的树枝，有时它们会伸到头所在的高度。

2月14日，令他们震惊的是，他们被带到了一条大河上，用斯特尔特的话说这是一条“宽阔宏伟的河流”。他将这条河流命名为墨累河，以纪念当时的殖民地大臣

沙地荒漠和远处的地平线；澳大利亚的炎热和孤独带来的压迫感在S. T. 吉尔的这幅水彩画中被描绘了出来，这幅画是根据斯特尔特的素描改绘的。那幅素描用作了他关于最后一次探险的记述《挺进澳大利亚内陆探险的故事》一书的卷首插图，这本书1849年出版于伦敦。

乔治·墨累爵士。探险队舒适地沿着这条“大路”漂流而下，只是有一次被河岸上群集的全副武装且身涂彩绘的土著打扰。探险队员们装上枪弹，准备应对这场麻烦，这时一个斯特尔特在上游结识的土著朋友突然从丛林中出现，并说服了这个部落的首领放行他们的船只。不久之后，他们来到一处河流交汇的地方，一条河从北方流进墨累河，斯特尔特断定它就是达令河，他是对的。

顺流而下通过开阔区域的旅程越来越艰难，他们缺少新鲜的食物，并且已经难以下咽河中的所谓墨累鳕鱼了。最终，这条河消失于一个大而浅的湖泊中，他们用后来成为维多利亚女王的英国公主的名字为其命名，称之为亚历山德里娜湖。艰难地翻过与南部海洋相邻的沙岗之后，他们失望地发现通向河流的水道太浅，无法行船。他们现在不得不逆着急流驾船行进1500千米，每天只有一点儿面粉和咸肉，只有捕杀一些天鹅才能改善一下伙食。他们从黎明到黄昏轮换着划船，总共花了32天回到马兰比吉河，那里的水流速度更快，几乎无法逆着水流划船前进。

斯特尔特这样描述他的手下，“他们的胳膊好像没了力气；他们的脸憔悴消瘦；他们的精神全都垮了”。回到出发点之后，他派出两个最强壮的人去往约120千米之外的最近的牧场。4月18日，当最后一盎司面粉吃光的时候，这两个人带着足以支撑他们完成旅程最后一段的补给安全归来。

在第二次探险途中，斯特尔特无意中发现了这个由一群澳大利亚中部巡游生活的土著建造的营地，并把它画成了素描。他的素描后来由S. T. 吉尔着色改绘成水彩画。斯特尔特进行的三次探险拥有许多这样的经历。

最后一次机会

找到内陆海的希望又一次变得渺茫，但还没有在他心间完全消失。斯特尔特开始了一轮令人失意的官场生活，并突然得了一场病，不得不返回英格兰治疗，疾病还造成了短暂的失明。斯特尔特的重获健康完全归功于1834年他和夏洛特·格林的婚姻，夫妻二人后来共同返回了澳大利亚。

1843年，斯特尔特已经被降职为南澳大利亚的总登记官，他认定自己东山再起的最后一次机会在于为英国殖民政府做出新的重要发现。他仍然相信内陆海的存在，并准备了一个探索和调查整个澳洲大陆内部未知世界的计划。这个计划最后被削减成进入大陆的中心并确认一条山脉的存在，但它仍然给了斯特尔特追求荣耀和证明自己的机会。

迪波·格伦：查尔斯·斯特尔特的淡水彩画。此地位于达令河边，1844年，他和他的探险队在他的最后一次探险中被困于此。由于能够接触炎热干旱地区中的这个唯一永久性水体，他们在一个地下沙坑中生活了6个月。

1844年8月10日，斯特尔特带着15个人、6辆马车和200只绵羊离开阿德莱德。他们沿着墨累河－达令河的河道向北前进，并在迪波·格伦（Depot Glen）发现了永久性水体——这片炎热干燥区域中唯一的水体。然而他们却被天气困在了这里，并在地下沙坑里生活了6个月，“被关起来哪都不能去……我们好像在极地过冬一样”。热浪以及羊肉加面包的单调伙食给他们带来了巨大的痛苦，不断有人患上坏血病。所有人都受到了严重的影响，而副指挥官詹姆斯·普尔死了。最终，一场大雨拯救了他们；然后他们向西北方向移动，并建造了一栋他们称之为格雷堡（Fort Grey）的建筑。从这里出发，斯特尔特进行了最后一次冲刺，向内陆推进了800千米，寻找他渴求的内陆海。然而，呈现在他面前的是一波又一波的沙丘，然后是如今被称为斯特尔特石漠的一片崎岖旷野。回到墨累河之后，他还想和约翰·麦克道尔·斯图尔特（后来横穿了澳洲大陆）一起进行最后一次内陆之旅，但是被否决了。探险队开始向阿德莱德走去，斯特尔特在返程途中还遭受了坏血病的折磨，最终他们在1846年1月19日抵达那里。

斯特尔特后来的生活充满了荣誉和满足。返回英格兰之后，他被任命为殖民大臣，完成并出版了最后一次探险的记述，并接受了皇家地理学会颁发的创始人奖章。退休后，他生活在英格兰的切尔滕纳姆，尽管他曾经不成功地申请了维多利亚州和昆士兰州的州长职位。1869年，在朋友的鼓动下，他开始谋求骑士爵位，但却在走完所有手续之前就去世了。维多利亚女王准许他的遗孀使用“斯特尔特夫人”的封号。

他曾认为墨累河不适合进行航运，然而这条河的确成了澳大利亚的重要内陆航道，在长达70年左右的江轮时代载着乘客和大批货物奔流不息。

贾斯汀・马洛奇/撰

格特鲁德・贝尔

中东的诗意和政治
（1868–1926年）

她体内的某种力量将对东方的热爱和一个具体的目标联系起来，这个目标成为了主要的目的……她忍受着辛苦，从不因为不断的失望而变得沮丧，并且决不允许自己的理想主义变成苦涩的怨恨，展示了那些在东方追逐激情的英国人中少有的坚强性格。

《泰晤士报》，1926年7月13日

皇家地理学会的翁达杰剧院也许是全伦敦最完美的礼堂和最令人心生敬畏的演讲地点之一，走入这里，墙壁上排列着的过去伟大探险家的名字让人深感自我的渺小，并传递出令人兴奋的魔力：伯顿、富兰克林、斯科特、沙克尔顿、斯皮克、史丹利。然而很少有女性在这里得到纪念，因为除了极少的例外，在英雄时代，探险是男人的世界。然而一个名字打破了这个模式：格特鲁德・贝尔，她是一位阿拉伯学者、探险家、登山家、考古学家、作家、诗人、情报专家，这还不足以描述她57年的一生，她还是作为现代国家的伊拉克的共同创始人之一。

贝尔于1868年出生在一个极为富有且门第优越的英国实业家家庭，她拿到第一名似乎成了一种习惯。她是第一个在牛津大学拿到现代史成绩第一名的女性；第一名接受皇家地理学会奖章的女性；英国军事情报部门第一名女军官；她在阿尔卑斯山还进行了第一次重要的登山。拿着这样一份在男性世界得之不易的简历，她之后对于妇女参政以及妇女投票权的坚决反对看起来有些让人吃惊。

像许多英国阿拉伯学者和沙漠探险家一样，贝尔早早就投身于东方的探险之中。32岁的时候，她在沙漠中崭露头角，骑着骆驼穿越了叙利亚。对于东方，她写道："我发觉它紧紧地攥住了我的心，没有其他任何事情或人能与之相比，我相信今后也不会

1906年6月，贝尔和法图赫站在土耳其Deghile营地的一座帐篷前，他们正在走向旅程的终点。这次艰苦的旅行从阿勒颇出发，并沿着伊拉克境内的底格里斯河前进，结束于土耳其城市科尼亚。

有。”她并不缺少爱情，但是她所爱上的人要么在她能够嫁给对方之前就死了，要么对方本身已经结婚了，有的人两种情况兼具。

于是贝尔加入了那帮英国沙漠探险家的脚步——与她同道的有她的同辈人T. E. 劳伦斯和后继者威尔弗雷德·塞西格（见第261页）——他们在沙漠中取得了伟大成就，却没有得到能够与之匹配的个人快乐。她为此付出了沉重的代价。贝尔虽然在事业上取得了成功，但终其一生都没有结婚。在感情世界，她曾经有过几次毫无希望半途而废的风流韵事，但是始终没有找到灵肉结合的理想伴侣。

“孤独中自有诗意和美。”一个朋友曾这样告诉她。自然是有，但是贝尔并不总是想要孤独。事实上，贝尔渴望拥有丈夫和孩子，她曾向内部圈子的朋友承认她不过“承载着一个存在罢了”。不过这是多么非凡的一个存在啊！这位不屈不挠的女性体内

佩特拉的大型石窟陵墓（包括国王陵墓和科斯林式陵墓），贝尔的宿营地就扎在石窟前面。贝尔既是一名坚强无畏的旅行家和探险家，也是一个杰出的不知疲倦的考古学家。

储存着惊人的能量和意志。她拥有一种在全世界鼓舞人心并结交朋友的能力，同时对于东方语言又有极为敏锐的措辞天才。“我要说，躺在波斯花园的悬铃木之间的吊床上并阅读哈菲兹的诗并不特别让人精神振作。”她在寄给朋友和家人的1600多封美妙的信件中的一封中这样写道。学习了两年波斯语之后，她开始着手翻译这位波斯最伟大的作家的作品。她翻译的哈菲兹诗歌英译本被广泛认为是最好的一个版本，对许多人来说，她是当时东方学者中的佼佼者。波斯文学权威爱德华·布朗说她的作品“在所有曾被翻译成英语的波斯诗歌中很可能是最好的，也是最富含真正诗意的”。

1914 年 3 月，贝尔的旅行队停留在沙特阿拉伯哈伊勒城墙边。在她的许多次中东探险中，对这座传说中的城市进行的探险是最危险也是最成功的一次，她在这次探险中施展了作为测量员、探险家、情报专家和外交家的本领。

去往哈伊勒

在 1913-1914 年进行的里程碑式的阿拉伯之旅中，贝尔独自一人从大马士革出发，前往内夫得沙漠中的哈伊勒大本营，这里如今属于沙特阿拉伯。她已经进行过许多次勇敢无畏的旅行，但这次探险让人生畏，贝尔进行这次探险的部分目的是为了逃离和已婚军官查尔斯·多蒂-威利之间的混乱关系，后者在 1915 年因为在加利波利的英勇表现得到了一枚死后追赠的维多利亚十字勋章。

哈伊勒街道上的市民，贝尔所摄。

路易斯·马利特是驻扎在君士坦丁堡的英国大使，还是和贝尔有20年交情的老朋友，他保持了外交部对于去往遥远地域旅行家的典型态度：拒绝承担任何责任。无畏的贝尔揣着一只三英寸的经纬仪开始了危险的旅程，她已经签署了不寻求土耳其和英国官方保护的文件。在开始探险之前，她从皇家地理学会那里学习了测量技术和地图投影法。

在向南行进的途中，她向另一位有良好社会地位的朋友，《泰晤士报》的前国际编辑瓦伦丁·伊格内修斯·凯罗尔吐露了心声。

在骑着骆驼跋涉的漫漫长日中，在冬季宿营的漫漫长夜里，我第一次饱尝了孤独的滋味，我的思绪从宿营地的篝火漫游到我不会有这样敏锐伤感的远方。在有的夜晚，我想要睡去，心却如此沉重，以至于我以为自己无法怀着它挨过第二天。然后黎明到来，温柔又仁慈，悄悄地弥漫在这片宽广的平原上并顺着这些小山谷的山坡洒下来，最后它潜入了我这颗黑暗的心灵……我已经竭尽所能应付孤独了，至少我还学过一些关于孤独的智慧，至少我还学过屈服，学过如何忍受痛苦而不失声痛哭。

1913 年 12 月，贝尔来到了德鲁士山（Jebel Druse）和瑟罕干谷（Wadi Sirhan）之间的火山区并发现了一个罗马堡垒，然后她停在了阿扎克堡（Qasr al Azaq），复制公元 3 世纪的罗马皇帝戴克里先的一篇碑文。越过内夫得沙漠的重重沙丘之后，她终于抵达哈伊勒，却正赶上哈伊勒贵族家庭自相残杀的战争。她被软禁了起来。明智的举动和独特的高贵气质没让不幸的事发生在她身上。自从 1893 年以后，再也没有欧洲人见过哈伊勒的样子，而之前只有一位女性——安妮·布朗特夫人——曾经到过那里。

贝尔带着西侧的汉志铁路和东侧的瑟罕干谷与内夫得沙漠之间众多部落的大量信息返回英国，同时带回的还有她对于阿拉伯半岛上的对手拉希德部族和沙特部族之间关系的敏锐洞察力。加上她对这些地区进行的测绘，这些对于伦敦都是很有价值的情报，英国政府正在寻找让军队开进巴勒斯坦所需要的信息。皇家地理学会意识到了她的杰出成就，向她颁发了创始人奖章。

Turkiyyeh——作为礼物送给穆罕默德·拉希德的切尔克斯女人。贝尔在哈伊勒遇见了她，并记录道：“就像我已经知道的那样，她的价值等于和她同等重量的黄金。她是个第一流的话匣子，我在她的陪伴下度过了非常愉快的一个小时。”

伊本·沙特 1916 年造访巴士拉（从左至右：阿卜杜拉·阿齐兹·伊本·沙特、珀西·考克斯爵士和格特鲁德·贝尔）。即使有些离经叛道，但贝尔还是一位出色的公务员。

中东政治

从 1915 年起，贝尔负责解译所有来自阿拉伯中部的报告。两年之后，拥有丰富中东生活经验的她被任命为殖民地官员珀西·考克斯爵士的东方部秘书，并定居在巴格达。"我们应该把它建成阿拉伯文明和繁荣的中心。"贝尔向父亲这样写道，此时正值 1917 年 3 月，英国军队在莫德将军的率领下进入了这座城市。

贝尔带着巨大的热情投身于中东的政治中。她广博的智慧、语言天才和不可征服的意志以及在令人恐惧的陌生旅途中锤炼出的勇敢无畏，让她在同辈人中出类拔萃。有时候，贝尔会让阿拉伯的劳伦斯看起来像个业余的外行。

并不让人感到奇怪的是，贝尔和所有的同事都合不来。她在为伊拉克民事专员阿诺德·威尔逊工作时，曾经给所有人写了一封有损这位英国官员地位的信，这样的行为放在今天的任何一个雇主身上，都会立刻将她解雇。马克·赛克斯爵士曾作为英方代表参与制订1916年英法瓜分殖民地的臭名昭著的赛克斯-皮科协定，他在给妻子的信中气急败坏地这样描述贝尔："那个自负的不停啰里啰唆的话篓子，大放厥词的半男半女的平胸怪人，满世界晃荡、屁股摆来摆去、满嘴胡说八道的混账，见鬼去吧！"贝尔对蠢人没有耐心。

第一次世界大战的结束预示着业已颓败的奥斯曼帝国将得到重塑，变得更加简明和有秩序。至少理念如此。伊拉克随后的独立和建国让贝尔兴奋不已，它的边界将库尔德人、逊尼派和什叶派都划在同一个国家之内，这直到今天还在带来问题。在她的办公室和家中，野心勃勃的阿拉伯酋长们络绎不绝地前来拜访。"他们都是我喜爱的人，"贝尔写道，"我认识伊拉克境内每一个有重要意义的酋长。"

的确如此，但是随着伊拉克的建国和费萨尔国王登上王位，到1920年代中期，贝尔对英国政府没有了利用价值。她感到自己的地位逐渐降低，而且没有可以依靠的属于她自己的家庭。她所创立的国家博物馆和伊拉克文物局局长的职位——又是一项第一——支撑了她一阵子。但这远远不够。她的心无法再用诗意对抗孤独。1926年7月11-12日夜间，大剂量的安眠药结束了这一切。她被安葬在巴格达的英国圣公会公墓。

1980年，为庆祝皇家地理学会建立150周年，学会计划在推出的英国大探险家系列纪念邮票中加入格特鲁德·贝尔的身影。如果贝尔知道英国外交部对这件事的答复，不知道她会做何反应：由于害怕冒犯萨达姆·侯赛因，外交部否决了这项提议。

约翰·尤瑞/撰

哈利·圣约翰·费尔比

对阿拉伯半岛的热情

（1885–1960年）

我刚才没听见你说的话，但我完全不同意你的说法。

费尔比引用他自己的乖张言行，《阿拉伯时代》，1948年

从1885年出生于锡兰到1960年死于黎巴嫩，作为一个英国人，哈利·圣约翰·费尔比在国外比在自己国家待的时间还要长，并更多地致力于外国事务而不是自己同胞的事务。他的父亲是一名种植园主和一个不称职的丈夫，丢下他的妻子一人在英格兰抚养他们的孩子。但费尔比非常聪明，他先后获得了进入威斯敏斯特中学以及进入剑桥大学三一学院的奖学金，并在剑桥大学获得现代语言学成绩第一名之后继续学习东方语言，后来进入英属印度政府工作。然而在职业生涯早期，人们就发现他缺少传统公共服务行业所要求的义务和团队精神。他被调至美索不达米亚远征军担任副手，后来又一次被调走担任副手——这次是要领导一个代表团前去拜访伊本·沙特，中亚内志王国的统治者。这时费尔比已经会流利地说阿拉伯语，并且对沙漠旅行表现出了巨大的热情，这将为他作为探险家的名声打下基础。

穿越阿拉伯半岛

1917年，费尔比说服了伊本·沙特提供护卫队伴随他穿过阿拉伯半岛去往红海边上的吉达港。这次旅程结束之后（并不包括阿拉伯半岛的“空白之地”鲁卜哈利沙漠），他完成了一次值得纪念的两侧海岸之间的阿拉伯半岛穿越，这次壮举得到了广泛的称赞。在吉达，他遇到了谢里夫·侯赛因——第一次世界大战中领导阿拉伯人反抗

费尔比和随行人员，吉达，1917-1918 年。骑着骆驼从波斯湾旅行至利雅得之后，费尔比安排了一支护卫队陪同他从那里走向吉达，完成了海岸到海岸的阿拉伯半岛穿越。

土耳其的领袖，阿拉伯的劳伦斯的联络人。一战结束后，费尔比又一次调任成为别人的副手，这次他来到巴格达，在新近成立的伊拉克政府工作，在那里，格特鲁德·贝尔（见第 242 页）是他的主管；但是政策分歧和个性不和让他不得不离开这里，先是去了外约旦，然后彻底离开了公务部门。

费尔比随后在吉达定居并建立了一个商贸公司，同时充当伊本·沙特的顾问。但他的注意力渐渐集中在自己最喜爱也最擅长的事情上——探索阿拉伯半岛上的沙漠。在接下来的几十年中，他进行了一系列非凡的旅程，并在 1932 年穿越鲁卜哈利沙漠时达到巅峰。费尔比宣称这次从北向南的穿越是第一次“真正”穿越鲁卜哈利沙漠，

费尔比在 1917 年左右拍摄的吉达街景。费尔比第一次来到这座城市是在 1917 或 1918 年作为英国代表团的一员前来拜访伊本·沙特。后来，他在 1926 年定居于此，开了一家贸易公司，然而他真正的热情在于阿拉伯探险。

尽管伯特伦·托马斯早在两年前就从南向北走了一条稍短并且不那么艰苦的路穿越了它。费尔比的路线让他从哈夫哈夫（Hufhuf）出发经过奈费，然后向西，再跋涉 1930 千米穿过这片完全荒凉未曾探索过的沙漠，最终抵达麦加。路途中临近水井之间的距离可达 644 千米，而且只能通过往鼻孔里灌水的方式给骆驼喂水，因为它们身上已经没有别的地方可供饮水之用，而且即使是它们也在脱水。他的护卫队到了叛变的边缘，但他继续向前推进——此举让这些困难更加突出了，决心向世界证明他的成就要比托马斯的更高。

和托马斯相比，费尔比有很大优势。前者得到了拉希德部落的陪伴，这些人是优秀的向导，但是他们和沿途贝都因人的一些部落有着长久的敌对关系，而费尔比是在沙特阿拉伯国王（他的赞助人伊本·沙特）的祝福下上路的，于是他在一路上享受了托马斯所享受不到的保护措施。在那时，费尔比已经获得了一个更大的优势，他能够跟国王打交道，实质上是跟整个阿拉伯世界打交道：他已经从一个基督教徒变成了伊斯兰教徒。信仰问题和费尔比的皈依伊斯兰教没有多大关系，这看起来纯粹是为了个人利益。作为国王赐给他的礼物，他甚至接受了第二个妻子——比他小 45 岁并且给他生了两个儿子。就像抛弃信仰一样，他还抛弃了对英国国家利益的考虑，在 1933 年帮助沙特人和一家美国石油公司进行谈判——这对于英国在该地区的利益是一个相当大的挫折。

赞誉和疏远

虽然费尔比作为一名公务员或一个同事表现得不太称职，但他是一个拥有伟大功绩的探险家。骑着骆驼穿越阿拉伯的沙漠时，他勤奋地记录下了所有感兴趣的事物：

虽然伯特伦·托马斯已经穿越了阿拉伯半岛的鲁卜哈利沙漠，但是费尔比仍然宣称自己从北向南并且沿途水井很少的更加困难的线路才是第一次“真正”的穿越。在这张费尔比拍摄的照片中，探险队在开始穿过干涸的鲁卜哈利沙漠之前正沿着拜尼宰南（Bani Zainan）的沙丘骑行。

费尔比在奈费水井旁洗澡，这里是1932年的鲁卜哈利沙漠——所谓的“空白之地”，厨子扎德在旁边帮忙，浴盆是晚餐用的大盘子。

地理位置的名称、地理特征、考古碑文、温度、海拔、天文观测结果、指南针读数、距离——没有什么东西能够逃脱他一丝不苟的注意力或内容广泛的记录。关于自己的研究结果，费尔比还写了许多文章和几本书。

作为这些勤勉工作的结果，费尔比接受了所有重要有关机构的赞誉：皇家地理学会向他颁发了创始人奖章，皇家亚洲学会向他颁发了理查德·伯顿纪念奖章；大英博物馆和皇家植物园邱园以及许多国外学术团体都授予了他奖励和荣誉。

所有这些都不能让费尔比逃脱“二战”时被英国政府严厉制裁的命运。他早就以公然宣称和平主义而出名，并在1939年作为反战候选人参加了一场英国补缺选举，但是在战争期间，在沙特阿拉伯的庇护下，费尔比对于英国政策的抨击愈发尖锐，随后他在鲁莽地造访印度期间遭到逮捕并根据战时管理条例被押回英国坐牢。“二战”结束后，他回到了之前在阿拉伯的生活，但是新国王厌倦了费尔比对他政权的批评，于是费尔比不得不在黎巴嫩开始流亡生活。1960年，他在那里去世，陪伴他的是他的儿子金姆·费尔比。过不了多久，人们就会发现他是一个苏联双面间谍，虽然受雇于英国军情六处，却在为俄国人工作。父亲的不满和尴尬到儿子这里变成了背叛和欺骗。

费尔比曾要求在他的墓志铭中写上他是“最伟大的阿拉伯探险家”，但伯特伦·托马斯和威尔弗雷德·塞西格（见第261页）很可能会就此争论。作为一名探险家，他将自己投身于阿拉伯语言、知识和风俗中的深度可能是任何一个英国人都未曾达到的，也许以后也不会有人达到。他对于探险的贡献会被许多人记住，但很少有人喜欢他。

安德鲁·古迪/撰

拉尔夫·巴格诺尔德

沙丘上奔驰的福特轿车
（1896–1990年）

走过沙漠王国的废墟，史前部落的碎瓦和石磨；在更远处
是缓缓移动的沙丘，石化森林和沙海，人或老鼠的最后一根骨头。

R. A. 巴格诺尔德，《利比亚的沙地》，1935年

东部撒哈拉沙漠——即利比亚沙漠——的面积相当于印度。它是地球上最大的一片严重干旱之地。在它的探险史上，拉尔夫·巴格诺尔德是一位最重要的主角，他是一个瘦小结实的人，天性腼腆，跟朋友很合得来，善于发明科学仪器，还是一个登山爱好者和斯诺克选手。

1915年，巴格诺尔德在第一次世界大战期间加入了英国皇家工兵部队并被派往法国。战争结束后，他到剑桥大学学习工程学，然后在1921年返回军队。1926年，巴格诺尔德被派往埃及担任职位，就是在离开英国的这段时间，他受到了约翰·鲍尔博士等人在一战期间驾驶T型福特轿车进行沙漠探险的启发，发展出了用汽车进行沙漠探险的热情。

探险

1873–1874年的冬天，格哈德·罗尔夫斯曾率领一支德国探险队从达赫拉走到库夫拉穿越了这片大沙海，即东部撒哈拉沙漠。然而从那以后，没有一支能够进行仔细观察的探险队进入过这片浩瀚的沙海。一般的观点认为这里的地形太过恶劣，汽车难以通行。巴格诺尔德很想验证一下这个说法的准确性。1929年11月，他和5名同事驾

其中一辆福特车，车的外壳被拆去并装上了容器，用来运载燃油和水。

驶着汽车从开罗向西南行进开入沙漠地带，然后调转车头向东南方驶去抵达艾因达拉（Ain Dalla），并从那里返回开罗。对于想要在沙漠中旅行的人来说，艾因达拉是一个至关重要的地方，这里是水源地。他们总共开了三辆车，这些福特旅行车的表现十分出色，以至于在这次旅程结束时巴格诺尔德对于穿越整片沙漠非常有信心。这种车还很省油，有效载重也比较合理，可以不经修理地行进1900千米的里程。他们找到了前进的道路。1929年的旅行证明了可以驾驶简单的两轮驱动汽车穿越大沙海。

受到上次旅行的鼓舞，1930年10月和11月，巴格诺尔德尝试了一次更加宏大的旅程。探险队在10月13日从开罗出发，又一次前往艾因达拉。从那里开始，他们向大沙海连绵的沙丘进发，并在四天半内走过了将近600千米。巴格诺尔德明显被这些沙丘迷住了：

> 我们在一个易变的世界里旅行，到处都是将岩石深埋的光秃秃的高高的沙丘。最奇怪的是这些沙丘表现出的不自然的规则性。他们在外形的细节上都极为相同，尽管非常长，但是沙丘却保持着笔直，并且彼此之间基本是平行的，即使有角度也不会超过2°。我们总感觉它们是一个个巨大的有机体，在漫漫岁月中不停地向南慢慢蠕动爬行，吞没一切挡在路上的东西。

旅程的第二部分需要一直走到有水源的欧韦纳特山脉，然后穿过它抵达塞利马和瓦迪哈勒法，然后取道代尔卜阿巴因（Darb Al Arba' in）之路去往哈里杰、艾斯尤特和开罗。在34天的旅程中，他们走了几乎5000千米。即使是在路况最困难的沙丘区域，每天的里程数也从没低于100千米。

左页图：巴格诺尔德1929年大沙海探险的9号营地，这里位于46米高的鲸背状沙丘上，延伸出几道长长的车辙。

埃及西南部大吉勒夫高原脚下巨大的波浪状沙丘，1929-1930年。直到1938年，巴格诺尔德才找到了通向这片高原之巅的道路。

这么长距离的旅程之所以能够如此安全迅速地完成，是因为四个装置使得轿车能够深入这片沙漠的最深处：沙轨可以解救出轮胎陷在沙子里的汽车；日光罗盘有助于在荒凉的沙漠里导航；冷凝器可以减少从沸腾的水箱中损失的水；还有更宽的轮胎。1927年引入福特A型轿车之后，他们用上了宽23厘米的所谓“空气轮胎”，非常适合柔软的路面——之前福特T型轿车的轮胎宽不到8厘米。此外，轿车经过了良好的改进，使其重量得到了最大程度的减小，于是震动和颠簸对车上货物造成损伤的风险被降低了。这款汽车还有一个特殊的箱式车体。所有东西都能紧紧地装在一起，并且卸下来也很容易。他们发现最好的包装是8加仑的木制汽油箱，里面有两个4加仑的锡罐。所有可能的货物，无论是食物、备用零件、工具或是汽油，全都装在这些尺寸和重量都很合适的箱子里。

在印度服役之后，巴格诺尔德在1931年回到英国，他和比尔·肖一起策划了一场规模浩大的旅行，计划去往苏丹西北部以及毗邻法属乍得省未经探索的边疆地区。最终他们决定组成一支包括8个人和4辆福特A型汽车的探险队。这次1932年探险的第一个目标是抵达欧韦纳特山，埃及和利比亚的交界处。欧韦纳特山是他们这次行动的基地，他们要在那里储存大量的石油和食物，为后面旅行做准备，第一段旅程要向西进入萨拉三角（Sarra triangle，提贝斯提山脉脚下的一块说苏丹语的区域，后在 1934 年割让给意大利），距离为 1900 千米，第二段旅程稍微更长一些，要向南抵达苏丹定居点法希尔，然后途径瓦迪哈勒法返回开罗。在欧韦纳特山的时候，探险队进行了登顶，并探索了欧韦纳特山和大吉勒夫高原之间的火山口。

总的来说，这是一次超远距离、廉价而且成功的旅行。就像巴格诺尔德叙述的那样：

> 整个旅程的距离超过了 6000 英里，包括两次从基苏出发抵达塞利马并返回的旅程。其中超过 5000 英里的旅程经过的地区并没有任何道路。许多地方对于汽车的通行是很困难的，地面上要么铺满了大块岩石和卵石，要么充斥着硬泥隐藏下的水沟。除了一辆车的发动机主支架在即将抵达提贝斯提山脉时出现了裂缝——这也是我们决定不再继续向西前进的部分原因，这四辆轿车都没发生严重的故障，尽管它们在路上遭受了无情的考验。

1935 年，为表彰巴格诺尔德的探险事业，曾支持过 1929 年、1930 年和 1932 年探险的皇家地理学会向他颁发了创始人奖章。

作为科学家的探险家

从那时以后，巴格诺尔德就在远东服役，直到患上了“热带口炎性腹泻”（一种消化系统疾病）后从军队复员。但他并没就此退休，而是开始为伦敦的帝国理工学院进行科学调查，目标是获悉沙子和沙丘的运动规律，并在一个风洞里指导进行第一批试验。1938 年，他决定在现实世界里验证风洞中得到的试验结果，并在一批考古学家和测量员的陪同下返回了这片沙漠。他们来到了欧韦纳特山、大吉勒夫高原和塞利马沙海。

在大多数情况下，巴格诺尔德的野外工作是等待沙暴的到来，他就可以现场目睹沙暴并测量沙粒，但他还想进行“一点儿早就需要做的探险”。他的目标是驾车开到大吉勒夫高原之巅。大吉勒夫高原的悬崖曾在以往挫败了这个宏愿，但巴格诺尔德和

1938年，在大吉勒夫高原附近的一场沙暴中，巴格诺尔德正使用他的设备测量沙子的运动。

他的同事罗恩·皮尔设法找到了一条爬上去的道路。这片在1926年才被发现的砂岩高原——尽管它的面积足有瑞士那么大——得到了详尽的科学观察和记录。

当第二次世界大战开始的时候，巴格诺尔德返回了军队，并利用他独一无二的经验建立了远程沙漠部队，成为“高原沙漠上的海盗”并不时侵扰北非的轴心国军队。巴格诺尔德也许是最伟大的利比亚沙漠探险家，但他也有令人敬畏的同辈对手，如测量员约翰·鲍尔和帕特里克·克莱顿，以及最重要的，《英国病人》中的主角拉兹罗·艾马殊伯爵。

巴格诺尔德探险的一个特点是，除了探索新的地区和发明新的沙漠旅行装备外，他还给科学研究留下了时间。一些探险可能成为大男子主义者展现气概的自我放纵的噱头。但巴格诺尔德不会这样。他的探险队做出了杰出的发现，包括沙漠中大量的考古遗址以及过去巨大的气候变迁留下的证据。巴格诺尔德在1941年写了一部关于沙丘的经典著作，直到今天还在被人引用。不平凡的是，作为一名军人和探险家，他还成为了英国皇家学会的会员。

亚历山大·梅特兰/撰

威尔弗雷德·塞西格

鲁卜哈利沙漠的精神
（1910–2003年）

以步行速度在有些困难的条件下旅行，
我可能是保持过去传统的最后一个探险家了。
威尔弗雷德·塞西格，《我所选择的人生》，1987年

1910年6月3日，威尔弗雷德·帕特里克·塞西格出生于亚的斯亚贝巴，他的父亲在那里担任英国公使馆的公使。他在那里一直生活到接近9岁。塞西格常常坚持认为他在阿比西尼亚（他仍然这么称呼现代埃塞俄比亚）度过的童年深刻影响了他的一生，并在他体内注入了对“肤色和野性”的渴求。1919年，塞西格全家返回英格兰，第二年他的父亲在那里死于心脏病发作。塞西格在苏塞克斯的一所预备学校里接受教育，然后先后进入伊顿公学和牛津大学莫德林学院；他曾代表学校参加拳击比赛，并在1933年毕业于现代史专业。

埃塞俄比亚、苏丹和撒哈拉之旅

1930年，还在上大学的塞西格参加了海尔·塞拉西一世在亚的斯亚贝巴举行的加冕礼。他在那里遇到了英国军官罗伯特·奇斯曼，此人曾在阿拉伯半岛旅行，并在亚的斯亚贝巴鼓励塞西格探索阿瓦什河，找到它结束的地方。1933–1934年，23岁的塞西格成功地完成了这项任务。因为当时的年轻和缺少经验，再加上沿途敌对部落的威胁，塞西格将这次经过达纳基尔人（又称阿法尔人）生活区的探险视为他所经历的最

塞西格的探险队在第二次穿越鲁卜哈利沙漠的路上，1948 年 1 月。在这片辽阔的沙漠中，呈锁链状的沙伊巴沙丘高度足有 215 米。

危险的旅行；他还成为了第一个穿越奥萨（Aussa）苏丹国[①]禁地的欧洲人。

1935—1937 年，塞西格在达尔富尔北部为“苏丹文官政治事务部”服务，他在这里学会了骑骆驼，并且对待他的属下有如同伴而不是奴仆。直到 1940 年，他在伊德里斯·达乌德的陪伴下走过了许多地方，后者是一名扎格哈瓦少年和缓期执行的凶杀犯，曾有许多部落青少年追随塞西格的半游牧生活方式，他是其中的第一个。塞西格骑着骆驼来到苏丹的麦多卜山（Jabal Maidob）和安卡水井（Anka wells），以及利比亚

① 位于埃塞俄比亚的阿法尔州。——译者注

的纳特伦井（Bir Natrun），这是他第一次来到真正的沙漠。为了证明自己，他曾经在24小时之内骑骆驼走了185千米。他的坐骑是一匹漂亮的比沙林（Bisharin）骆驼，有着“迷人的魅力”，并且让他“在它身上做任何事”。这是塞西格的经典言论，他曾宣称自己家族的成就是无可比拟的，他的成长非常快乐，他的学校也是英国最好的。

1938年，塞西格从苏丹经过撒哈拉地区直达提贝斯提，走过3330千米的漫漫长路后抵达了这条由死火山构成的山脉，和之前在达纳基尔人生活的区域旅行或之后的穿越鲁卜哈利沙漠相比，这一路并没遇上多少危险和困境，但这也是一段艰苦的旅程，比他在1936年和1937年分别造访叙利亚和摩洛哥的旅程更加费力。它考验了塞西格的耐力，虽然并没有真正威胁到他的生命。在他之前，还没有欧洲人从东侧接近提贝斯提山脉；也没有英国人到过那里。“这可不容易，”塞西格就此评论道，“在如今成为第一个完成什么事情的英国人。”

阿拉伯半岛和鲁卜哈利沙漠

1945年，塞西格加入了中东地区防治蝗虫部队，寻找蝗灾在阿拉伯半岛南部的爆发中心。这直接促成了他最伟大的旅行：两次史诗般的穿越鲁卜哈利沙漠——“〔我〕一生中最重要的经历”。在这两次旅程中，拉希德族的比恩·卡比纳（Bin Kabina）和比恩·格哈贝沙（Bin Ghabaisha）陪伴着他，并在他待在阿拉伯半岛上的5年中成了他形影不离的伙伴。作为一个自我承认的浪漫主义者，塞西格以传统的方式进行着旅行。和圣约翰·费尔比（见第250页）不同的是，塞西格在旅途中从不想和外部世界有任何接触，而前者会从收音机里收听国际象棋比赛的结果。

1946-1947年，塞西格第一次穿越鲁卜哈利沙漠，佐法尔地区海岸线上的小镇塞拉莱是他这次旅程的起点和终点。在到达北方的达芙拉和利瓦绿洲之前，他的探险队和筋疲力尽的骆驼爬上了沙伊巴沙丘（Uruq al Shaiba），这是一片高达215米的连绵不绝的沙丘群。有两个星期，他们在咸水井之间挣扎求生，被迫忍受恼人的饥渴、让人麻木的疲劳、寒冷刺骨的夜晚以及烈日炙烤的白天。塞西格是第一个抵达利瓦绿洲的欧洲人，也是第一个造访传说中的乌姆萨米姆（Umm al Samim）流沙区的人。他写道：“对其他人来说，我的旅行没有什么重要性……这是一种个人体验，而回报只不过是一口洁净无味的清水。我对此很满足。”

1948年1月至3月，塞西格和包括比恩·卡比纳和比恩·格哈贝沙在内的6名同伴第二次穿越了鲁卜哈利沙漠。这两次鲁卜哈利沙漠穿越走过了塞西格的两位先驱伯特伦·托马斯和哈利·圣约翰·费尔比在1931年和1932年都没有走过的大片区域。在苏耶尔（Sulyail），塞西格曾被按照伊本·沙特的命令短暂拘禁，后来多亏了费尔比的个人干预才被释放。许多狂热的部落被他这个异教徒的存在激怒了，发誓要杀了他。塞西格的探险队要是没在雅布尔绿洲（Jabrin Oasis）附近的乌姆阿达瓦（Umm al Adwa）发现能够饮用的水，他们可能已经消失在沙漠中了，而雅布尔绿洲最初就是由圣约翰·费尔比和罗伯特·奇斯曼定位和绘制在地图上的。1949—1950年，塞西格在阿曼内陆旅行，这承担了相当大的危险，因为那里有许多忠于伊玛目的部落，但是没遇到什么困境。

在试图解释进行如此危险旅行的动机以及这些旅行带给他的满足感时，塞西格承认他对未知世界的诱惑以及决心和忍耐力的挑战兴奋不已。“这些鲁卜哈利沙漠中的旅行，”他写道，“要是没有我和贝都因伙伴的友谊，对我来说就是一场毫无意义的苦行。”

塞西格戴着头巾，穿着阿拉伯长袍，腰间别着一把银柄阿曼匕首，手中拿着赶骆驼用的棍子；鲁卜哈利沙漠，1948年3月。

摄影和写作

塞西格作为摄影家和作家的非凡天赋为他带来了不断增长的名声。不过在他第一本书《阿拉伯沙地》于1959年出版之前，他成就的所知范围还主要局限在外交圈和地理学术团体。作为一名探险家、旅行家、作家和摄影家，塞西格鼓舞了（并将继续鼓舞）许许多多富有冒险精神的男男女女在非洲和中东以及世界其他角落旅行。

塞西格使用照片记录自己的旅程。在埃塞俄比亚的时候，他曾给达纳基尔部落拍照；1935–1940年在苏丹的时候，他拍摄了达尔富尔的穆斯林部落、尼罗河上游的异教徒努尔人，以及科尔多凡的努巴摔跤手。他最先使用的是一部箱式照相机，然后连续使用了四部莱卡相机。塞西格把他的书和照片都看作旅行的副产品，直到第二次世界大战之前，摄影都是他的消遣。无论是在艺术上还是在技术上，战争结束后塞西格拍摄的阿拉伯半岛照片都表现出了明显的进步。这可能是由于他学习了弗雷娅·斯塔克在1938年出版的《哈德拉毛省所见》一书中的照片，并意识到了特写肖像的可能性以及光影的重要性。塞西格喜欢弗雷娅，并且很仰慕她，但他却说，阅读她的一些书对于自己"就像吃一顿除了蛋糕别无他物的晚餐"。

塞西格从12岁就开始写日记，并将这个习惯保持了一生。日记以及他给母亲和兄弟们写的信和照片一样，是他记录旅程的载体。这些文字和影像为他提供了撰写文章、讲稿和书籍时需要的细节。虽然喜欢别人的陪伴，塞西格却是一个喜欢将感情隐藏在心底的人，当撰写《阿拉伯沙地》的时候，塞西格遇到了巨大的苦难，除了现实体验难以传达出之外，最深处的想法和感觉"被他用坚决的意志锁在身体中，度过了最活跃的半辈子"。1964年出版的《沼泽地的阿拉伯人》描述了塞西格1950年代在伊拉克南部与世隔绝的玛丹（Ma' dan）度过的7年时光。为他划独木舟的阿玛拉、哈桑和萨贝蒂扮演的角色和苏丹的伊德里斯·达乌德以及塞西格在阿拉伯的贝都因人同伴相似。

年轻的巴赫蒂亚里部落男子，伊朗，1964年。这一年塞西格加入了巴赫蒂亚里游牧民每年一度穿过扎格罗斯山脉的迁徙。

亚洲和非洲

在1950年代，塞西格曾间断地在巴基斯坦、阿富汗、努里斯坦地区和摩洛哥的山脉之间旅行。他在1959–1960年返回埃塞俄比亚，牵着骡子步行先后穿越了这个国家的南部和北部。不久之后，他组建了第一支去往肯尼亚东非大裂谷省鲁道夫湖（今图尔卡纳湖）的骆驼旅行队，并在接下来的15年中继续对肯尼亚北部进行了深入的探索。

1977年，塞西格迈出了更大的步伐，他加入了加文·杨环印度尼西亚群岛的航行——这里是约瑟夫·康拉德东方小说的背景地。1983年，他骑着矮种马和牦牛，在六周内穿越了拉达克。这次旅行之后，塞西格和他的桑布鲁和图尔卡纳"家人"在肯尼亚的玛拉拉尔（Maralal）过上了越来越安定的生活，住在他为拉维·莱博亚里（Lawi Leboyare）、拉普塔·莱卡夸尔（Laputa Lekakwar）和"基比里蒂"（"Kibiriti"）建造的房子中的一处，他们都是他的"养子"。

1992年，塞西格的视力下降得非常厉害，他不得不放弃摄影，在无人帮助的情况下也不能写作了。当拉普塔和拉维先后死于1994年和1995年后，本来想在玛拉拉尔安度晚年的塞西格返回英格兰定居。2003年8月24日，在得了一场急病之后，他以93岁高龄死于萨里郡。塞西格赶着驮行李的牲畜和部落男子一起进行的旅行时间跨度长达50年，他走遍了非洲、阿拉伯半岛、中东以及西亚的许多偏远地区。当他89岁的时候，塞西格最后一次造访了阿拉伯联合酋长国。那时，他已经被人赞为20世纪最伟大的旅行家和最著名的探险家之一。

第六章

地球上的生命

亚历山大·冯·洪堡

玛丽安娜·诺斯

阿尔弗雷德·罗素·华莱士

弗兰克·金登－沃德

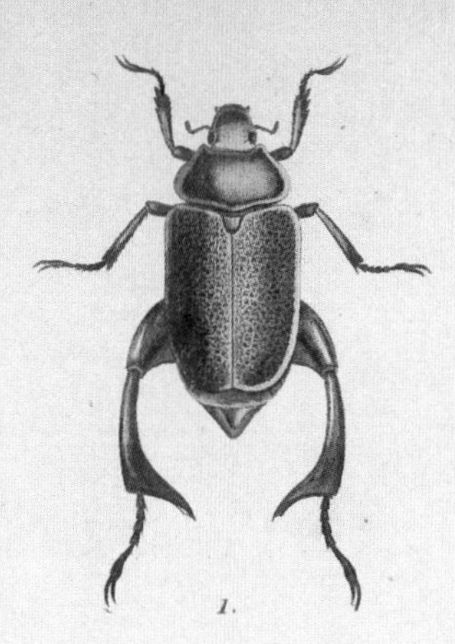

1.

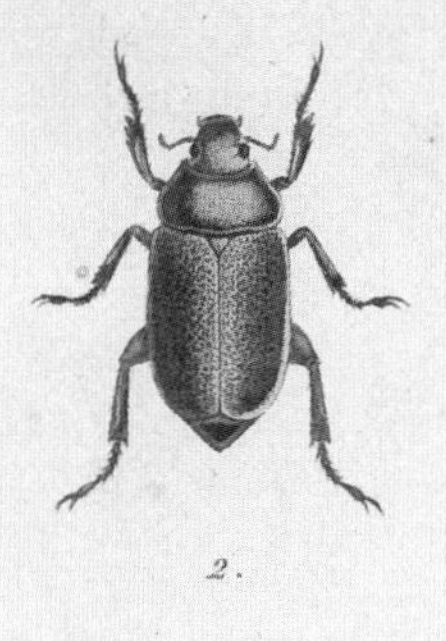

2.

3.

4.

5.

6.

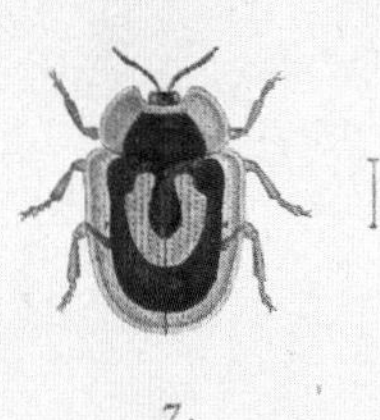

7.

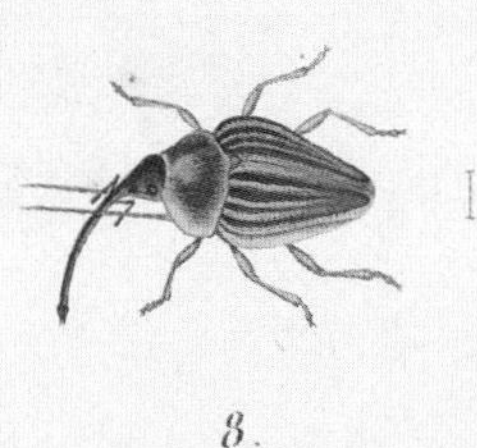

8.

10.

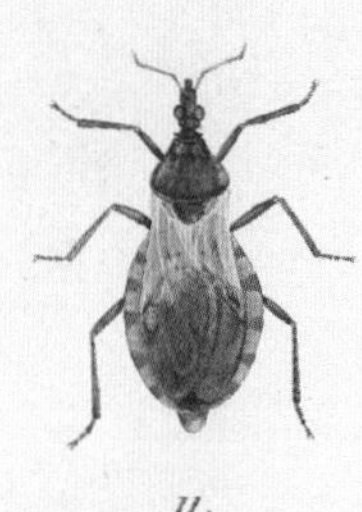

11.

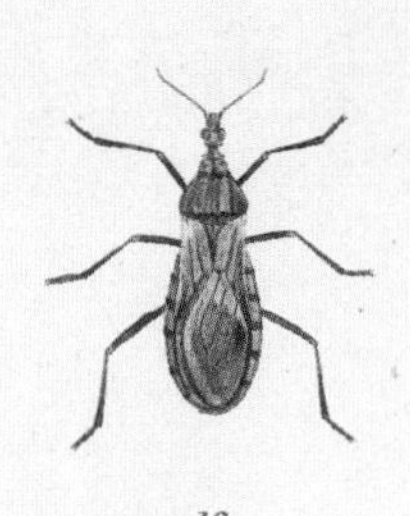

12.

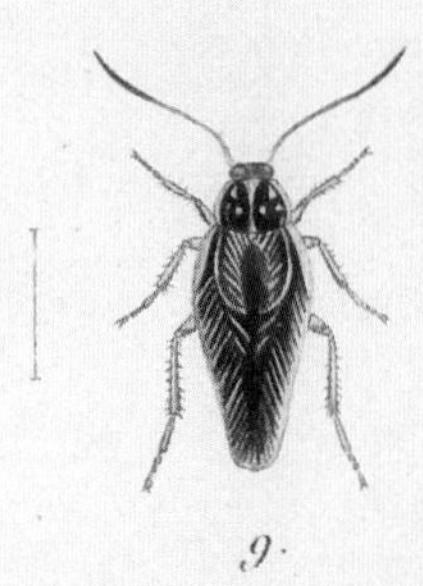

9.

Oppel del. *Bo*

探险最重要的目的一定是科学研究。亚历山大·冯·洪堡男爵展示了研究所有事物的能力，在那个时代研究所有事物还是可能的。和坚忍的同伴艾梅·邦普朗一起，洪堡花了5年时间走遍了中美洲和南美洲的大片区域，收集和分析了他们所看到的所有东西，取得了现象级的研究成果。洪堡还是一个不屈不挠的登山家，在很长一段时间内人们都以为他几乎登上了世界上最高的山峰，直到最后人们发现喜马拉雅山脉的几座山峰比钦博腊索山还要高。

植物学绘画是那个时代女性参加探险的一个方式，当时探险这类事情很少有女人涉足。玛丽安娜·诺斯出发得很晚，过了40岁才上路，但她通过自己的努力和天赋弥补了这一点，并成为最坚决和最富于洞察力的植物制图师之一。在她路途遥远而艰苦的旅途中，她画遍了热带地区的植物，让我们感到庆幸的是，她的许多精品画作都在邱园得到了保存。

阿尔弗雷德·罗素·华莱士是另一位进行科学旅行的巨人。他花了4年时间在亚马孙的丛林里搜集样本，然后在远东待了8年，并在那里完成了自己部分最好的工作。躺在自己的吊床里忍受疟疾之苦时，适者生存的概念在他脑中生根发芽。他立刻给自己的良师益友查尔斯·达尔文写了一封信，后者已经在这个理论上研究了大约20年了。最后达尔文大方地和华莱士分享了荣誉，1858年，他将华莱士的文章呈交给林奈学会。从此以后，整个进化领域，或者说整个科学领域都变得不一样了。

植物学研究还激励了另一位伟大的探险家弗兰克·金登-沃德，他在将近50年中进行了25次去往西藏和喜马拉雅山脉东部的探险。他发现了许多美丽的植物，并将它们带回了英国，现在我们的花园里还常常能见到它们，但他在旅途中遭遇的艰难险阻在安全的园艺环境中已经无迹可寻了。

左页图：在美洲，洪堡和邦普朗收集了6万多件标本，其中许多物种都是以前未知的，他们在大量的出版物中对这些物种进行了描述和绘图。

保罗·罗丝/撰

亚历山大·冯·洪堡

最伟大的旅行科学家

(1769–1859年)

你将洪堡称作有史以来最伟大的旅行科学家，

我认为这种说法是十分恰当的。

查尔斯·达尔文，给J. D. 胡克的信，1881年8月6日

亚历山大·冯·洪堡不仅是一位英勇的旅行家和富于开创性的科学家，他还被称作最后一位伟大的全才，并被视为现代生态学的奠基人。1769年9月14日，洪堡出生于启蒙时代的柏林；拿破仑、威灵顿、夏多布里昂和居维叶都出生在这一年。作为一名年轻的大学毕业生，洪堡和好友格奥尔格·福斯特来到英格兰，后者曾作为科学插图画家加入詹姆斯·库克（见第46页）的探险船队，他们两人一起拜访了约瑟夫·班克斯爵士并参观了班克斯杰出的植物标本集和植物学图书馆。

现象级的工作效率

随后，洪堡又在1791年进入弗莱贝格矿业学院学习。他将自己投身到繁重的学习任务中去，但把所有宝贵的闲暇时光都花在了自己的博物学调查上面。对于这段学习生涯，他这样写道："我这一生从来没有这么忙过。我的健康因此受到了影响，但是整体来说我非常高兴"，并以"我所从事的事业必须充满激情地追求，才能享受到其中的乐趣"这样一句话作为结论——这句话总结了他一生的生活方式。他的第一份工作是矿区检查员；通过这份工作，他旅行了许多地方，还设法将废弃的矿井转变为可以开工的场所，并开设了一家技工学校。洪堡对于矿井中瓦斯气体的研究让他发明了矿工

洪堡是一个极具天赋的画家：这是他在 1814 年的自画像。

呼吸装置和四种安全灯。

这时的洪堡年方 26 岁，受过良好的教育，家世背景优越，有着无穷的精力。他把自己的创造力用在了一些非凡的自我试验上。为了理解他称之为“动物电”的东西，洪堡曾在青蛙和植物身上做过试验。但为了证明自己的理论，他将电极用在了自己身上。

> 我在背上弄了两个水疱，每个都有一克朗硬币那么大……我将水疱割掉，并用锌和银电极接触伤口，我立刻感到一股尖利的疼痛感，这感觉是如此剧烈以至于斜方肌猛地膨胀起来，震颤感向上传递至头盖骨基部和脊椎的神经突……据观察，放置在我背上的青蛙跳了起来……这现象太不可思议了，我又重复了一遍。

洪堡的工作效率是现象级的。他所做的 4000 多个试验中有一个需要将电极用在他拔牙后留下的空腔里，这几乎让他发明了第一块电池。在当时，他如是记录道：“你如何能够阻止一个想要发现事物并了解周遭世界的人呢？无论如何，广博的知识对于一个旅行者来说是至关重要的。”

独立性和准备

1796 年，洪堡的母亲去世并给他留下一大笔遗产；这让他能够脱离矿业，并开始为自己的科学旅行做计划。洪堡非常渴望进行探险，并在 1798 年 4 月同意加入“半个疯子半个天才”的布里斯通勋爵的尼罗河远征。然而当洪堡还在巴黎采购科研设备的时候，拿破仑突然入侵了埃及而布里斯通勋爵在米兰被捕——于是计划就这样流产了。然后他遇到了自己儿时仰慕的英雄路易斯-安托万·德·布干维尔

（见第 39 页），后者邀请洪堡加入自己由法国政府赞助的新的环游世界科学探险。洪堡没有浪费任何时间。两周之内他就做好了准备，并收到了启程上船的命令。然而这次探险却在最后一分钟被取消了，法国政府突然意识到自己承担不起这样一次行动的开销。

“男人不能只是坐下来开始哭，他得做点儿什么。”他这样表明了自己的态度，并决定和植物学家艾梅·邦普朗一起组织自己的北非探险。他们会成为探险史上最重要的搭档之一。但他们面临着更多的困难。洪堡的想法是他们先航行至阿尔及尔并在阿特拉斯山脉过冬，然后和一支从的黎波里去往开罗并穿越沙漠的朝圣旅行队会合。当正在寻找船只的时候，他们听说所有从法国抵达阿尔及尔的乘客刚一上岸就会被扔进地牢里。1798 年 12 月，仍然渴望旅行的他们决定步行走到西班牙。这一次他们终于出发了，花了 6 周抵达马德里，并在这段旅程中进行了大量科学观察，其中之一的发现是证明了西班牙内陆是一片高原，而且当时该地区的地图已经远远过时了。

史诗般的远征

在马德里停留了很短的时间之后，洪堡很快得到了西班牙国王的接见并向国王请求支持进行一次南美洲探险，洪堡的名声和人脉关系也许会让这件事显得很简单，但这件事很不平凡。国王给了两人官方许可，并让他们带着洪堡已经得到的所有设备登上了皮萨罗号，他们在 5 月份从拉科鲁尼亚出发。

这个时候正是去往南美洲的高峰期。皮萨罗号上人满为患，船上还爆发了一场伤寒，但洪堡对于疾病、晕船和任何程度的不适都无动于衷。没有任何事情能够分散他对于科学的注意力，他把在船上的时间全都用来进行天文学、海洋学和气象学观测。

抵达委内瑞拉的库马纳之后，洪堡和邦普朗受到了当地总督的欢迎，并得到了总督提供的房屋和配备的人员。洪堡后来回忆道：“当我还是个孩子时，就一直梦想来到美洲，而这里是我踏足美洲的第一站。我最常回忆的并不是科迪勒拉山脉的种种美景奇观，而是尘土飞扬的库马纳。”他在这个时期的笔记显示他已经完全沉浸在新事物中

左页图：一张美丽鹿丹（*Rhexia speciosa*）的插图，图中精确描绘了该物种的植物学特征。洪堡认为他称之为植物地理学的学科是他对科学最大的贡献之一。

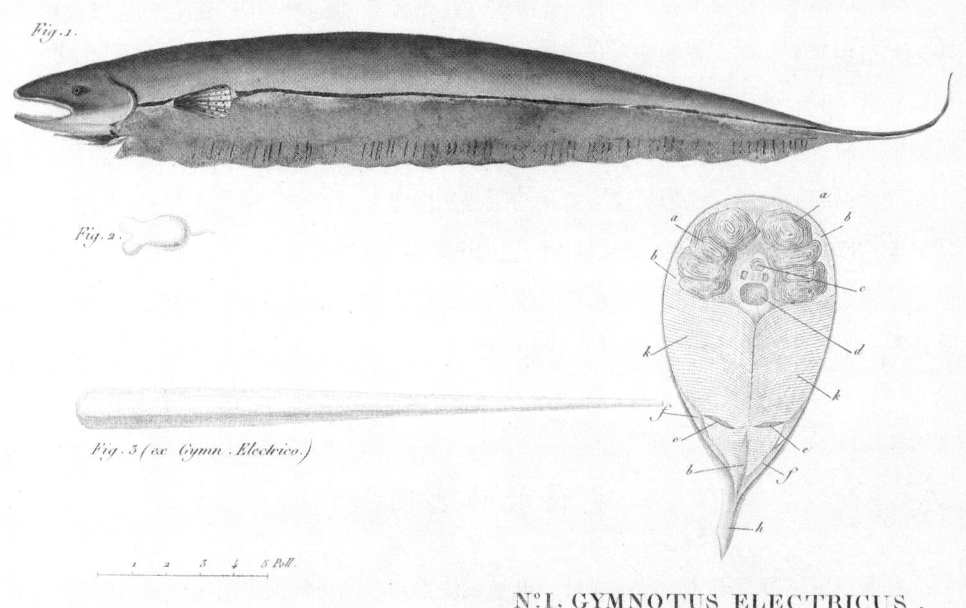

洪堡对于“动物电”的痴迷由来已久，在南美之旅中，他对电鳗进行了详尽的研究。当他无意中站在地上的一只电鳗旁边时，遭到了“可怕的电击”。

了：“赤裸的印第安人，电鳗，鹦鹉，猴子，犰狳，鳄鱼，让人吃惊的植物，夜晚在金星的光芒下记录我的六分仪读数。”但他的欢欣中又掺杂着对奴隶贸易的厌恶：他的房子距离城镇广场很近，从非洲运来的奴隶就在那里被卖掉。洪堡在此后的生活中常常公开批评奴隶贸易。

7 周之后，洪堡和邦普朗前往高地进行了两个月的实地考察，洪堡在那里记录了一些鸟类和昆虫的新物种，探索了一处洞穴直至当地向导不敢再前进为止，记录了当地的文化和语言，第一次经历了地震和一场难以置信的流星雨，还遭受了一个“疯狂的混血儿”的攻击。1799 年 11 月，他们航行至加拉加斯。这座城市中他们的大房子里已经安排好了工作人员，他们也很快融入了当地的上流社会。这里的天气状况不佳，无法进行天文观测，于是洪堡进行了一次登山，登上了当地最高的山峰海拔 2424 米的加拉加斯锡拉山（the Silla of Caracas），这是该山峰第一次有记录的登顶。洪堡对于奴隶贸易的厌恶并没有阻止他使用 18 名奴隶搬运登山时的行李。

1800 年 2 月，他们离开加拉加斯朝内陆进发，不久之后，洪堡就得到了继续研究动物电的机会。他曾尝试让海岸边的印第安人为他捉一条电鳗，但那里的印第安人害怕这种鱼类。在内陆，他发现卡拉沃索地区的人们会使用马当作诱饵捕捉电鳗，他们将尽可能多的马和骡子赶拢到一起，然后把它们赶进池塘并不停遭受电鳗的攻击。一些马招架不住被电死了，其他想要逃脱的马会被赶回水中，要么淹死，要么幸存，因为电鳗已经用完了它们有限的高达 650 伏的电量。在死马和奄奄一息的马匹之中，印第安人可以安全地捕获暂时耗光了电的电鳗。洪堡和邦普朗花了 4 个小时对电鳗进行试验和解剖并不时受到电击，这让两人“肌肉无力，关节疼痛，浑身不舒服的感觉一直持续到第二天才消失”。

穿越了这片南美大草原或称高地平原之后，他们又进行了一次长达 2400 千米的河流之旅，测绘了奥里诺科河的河道。当他们返回安戈斯图拉的时候，他们不但已经造访了通过尼格罗河联系奥里诺科河和亚马孙河两大水系的卡西基亚雷河，还对这些河流进行了精确的测绘，进行了大量的磁力观测并收集了 12 000 件标本——包括一些当时科学界还未发现的植物物种，以及一些人类骨架标本。这两个人一起体验了许多不可思议的经历——通过划桨和陆上运输，他们将船只运过了地球上最险峻和最偏远的区域，几乎饿死并被迫以蚂蚁充饥，他们被昆虫叮咬得几乎发疯，并和吃泥土和吸大麻的部落在一起生活。即使如此，满怀激情的洪堡仍然情不自禁地夸大了这次旅行，在报告中兴奋地声称他的旅行距离超过了 9600 千米，而且所进入的任何一个印第安人小屋中几乎都残留着人肉宴会后留下的残羹冷炙。

1800 年 8 月，他们从安戈斯图拉出发回到了库马纳，两人都得了热病，而且他们收集的珍贵标本由于极高的湿度而损失了三分之一。已经在委内瑞拉河流水系探险上取得成功的洪堡没有时间休息，他和邦普朗在 1800 年 11 月航行至古巴；1801 年 3

钦博拉索山是位于厄瓜多尔的一座休眠火山，当洪堡和邦普朗攀登它的时候，它被认为是世界最高峰。虽然洪堡和邦普朗没能成功登顶，但他们仍然创造了人类攀登高度的世界纪录。这幅凹版印刷画是根据洪堡的素描作品改绘的。

月，他们回到了卡塔赫纳，并继续向利马前进，准备在安第斯山脉进行为期两年的科学探险。

在内陆的旅行又成为了另一次史诗般的河流探险——他们在河水暴涨的马格达莱纳河中行进了 805 千米，穿过了茂密的森林。他们又一次饱尝昆虫叮咬之苦，陪同他们的 20 名印第安人中有 8 人因为热带性溃疡和精疲力竭而被送回。不过洪堡和邦普朗保持着健康抵达了翁达港，准备进行去往波哥大（哥伦比亚）的高原之旅。1801 年 9 月，他们出发前往基多。当地矿业官员使用印第安搬运工通过崎岖难行道路：当地的印第安人身上会被装上椅子形状的装置，官员坐在上面就这样被运过去。洪堡和邦普朗拒绝了这个方法，选择步行。

1802 年 1 月抵达基多（厄瓜多尔）之后，他们把接下来 6 个月的时间都花在了研究当地火山上。在当时人们还没有理解海拔对于人体的影响，而洪堡不得不放弃对皮钦查火山的首次攀登，因为他感到很不舒服并昏了过去。毫不气馁的他又做了第二次尝试，并在经过几座裂缝桥下降一些距离之后成功登顶。洪堡的身体状况极佳，他在第二天又登上了皮钦查火山进行更多的观测。他还和邦普朗一起试图登上钦博拉索山，但在海拔 5878 米的时候被一片覆盖着柔软冰雪的陡峭斜坡挡住了去路。在接下来的 30 年中，洪堡保持着人类攀登高度的纪录。在他晚年时，当对喜马拉雅山脉的调查发现钦博拉索山实际上并不是世界第一高峰的时候，洪堡表现出了不难理解的失望，他写道："我在一生中都认为自己是世界上所有人中攀登得最高的人——我指的是钦博拉索山的山坡上！"

在所到之处，洪堡常常对碰到的所有东西进行一丝不苟的观察。他在去往太平洋沿岸的特鲁希略途中所做的磁力观测在接下来 50 年的地磁研究中一直被用作参考资料。他还从当地农民那里了解到海鸟粪具有很强的肥力，并把这个发现带回了欧洲。

在利马逗留了一段时间之后，1802 年 12 月洪堡和邦普朗起航前往墨西哥，中间经过瓜亚基尔。在海上洪堡当然还在进行他永不停歇的科学研究：他对于秘鲁海域海水温度的测量揭示了该洋流的存在，该洋流后来以他的名字命名（现亦称秘鲁洋流）。1803 年 3 月，他们抵达了墨西哥的阿卡普尔科，并花了一年的时间进行去往火山的旅行、研究阿兹特克文化并造访了一些矿山。1804 年 3 月，他们起航前往哈瓦那，然后又来到费城，洪堡在那里拜访了当时的美国总统托马斯・杰斐逊。洪堡深受杰斐逊的鼓舞，认为这次会面非常重要。两人讨论了许多事情，包括刘易斯和克拉克进行的美国西部远征（见第 69 页），为洪堡最伟大的探险画上了句号。1804 年 6 月，洪堡和邦普朗起航前往波尔多。

巴黎以及那些"未必如实的岁月"

这场历时 5 年之久的宏大探险行动花费了洪堡所有财产的三分之一。如今他拥有 6 万件标本以及浩瀚的动物学、地球物理学、天文学、地质学、海洋学和文化学数据。洪堡常常说他的目标是"收集想法而不是物品"，他花了 30 年时间才将南美之旅的结果提炼出来，并出版了包含多卷的大部头著作，这部著作后来又从法语翻译成英语，

从南美洲返回后，洪堡用了接下来的30年时间撰写和出版他所有调查和观测的结果。他描述了这种新世界的小型猴类即绢毛猴，并将其命名为*Simia leonina*，但直到现在也不能完全确定它到底代表哪一个物种。

标题为《赤道地区之旅的个人叙述……1799-1804年》。由于这本书也基本上是他自己出资出版的，于是也给他造成了经济问题。

从南美洲回来之后，洪堡定居在巴黎，在经拿破仑批准的一笔津贴的帮助下，他在那里生活了接下来的24年。就像从前那样，他进入了巴黎科学界、社交圈和政治圈的上层，生活得风生水起。但他对巴黎的爱并不像他对旅行和发现的爱那样热烈，1805年，洪堡和法国科学家盖·吕萨克一起进行了一次为期6周的穿越阿尔卑斯山之旅，目的是进行磁力和大气观测。他还有一个自己称之为“我一生中第二大任务”的计划——去亚洲北部进行科学探险。1811年，他希望离开巴黎前往西伯利亚、喀什和西藏，但拿破仑对俄国的侵略阻止了计划的实施。1827年，洪堡返回柏林，但他探索的动力仍然丝毫未减。为去俄国探险做前期准备，他曾几次前往伦敦，其中一次他和伊萨姆巴德·金德姆·布鲁内尔在泰晤士河里的一口潜水钟下待了一个小时；浮上水面后，洪堡胸中的血管发生了破裂，当时出现了咳血和流鼻血的症状，直到第二天才消失。

1829 年 4 月，年届 60 的洪堡前往圣彼得堡并在 6 个月内返回柏林，走过了 18 500 千米的路程，又一次进行了大量天文学、地质学和地理学观测，并证明了俄国境内有钻石矿藏。他还在俄国境内建立起了地磁和气象观测站网络，这促使欧洲大陆、英国和美国完成了同样的工作，建立起了世界性的地磁和气象观测网。

洪堡如今重拾起了他早期的一个想法，并开始撰写一部野心勃勃的巨著《宇宙》，在这部著作中，他试图收集和记录科学和自然界已知的所有事情，并找到不同分支之间的联系——“对于宇宙的物理性描述”，他要在其中论证自然的统一性。这部书花了他 25 年的时间，当第一卷出版的时候他已经 76 岁了，第三卷出版时 81 岁（他称自己的这段时间为“未必如实的岁月”）；而当洪堡在 90 岁诞辰前夕去世时，最后的第五卷只完成了一半。

洪堡对于各种科学门类都做出了真正的开创性的贡献，大量动植物物种、地理景观、地名和大学都以他的名字命名。

至于他自己，洪堡这样说道：

> 我只完成了三项重要并且最独特的工作。植物地理学以及与之相关的对热带世界的自然描绘。等温线的理论。对地磁的观测——在我的建议下，它导致了遍及全球的地磁观测站的建立。

洪堡博得了所有他应得的掌声和称赞，他对于许多科学分支的影响在今天仍然可以感受得到。

缪伯里·波尔卡/撰

玛丽安娜·诺斯

无畏的植物学家和画家

（1830–1890年）

有一天，当我想要画画时突然感到很冷，于是我走上悬崖边又走了下来，总共走了4英里。景色很美……这里有很多浆果，但是没有鲜花；而我因此感到更加开心，因为这样可以立即欣赏风景本身。风很急，波浪拍打着岸边，像是真正的海一样……我坐下来并开始思索自己是否应该回到英格兰，见一见我在画廊里的朋友们。

玛丽安娜·诺斯，她的日记中对新西兰瓦卡蒂普湖中一个小岛的描述，1881年

玛丽安娜·诺斯直到40岁以后才开始进行她赖以成名的活动。她挚爱的父亲死后，诺斯开始进行孤身一人的求索，在世界最偏远的地区记录珍稀的植物。在一生所剩下的20年中，她为英国皇家植物园邱园收集了大量植物物种，并画了将近1000幅画作，如今这些画收藏在她在邱园修建的一个展示馆以及大英博物馆内。很少有女性像诺斯那样敢于离开家去往那么遥远的地方探险。为了完成自己设立的收集并描绘珍稀异域植物的任务，她穿过丛林，爬上高山，沿着满是泥浆的道路艰难跋涉，乘着筏子在河中漂流，并忍受着虫子、蛇和热浪的侵袭。在诺斯的发现中，总共有5个以她的名字命名。

痴迷于绘画的早年生活

诺斯出生在英格兰南部黑斯廷斯的一个富有而且文化程度很高的家庭。她的母亲继承了一大笔相当可观的财产，她的父亲弗雷德里克·诺斯是英国议会的自由党成

红嘴长尾蜂鸟采食荆芥叶草（*Leonotis nepetaefolia*）花蜜的情景，牙买加。诺斯将这两个物种配在画中，具有相当的预见性：这种闪闪发光的长尾蜂鸟常常出现在当地民间传说中，后来成了牙买加的国鸟，而荆芥叶草因其医疗作用在如今广为人知。

在巴西收割甘蔗的场景：诺斯深深惊讶于在巴西看到的丰富多样的自然生物，对于农田和矿山里存在的邪恶的奴隶制度，她也没有选择视而不见。

员，活跃于当时的政治圈和知识圈之中，并且是一些探索新科学的俱乐部的成员。诺斯没有接受多少正规教育，但她的家庭有很多画家和科学家朋友。其中之一是著名的植物学家、皇家植物园邱园园长威廉·胡克，他曾赠给年轻的玛丽安娜一些异域植物，鼓励她进行植物绘画。玛丽安娜和父亲与妹妹一样都很喜爱植物，在他们漫游欧洲期间，她跟一系列画家学习过绘画。油画是她最喜欢的种类："从此以后，我什么别的事情都没有干，画油画成了像喝小酒那样让人上瘾的癖好，我一旦开始画，就几乎无法起身离开。"

诺斯的母亲在1855年去世之后，她按照曾经承诺过的那样照顾起自己的父亲。由于没有结婚，她仍然保留着对于财产的控制权，于是才能在后来为自己的探险提供资金。在接下来的14年中，她和父亲不断在欧洲和巴勒斯坦旅行，并总是随身带着日记和写生簿。弗雷德里克在1869年的一次远足旅行中得了病，玛丽安娜把他带回黑斯廷斯的家中，他在家中去世了。诺斯对于父亲的死十分悲伤。绘画以及周游世界搜寻珍稀异域植物成了她的慰藉。

右页图：诺斯描绘的南非风景、植被和居民。她对于"卡菲尔兰（Kafirland）的完美新世界植被"惊叹不已，这片植物世界中偶尔出现蜂窝型的小屋，其中的居民是"穿着红色斗篷，头插羽毛，外貌最庄严美丽的人物"。

玛丽安娜·诺斯的摄影肖像，朱丽娅·玛格丽特·卡梅伦拍摄。诺斯对卡梅伦很着迷，后者的“古怪是最让人耳目一新的”。

在路上

诺斯对于远距离旅行的渴望很早就开始了，威廉·胡克赠送的热带花卉激起了她对远方的兴趣，如今已经41岁的她终于开始了一系列旷日持久的旅程，这些旅程将持续她的后半生。她受到了探险家露西·达夫·戈登的鼓舞走向更远的野外，后者曾在埃及的卢克索与她会面，玛丽安娜决定走出欧洲的边界，去实现“在热带地区丰富多彩的自然环境中描绘当地奇异植物的梦想”。

1871年，她受到邀请前往美国，这次旅行为她今后的探险确定了模式。在威廉爵士的儿子约瑟夫·胡克爵士以及查尔斯·达尔文和其他朋友的引介下，她得以在所到之处见到当地最有影响力的人物。这些人为她在野外的逗留提供了便利。诺斯独自一人上路，她的第一次单身旅行开始于波士顿。她遇到了伊丽莎白·阿加西夫人，这场会面对她很重要，后者刚刚和她的丈夫博物学家路易斯从巴西之旅返回。他们收集的植物刺激了诺斯对于在热带地区旅行的期待。

随着冬天逐渐迫近，她高兴地踏上了前往牙买加的旅途。寒冷的天气会让诺斯很难挨，她患有风湿病，在炎热的气候中最开心。在金斯敦郊外，她发现了一个覆盖着植被的废弃房屋，并在这里独自一人居住了一个月，愉快地画着画。下一站是巴西，她在米纳斯吉拉斯的一个小屋中度过了“充满喜悦的”8个月。诺斯无视旅途的艰苦和漫长，她一直把注意力集中在植物上，而这些植物从不让她失望：“我的漫游非常愉快，每次探险都有新的奇妙发现。”事实上，她喜欢植物更甚于喜欢人。

诺斯的回忆录起名叫《幸福生活的回忆》并不是没有道理的。在长年累月的旅行中，为了找到想要的植物，她攀爬悬崖、穿越沼泽、乘筏渡河，从来不顾危险。她通过植物去看和体验这个世界，植物令她着迷，无论周围环境如何。当在塞舌尔群岛上画一棵海椰子树时，为了得到更好的视角，诺斯不得不站在不牢靠的岩石上，她记录自己“将画板放在一片扇形巨大叶片上，开始安心地描绘起所有的果实和芽，虽然一次小小的滑动或抽搐就会给我的画和我自己画上句号”。另一次，在群山之中穿行了一段漫长而艰苦的路途之后，她写道，自己将“不再乐意去往看不见自己脚的地方”。1876年，在锡兰（斯里兰卡）的卡卢特勒地区，当诺斯朝树下自己的画架走过去时，看到旁边的椅子上有一个绿色的东西在风中摇曳。她没有戴眼镜，以为有人为她留下了一个植物标本，当她伸出手去拿它的时候才发现这是一条毒蛇，幸亏它立刻溜走了。“从那天起，”她回忆道，“我就总是戴着眼镜。”在卡卢特勒的时候，诺斯还遇到了摄影家朱丽娅·玛格丽特·卡梅伦并和她成为了朋友。

诺斯的好心情一定很具感染力，因为她在所到之处都受到了欢迎。许多人都曾帮助过她，包括派遣马车载着她走过一段艰难而危险道路的一位总督以及在“黑河，其中的河水真是名副其实”边为她煮茶的一名警察车夫，还有一个用“他的长剑将附在我身上的水蛭削去”的军人。在婆罗洲，她被引荐给了沙捞越的白人罗阇，还成了王妃玛格丽特·布鲁克的好友和旅伴。罗阇在一片湿地旁为她安排了一座小屋，诺斯在这里住了一个月，她的厨子每天的工作就是从鸡笼里抓鸡做给她吃。她写道，自己在画画中度过了一段“美味”时光，直到她的鸡都吃光并且“面包开始变蓝”才不情愿

世界上最大的已知猪笼草——诺斯猪笼草，它在婆罗洲被发现并以诺斯的名字命名。

地回去了。在沙捞越，诺斯发现了已知的最大猪笼草，诺斯猪笼草（*Nepenthes northiana*）。这是以她名字命名的五种植物，其他的植物有*Northea seychellana*，塞舌尔群岛上的一种树木；文殊兰（*Crinum northianum*），一种石蒜科植物；诺斯槟榔（*Areca northiana*），一种羽叶棕榈；还有诺斯火炬花（*Kniphofia northiana*），非洲产的一种火炬花。

1878–1879年，她花了一年半的时间走遍了印度，寻找印度典籍中记载的植物。她画了200多幅植物和场景，包括种在坟墓旁的鸡蛋花——它们的花瓣会落在逝者身上，印度教徒用来火化遗体的芒果木以及种在寺庙周围散发甜香气味的夜茉莉。在非凡的旅途中，她还去过日本、爪哇、东印度群岛、非洲、澳大利亚、新西兰、智利和塞舌尔群岛。

她的妹妹凯瑟琳出版了她的回忆录，凯瑟琳如此评论自己的姐姐：

> 她好像过着一种着了魔的生活。她能够坐在红树林沼泽里画上一天，却不会得上热病。她可以废寝忘食地生活，一两年后还是回到了家中，变得更瘦，疲倦的双眼中显露出饱经忧患的眼神，但已经准备好充分享受伦敦的热情接待，这座城市时刻准备着给取得各种各样成就的人以这样的欢迎。

几年之后，她决定公开展览自己的

右页图：红丝姜花（*Hedychium gardnerianum*）和太阳鸟，画于印度。诺斯在印度的目标之一是描绘和印度宗教有关的植物。姜花是喜马拉雅山麓的本土植物，在为期8天的因陀罗雨神节中，会有一名少女戴上姜花制成的花环，成为女神库玛丽在人间的肉身。

画作。她在伦敦南肯辛顿博物馆的展览大受欢迎，于是诺斯决定修建一个画廊永久展览她的作品。1879 年，她联系了约瑟夫·胡克爵士，不光提供了她的藏品，还提供了在邱园修建收藏它们的展览馆所需要的资金。当胡克同意之后，她委托另一位朋友著名建筑师詹姆斯·弗格森设计这栋建筑，其中专门设立了园丁使用的房间。她将旅途中收集的 246 种不同的木材做成嵌板装饰这些房间，并在门的周围亲自画上横饰带。今天邱园共收藏了诺斯的 832 幅作品，其中描绘了 727 个属和将近 1000 个物种。她还有几百幅在印度时的画作收藏在大英博物馆。

诺斯的最后一次探险是 1884–1885 年的智利之旅，从那里回来之后，她已经疲惫不堪，长年艰苦的旅行还让她疾病缠身。1890 年，她在格洛斯特郡的奥尔德利去世，享年 59 岁。

遗产

诺斯是一位早期环保人士，她清醒地意识到自己描绘的画面正在飞快地远去。看到伐木工人在加利福尼亚壮观的红树林中砍伐出一条光秃秃的通道，她写道：“拥有文明并开化的现代人在短短的时间内浪费了这么多宝贵的自然资源，而未开化的野蛮人和动物在几个世纪中也没有破坏这些宝藏，想起这个就真叫人心痛。”1892 年，在诺斯画廊官方简介的序言中，邱园园长约瑟夫·胡克如此评论她描绘的对象：“在斧头、森林火灾、耕地和不断发展的殖民点面前，这些物种……正在消失或者注定很快就会消失。这些场景永远也不会在自然中重现了。”

诺斯的作品在植物学记录中是很重要的一个元素，因为她在现场记录这些植物，进入画面的常常还有鸟类、昆虫，有时还有人类。她是真正幸运的人之一，发现了自己所热爱的事业，有方法也有勇气去追寻自己的热情，还有分享自己发现的天赋。她还将自己的事业和世界上最出众的各大植物资源分布中心联系了起来，因此她留下的遗产将始终熠熠生光。

皮特·雷比/撰

阿尔弗雷德·罗素·华莱士

适者生存
(1823–1913年)

……文明人是否应该抵达这些遥远的地方，然后为这些原始森林带来外部的道德、智力和物质之光呢，我们能够确定的是，通过这种方式，他会扰乱自然中生物界和非生物界之间和谐的平衡，导致那些他最能欣赏其中构造和美丽的事物渐渐消失，直至完全灭绝。

A. R. 华莱士，《马来群岛》，1869年

1823年1月8日，阿尔弗雷德·罗素·华莱士出生于英国威尔士的蒙茅斯郡。1826年，他的家庭迁往哈福德，阿尔弗雷德在那里上了语法学校，直到14岁。1837年，在伦敦和自己的一个哥哥约翰短暂生活一段时间之后，他开始了作为调查员的学徒生涯，雇主是自己的另一个哥哥威廉。他和威廉一起待了几乎7年，后来回到了威尔士执行铁路合同。户外生活很适合他，他对地质学和博物学产生了兴趣，并开始有规划地进行自我教育，同时也从技工学院学到了很多东西。华莱士只用了一年多的时间就成了莱斯特的一名小学校长，在那里他还遇到了亨利·沃尔特·贝茨，后者带他领略了捕捉甲虫的乐趣。在返回威尔士之后，有一段时间，华莱士将自己投入了忙碌的测量工作之中——铁路合同在当时还很赚钱。

但他智力上的好奇心已经生根发芽，开始茁壮成长起来。旅行游记最能吸引他，包括亚历山大·冯·洪堡的《南美之旅的个人叙述》(见第270页)以及查尔斯·达尔文根据小猎犬号之旅撰写的《航行日记》。然后他在1845年阅读了《创世的自然志遗迹》(罗伯特·钱伯斯著)，并发现其中的中心思想——物种的演变——跟他自己的想法十分契合。他和贝茨每个月都交流各自捕获的“战利品”，当贝茨来到威尔士的时候，他们孕育了一个联合探险的计划。“我应该选择一个科进行深入的研究，并且要根

据物种起源的观点和原则进行研究。”华莱士在给贝茨的信中曾这样写道。他们决定前往亚马孙，并将标本卖给伦敦的一个博物学代理商萨缪尔·史蒂文斯来筹集资金。

前往亚马孙

华莱士和贝茨花了一个星期学习如何打鸟并制作标本，然后在 1848 年 4 月从利物浦起航出发。抵达巴西的帕拉（现在的贝伦）之后，他们在城外租了一处房屋，并很快开始了繁忙的工作——早上捕捉昆虫和鸟类，在白天的高温下剥皮、保存、用大头针固定标本，到晚上则写下笔记。蝴蝶等其他昆虫以及鸟类是他们收藏的主要部分。他们是勤奋工作的博物学家商人，渴望证明自己并建立起能够提供更多资金的体系，以便进行更远大的旅行计划。沿着托坎廷斯河逆流而上的一次探险是很有用的学习经历。华莱士碰到了一连串新手探险家常常遭遇的事：一次大黄蜂的猛烈攻击；和一条短吻鳄进行了搏斗，之前他还以为它是死的；他的枪卡在独木舟的木板中后走了火，给他的手留下了严重的枪伤。在说服自己的弟弟赫伯特加入自己之后，华莱士决定和贝茨分道扬镳探索不同的地区。赫伯特曾经和植物学家理查德·斯普鲁斯在帕拉旅行过，1849 年 8 月，兄弟二人沿着亚马孙河逆流而上 645 千米抵达圣塔伦。华莱士对于这段旅程、这里的纯净空气和简单生活非常高兴。他在这里捕捉蝴蝶——他将蓝色茶蛱蝶（*Callithea sapphira*）称作“我曾经得到的最美丽的东西”——并对各物种在该地区的分布产生了浓厚兴趣：在河流两岸都采集了样本之后，他意识到这条河可能是某些物种的分布边界。

随着信心逐渐增长，华莱士如今想要探索更加偏僻的地区。1849 年底，他来到了亚马孙河和尼格罗河的交汇处，并在巴拉（现玛瑙斯）建立了自己的基地。赫伯特发现收集标本并不是自己的专长，于是阿尔弗雷德和当地一名商人出发前往圣加布里埃尔瀑布以及更远处尼格罗河与奥里诺科河水系连接的地方。华莱士开始系统地收集和描绘鱼类。抵达吉亚之后，他又向科巴蒂山（Serra de Cobati）转移，寻找颜色艳丽的安第斯冠伞鸟雄鸟。这场捕猎之旅非常具有启发性——华莱士没有指使印第安人为他捕捉样本，而是跟着他们的脚步亲自上阵，在旅途中他的枪老是挂在伸出来的树枝上，而且衬衫的袖子被攀援植物的刺勾得破破烂烂的，以至于他们把他视为“穿着衣服在雨林中穿行的无用性以及帮倒忙的绝佳例证”。他在亚维塔（Javíta）待了几个月，并在那里发现了某种乌托邦式的理想国——要是没有沙蝇就更完美了，然后他乘独木舟逆流而上抵达沃佩斯地区，在那里发现了“雨林中真正的居民”，这让他高兴不已。华莱士记录了这些雨林居民的习俗、舞蹈和语言，并渴望在这里多逗留些时日；他在这里漫游了一个小时就找到了30种兰花，他还意识到自己可以用便宜的货物换来活的猴子和鹦鹉样本。据传说，那里还有一种白色的伞鸟——任何一种稀有的鸟类对于华莱士都是极大的诱惑。返回巴拉寄走一批样本并购买了更多补给之后，他听说自己的弟弟在帕拉得了严重的黄热病。在说服自己离得太远帮不上什么忙之后，他再次上路并抵达圣若阿金，然后在那里得了一场严重且反复的热病；他觉得自己“几乎到了死亡的边缘”。

华莱士从来不缺少应变能力或是毅力，但他的疾病和对于弟弟的担忧的确影响了他。康复之后，他立刻重新上路并乘着独木舟走到了更远的沃佩斯地区，然后在穿过或绕过了大约50座瀑布后抵达穆库拉（Mucura），让他感到满意的是，之前还从未有欧洲旅行者来过这里。华莱士尽其所能对该地区进行了测绘，然而他弄丢了或者弄坏了用来测量海拔高度的沸点温度计，手头只有一部便携式测绘六分仪。这里的动物并不多，他将这归咎于自己疾病导致的延误。水果成熟的季节已经过去，鱼类的数量也有所减少，而传说中

华莱士和他的朋友弗雷德里克·吉奇，这张照片拍摄于1862年的新加坡，华莱士即将返回英国前夕。

的白色伞鸟貌似根本就不存在。不过他还是尽可能收集了许多样本，并踏上返程之路。回到帕拉之后，他听说了自己弟弟的死讯，并探访了他的坟墓。

1852年7月，华莱士起航前往英格兰。三个星期过后，船只失火，所有人都必须上到救生船上去。华莱士随手抢救了一些自己的东西，包括他的鱼类和棕榈图画，然后眼睁睁地看着大船烧掉，连着一

华莱士的笔记本中一条隆头翼甲鲶（*Ancistrus gibbiceps*）的铅笔素描，这是尼格罗河中的一种鱼类。这个画着鱼类素描的笔记本是华莱士在海伦号火灾中抢救出来的为数不多的记录之一。

起烧毁的还有他三年的日记、一大文件夹的图画，还有他收集的猴子和鸟类。随着海浪漂浮到百慕大群岛之后，这次海难的幸存者被一艘过路的海船救起，并随着这艘船抵达英国迪尔；他们终于在这里吃到了牛排和李子馅饼，与之前的饼干和水相比改善了许多。

据华莱士估计，他损失了价值 500 英镑的样本；更糟糕的是，他随身携带了四年的私人收藏也付之一炬了。幸运的是，他的经纪人史蒂文斯已经为这些收藏投了 200 英镑的保险，所以华莱士并未因此陷入贫困。他已经 29 岁了，是一个无可救药的乐观主义者。不久之后，他就进入了学术圈子，参加各种会议，发表论文和演讲，包括一次在皇家地理学会的讲演。华莱士整理了自己回忆中的思绪，并最大程度地利用了业已损毁的书面记录，写成了《亚马孙河和尼格罗河游记》。他作为一名收藏家的成功以及他对于动植物分布和物种进化之间联系的想法，给了他足够的自信考虑进行一次更加宏大的旅行。回到亚马孙并去往自己还从未到过的秘鲁？澳大利亚？最终他游说了罗德里克·默奇森和皇家地理学会，并获准前往东方。1854 年 4 月，他带着年轻的助手查尔斯·艾伦抵达新加坡，并开始了在马来群岛的八年漫游之旅，这是他一生中“关键的插曲”。

婆罗洲和红毛猩猩

新加坡是一个良好的基地，在通往欧洲的航线中，它处在一个关键的位置上。就像在巴西时那样，华莱士先探索附近的资源，进行试验性质的短程旅行，在马六甲待了两个月并登上了奥弗山（Mount Ophir）。婆罗洲也吸引着华莱士，那里有大片相对尚未涉足的土地，还能和沙捞越的统治者布鲁克罗阇进行价值无法衡量的接触。华莱士在 1854 年 11 月抵达婆罗洲。他在山都望山（Santubong mountain）脚下的一座小房子里耐着性子挨过雨季，并撰写了一篇重要的论文《论调控新物种出现的规律》，其中包括了颇具挑战性的论述“每个物种在出现时，都有一个关系紧密的近缘种已经存在于同一个地方”。他已经和贝茨以及斯普鲁斯讨论过这个理论，但华莱士还不清楚它最重要的部分——这种现象的机制。

当这封信件缓慢地寄往伦敦时，华莱士将自己的基地搬到了实文然河（Simunjon River）河边，那里有一个煤矿正在原始森林中进行开采。他在那里建造了一座包含两个房间的小屋并在那里住了下来，进行了 9 个月的样本采集。他曾在短短的一天之内捉到过 76 种不同的昆虫和甲虫，其中有 34 种是他第一次见到。其他令人愉快的发现还包括一种美丽的凤蝶，他将其命名为*Ornithoptera brookeana*，现今称为红颈鸟翼凤蝶（*Trogonoptera brookiana*）；还有一种新的黑蹼树蛙。最重要的是他和红毛猩猩的相遇。他和他雇佣的迪雅克猎人射杀了许多红毛猩猩——在这个阶段这种事情还不会引起华莱士的不安。他得以近距离地研究它们的习性，并养了一只红毛猩猩的幼崽，华莱士抚养和描述它的方式就像对待一个人类婴儿一样。在返回沙捞越的途中，他沿着实文然河逆流而上并越过了通向沙捞越河的分水岭，路上就住在迪雅克人的长屋中歇脚。他带着大批将要运到英格兰的样本返回了新加坡，这些样本包括大约 5000 只昆虫以及红毛猩猩的皮毛和骨架。华莱士的思想也因为他所做的观察而得到了丰富，而和其他种族在一起花费的大量时间让他关于物种（包括人类）的想法逐渐成形。

华莱士分界线

是时候向更远的东方前进了。华莱士先后抵达巴厘岛（之前在一艘中国帆船上待了 20 天）和龙目岛，他注意到这里的鸟类种群出乎意料地丰富，并且“深刻阐明了东方动物的地理分布规律”。巴厘岛和龙目岛虽然相距不到 28 千米，但它们属于两个截然不同的动物分布区域，每个岛分别是各自分布区域的前沿。华莱士意识到自己穿过了亚洲和澳大利亚动物分布区之间的分界线，这条分界线最终得名“华莱士分界线”。这是一个让人震惊的发现，后来地理学上地壳板块的发现进一步证实了这一点。

华莱士对前往西里伯斯岛（苏拉威西岛）上的望加锡，这是他第一次来到这个岛上——这里充满了物种地理分布之谜。但他乘着当地马来人的小帆船航行了 1610 千米，最终将自己锁定在阿鲁群岛的最远端，希望在这里找到王极乐鸟和大极乐鸟。航行途中，他在一节稻草覆盖的船舱中给自己找了一块舒适的位置，“那是我在海上享受过的最温暖舒服的地方”，帆船上天然植物纤维散发出的气味也使人愉悦，让他想起了森林的味道。他的旅行记述中充满了狂喜：在柯群岛（Ke Islands），他发现自己处于“一个新世界”，陶醉于“完全的人类多样性”中。在阿鲁群岛，令他惊叹的事物还有极乐鸟、珍稀的蝴蝶以及美丽的岛民，这些人“极好地适应了”他们的环境。他如此描述自己捕捉到一只绿鸟翼凤蝶（*Ornithoptera poseidon*）的时刻：“当我看到它朝我翩翩而来的时候，我兴奋得颤抖起来，我甚至不敢相信自己成功地捉到了它，直到把它从网中拿出来，它那丝绒黑和亮绿色的翅膀、金黄色的身体以及深红色的胸部让我久久凝视，沉醉不已。”他带着包含 1600 个物种的 9000 件样本返回了望加锡，他的思想也变得更加充实了。

上图：“黑蹼树蛙”，这是 J. G. 克鲁曼根据华莱士的画改作的版画。

右页图：大极乐鸟（*Paradisaea apoda*），约翰·古尔德的《新几内亚鸟类》（1875–1888 年）中的插画。

华莱士的私人收藏，展示了蝴蝶的雌雄异型现象。左上角是一只雄性红鸟翼凤蝶（*Ornithoptera croesus*），他将其称为“世界上最精美的蝴蝶”。

自然选择和极乐鸟

华莱士先将他的基地转移至安波沙洲，他在那里和一条3.6米长的巨蟒一起住在小屋里，然后又转移至特尔纳特。他探访了附近的吉洛洛岛（哈马黑拉岛），并继续思索人类物种的问题；当华莱士因为一场严重的疟疾而哆嗦不止的时候，他思考起了马尔萨斯的《人口论》。突然之间，物种如何变化这个问题的答案浮现在他的脑海：在每一代中，弱小的个体总是不可避免地被杀死而强壮的个体会存活下来——这就是所谓的“适者生存”。回到特尔纳特之后，他就这个观点写了一篇清晰的论文，并寄给了查尔斯·达尔文，当时两人一直在通信讨论科学问题。然后他准备进行下一次大型探险，目的地是新几内亚的多雷（Dorey）。

这次旅行是他众多奇妙之旅中不太顺利的一次。在新几内亚，他的两个手下病死了。他自己也忍受着疾病、暴雨以及瘟疫般的蚂蚁和绿头苍蝇。不过好消息传来，他的论文被接受了；达尔文在他的文章后面附上了自己的见解，在1858年7月1日林奈学会的会议上提交并讨论了这篇论文。自然选择的进化理论如今早已成为主流，而华莱士作为一名科学思想家的角色和名誉是无法抹杀的。他和达尔文之间继续来往书信，而达尔文寄给他的最重要的东西莫过于1859年出版的《物种起源》。华莱士深深折服于这部巨著，并平静地将自己撰写一部理论著作的计划搁置一旁，他本来想在自己的著作中完成动物在时间和空间中关系的研究。他在巴羌岛（巴占岛）发现了一种新的极乐鸟——幡羽极乐鸟（*Semioptera wallacei*），为了寻找红极乐鸟（*Paradisaea rubra*），他还去了Waigiou和Bessir，途中努力保持样本的存活，并增长了自己对于帝汶岛、爪哇岛和苏门答腊岛的了解。华莱士最终于1862年4月1日回到伦敦，并为伦敦动物学会带回了两只极乐鸟，这两只小鸟堪称活着的宝物，在路上华莱士每天都亲自用蟑螂给它们喂食。

“阿鲁人捕猎大极乐鸟”，T. W. 伍德绘制的版画，摘自《马来群岛》（1869年）。

华莱士的探险家生涯结束了。7年之后，他出版了《马来群岛》一书，该书逐渐得到认可，并被认为是最棒的游记之一：它清楚易懂，生动活泼，充满洞察力，并有力地传达了他对于自然的美丽及其多样性的赞叹。华莱士一直活到1913年，尽管他从未获得过正规的学术职位——也许是他的独立性太强，也许是因为他的社会主义倾向和对于通灵术的兴

THE

MALAY ARCHIPELAGO:

THE LAND OF THE

ORANG-UTAN, AND THE BIRD OF PARADISE.

A NARRATIVE OF TRAVEL,

WITH STUDIES OF MAN AND NATURE.

BY

ALFRED RUSSEL WALLACE,

AUTHOR OF

"TRAVELS ON THE AMAZON AND RIO NEGRO," "PALM TREES OF THE AMAZON," ETC.

IN TWO VOLS.—VOL. II.

London:

MACMILLAN AND CO.

1869.

[*The Right of Translation and Reproduction is reserved.*]

一只雌性红毛猩猩出现在《马来群岛》(1869年)一书的扉页上。

趣，但他写下了大量具有影响力的科学和大众读物，并获得了所有官方荣誉，包括一枚英国皇家功绩勋章。

不过他作为一名探险博物学家的岁月最大限度地决定了他的贡献，他在那些遥远的地区锻炼了自己观察的能力。由于常常在一个地方待上很长的时间，又由于他依赖于当地的资源，他发展出了一种不寻常的世界观，将世界看作连续的整体。华莱士质疑现代文明的价值，并预见到了鲁莽的开发对于人类和自然世界造成的危害。阅读华莱士，你不得不思考人类在自然界中的位置，并深深意识到自然世界的互相依赖以及它的脆弱。

奥利弗·托雷/撰

弗兰克·金登-沃德

远东的植物猎手

（1885-1958 年）

探险生活是一天天无聊的日子，

点缀着某些狂喜的瞬间。

弗兰克·金登-沃德

我的祖父弗兰克·金登-沃德或许没有其他探险家那么出名，但和其他著名的探险家相比，他在一个方面都胜过他们——他活了下来，虽然他只经历了几次事故。他在 1885 年出生于曼彻斯特，当他还是个上学的孩子时就开始了探险，骑了两天自行车到了牛津，皮肤被露水湿透，晚上就在星空下睡觉。他和最好的朋友组建了一个俱乐部（只有两名成员），他们经常进行冒险活动。他们觉得自己越辛苦，就说明自己的旅行越成功。金登-沃德的探险只被两次世界大战打断过，50 年的探险生涯之后，他终于在医院里去世了，享年 72 岁。

他的父亲哈利·马歇尔·沃德是剑桥大学的植物学教授，并在锡兰（斯里兰卡）咖啡枯萎病的研究上取得了很高成就。早在孩童时，弗兰克就无意中听到父亲和一位来访探险家的对话，其中有一句“沿着雅鲁藏布江上溯，还有许多地方从未有白人涉足”给他留下了最深刻的印象。父亲去世之后，弗兰克提早离开剑桥大学并在上海谋得一个教职，以便更接近雅鲁藏布江。1909 年，他受邀参加了贝德福德公爵资助的中国西部探险。这主要是一次动物学考察，但弗兰克仍然向自己的母校送回了干燥和压制的植物标本。

弗兰克·金登-沃德常常首先将自己视为一名探险家，尽管今天他最为出名的身份是植物收集者。对他来说，收集植物只是资助下一次探险的手段而已。对于英国乃至后来的美国和全世界的园艺学家来说，金登-沃德的收集为他们的花园提供了

藿香叶绿绒蒿，即传说中的“喜马拉雅蓝色罂粟”，金登-沃德拍摄于1924年，这株植物也被他带回英国。

无穷无尽充满异国情调的美丽植物。传说中的“喜马拉雅蓝色罂粟”藿香叶绿绒蒿（*Meconopsis betonicifolia*）、巨伞钟报春（*Primula florindae*）、黄杯杜鹃（*Rhododendron wardii*）和曼尼普尔百合（*Lilium mackliniae*）只不过是其中最杰出的四种而已。除了这些，他还著述颇丰。即使艰苦跋涉了最为漫长的一天，他也会坐在小桌旁写日记并向家中寄信。让人难过的是，他并没能从自己出版的许多著作和无数文章中赚到多少钱。然而这些作品仍然是他一生辛勤工作的见证，是他任何一部传记的基础。

早期探险

金登-沃德的第一次植物收集探险开始于1911年，为蜜蜂种子公司（Bees Seeds）的A. K. 布利工作；他的任务是去往中国云南省搜寻新奇有趣的植物，以便种植在英国花园中。尽管对自己的能力有所担忧，他还是令人钦佩地接下了这项任务，并带回了大约200个物种的植物，其中有许多是科学上新发现的物种。他曾在途中迷路并和随从走散，整整两天只吃了点儿花蜜和一些叶子，这让他得了胃绞痛。第二天他开始出现幻觉，踏上了一块幻想中的石头，却一脚踩空并跌在一块真正的石头上面。最后他终于被人发现，得以继续进行剩下的旅程，然后带着珍贵的种子返回英国。1913年，他又一次来到了云南，还是为蜜蜂种子公司工作。1914年，他前往缅甸进行自己最重要的探险行动之一，在那里他几乎被杀死的时刻不下

右页图：米什米什山区海拔3000米壮丽的温带雨林景色，这里位于印度东部，属于喜马拉雅山区，这里的树上有附生杜鹃。

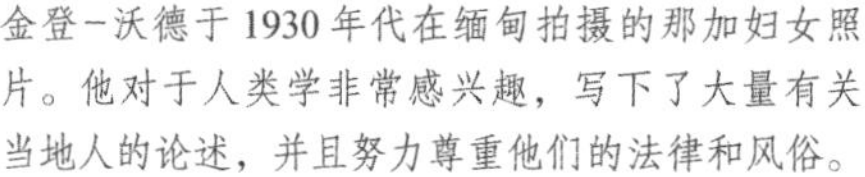

金登-沃德于1930年代在缅甸拍摄的那加妇女照片。他对于人类学非常感兴趣，写下了大量有关当地人的论述，并且努力尊重他们的法律和风俗。

一名当地搬运工背着一箱金登-沃德的补给（日期和地点未知）；他拍摄的人物照片跟拍摄的植物与风景一样多。

三次：一棵树倒在了他的帐篷上；暴风雨摧毁了他的小屋；黑暗中他几乎坠下悬崖。虽然受到如此惊吓，他仍然在该地区继续探索并搜寻植物。

在返回英国的途中，他在大英帝国最遥远的前哨之一见到了几名英国军官，并从他们那里得知欧洲正在进行战争。急于尽快征召入伍的他强行前往赫兹堡，却在半路因为疲倦晕了过去，接连病了好几天。他在战争中并没有什么杰出的表现，虽然他自己已经尽力了。他在缅甸待了两年，训练当地不情愿作战的部队，然后又去美索不达米亚（今伊拉克）待了两年，他在那里见到的唯一军事行动是猎杀鳄鱼。

在当时的时代背景下，每个人都是种族主义者，对于遥远地区的当地人鄙夷不已，动物出现就用枪捕杀，越珍稀的动物越好，而别人的国家只是用来劫掠的资源，金登-沃德可以说是一个很有同情心的旅行家。他对于某些同辈人的习惯很是厌恶，他们和当地人做生意时总爱故意少找钱，并且携带一大帮搬运工通过未知区域。与之相反的是，他总是轻装简行，付报酬时也从不耍诈，捕捉珍稀动物时枪法极差，并很少无缘无故写下针对当地人的

弗兰克与珍·金登-沃德在探险路上。他们回到营地后一天并未就此结束：跋涉了漫长的一天之后，金登-沃德会坐下来开始写信和日记，而且还有种子需要包装，植物标本需要干燥和压制。

恶语。他随身带着便宜的西方货物，例如照相机和手电筒等，他知道当地的酋长和国王会索要这些东西当作礼物，而他可以把这些质量一般的货物给对方，把自己最好的装备留下来。1924 年，他进行了一场寻找“传说中的”瀑布的探险，这次行动没有成功，但 72 年之后，另一场寻找相同瀑布的探险雇用了一名当地向导，而这名向导的祖父当年曾为弗兰克工作。他是听着这位探险家寻找这座瀑布的故事长大的，他本人也对 72 年之后这次探险的成功做出了贡献。1926 年出版并于 2001 年再版的《藏布江峡谷之谜》讲述了这段完整的故事。

1923 年，金登-沃德娶了弗洛琳达·诺曼-汤普森为妻，虽然生育了两个女儿，但他在家待的时间很少。这段婚姻持续了 14 年，并以离婚告终。由于时代原因，弗兰克不得不假装自己有了外遇；当法庭的离婚暂准判决寄到手中时，他正在缅甸进行又一次探险。

第二次世界大战和后来的探险

“二战”期间，金登-沃德先开始在伦敦的检查员办公室工作，翻译一些中文文件，但他并不喜欢待在室内。他向上级恳求前往前线为一些军事行动做贡献，他的请求最终得到了至少部分的许可，于是他启程，取道非洲并从陆路穿过中东和亚洲的大片土地，来到了新加坡，并在日军侵略新加坡时设法逃到了印度。他几乎是最后一个逃脱的人，并从此杳无音讯长达 18 个月。

当他再次出现的时候，他帮助英军在丛林中寻找秘密地点储藏燃料和供给，随后他又向英国皇家空军的军官传授了丛林生存技巧。他曾被从一辆吉普车中甩出来，然后摔在那辆车前方一段距离的路面上。向妹妹口述了自己即将死去的信件之后，他昏了过去。当时他已经 60 岁了。当然他康复了而那封信永远也没有寄出去。随着战局扭转，他的技能不再有用，他也“失业”了，不过他又在一个茶叶种植园找到了工作，随后又为美国空军寻找失踪的飞行员。

金登-沃德有严重的恐高症；他拍摄的这座桥（地点未知）已经是比较精致的一座了——有的桥甚至只是一条绳索。

1947 年他又一次结婚了。和他的第一任妻子不同的是，珍·麦克林喜爱探险，并在接下来的所有旅程中都陪伴着他。1948 年，他们在印度曼尼普尔邦收集了 1000 多种植物。1949 年，他们代表纽约植物学会前往米什米什，1950 年又代表英国皇家园艺学会来到阿萨姆邦和西藏之前的边界。在这次旅程中，夫妻二人经历了一场里氏 9.6-9.7 级的地震。这是当时有记录以来最强烈的一次地震，他们距离震中只有几英里远。用金登-沃德的话来说，“我们周围的群山好像要跌落到洛西特峡谷（Lohit Gorge）里去。事实上有些山峰已经仅存一半；覆盖着森林的山坡好像潮湿的纸那样被揭了下去，翠绿的高山变得雪白；荡起的大片灰尘让阳光变成了铜红色。”

穿过满目疮痍的风景，他们开始艰难地返回家中，并碰上了一些弄丢了所有补给的士兵。在这些士兵的护送下，他们最终安全返回，但这次探险是一场灾难性的失败。金登-沃德提出要返还支持者们提供的资金，但他们安慰他说只要他能安全无损地回来他们就已经很高兴了。尽管遭遇了这次惨痛的挫折，他和珍仍然返回进行了更多探险。1952-1953 年，他们和两名年轻的缅甸植物学家待在缅甸；在他 68 岁生日那天，弗兰克登上了海拔超过 3350 米的地方；1956 年，在一位瑞士植物学家的陪伴下，他们又一次回到了缅甸。与之相称的是，1930 年，金登-沃德被皇家地理学会授予创始人奖章，表彰他的“地理探索”以及他在中国西南部以及中国西藏进行的植物收集工作。

在 1911 年，金登-沃德曾写道，自己“在雨中行进了 11 个小时之后感到疲倦”，而如今则“攀登了 5 个小时之后就筋疲力尽”。他曾在 1909 年得过疟疾，并且在接下来的岁月中不时犯热病，然而所有的暴风雨、地震、悬崖、疾病和其他无法详述的许多不幸遭遇都没能夺去他的性命。1958 年 4 月，他突然中风并陷入昏迷。两天之后，他去世了，享年 72 岁，50 年始终如一和系统的探险生涯是他的遗产，他推后了未知地域的边界，绘制了详尽的地图并进行了人类学研究；但他最为我们熟知的是他为我们的花园增添了许多多样而美丽的植物。

第七章
新的前沿

基诺·沃特金斯
尤里·加加林
雅克－伊夫·库斯托
安德鲁·詹姆斯·伊文斯

我们直到现在才意识到对于自然造化以及物种之间错综复杂的关系，我们的理解是多么肤浅，或许伟大的探险时代才刚刚开始。在大地与海洋的上面和下面，还有新的挑战等待我们前去应对。这一部分选择的探险家们通过探索截然不同的方面，极大地改变了我们对于世界以及我们和世界互相作用方式的理解。

一位年轻人在短暂的一生中改变了我们对于某种环境的看法，增加了我们掌控它的能力，他就是基诺·沃特金斯。他和同伴花费巨大努力深入格陵兰内陆建立了一个气象站，并进行了有效的气象观测，使得跨大西洋空中航线成为可能。第一个进入外太空的人是木匠的儿子。作为合适的无产阶级代表，尤里·加加林卑微的出身也许对他被信奉共产主义的上级选中有所帮助；他成了自己国家最出名的人物。一旦发现人类能够在太空存活，这场竞赛就永不停歇了。人类制造的机器正在探索太阳系的边界。有一天人类自己也将抵达那里。

我们对于海洋深处知之甚少。水肺使得探索深海成为可能，而雅克-伊夫·库斯托与这种设备的发明有着最紧密的联系。通过他的电影和书籍，库斯托将水下世界呈现在我们眼前。他还发起了充满热情的环保运动，保护这块地球上最脆弱的部分，这项事业现在由他的大儿子让-米歇尔·库斯托继续着。地球上另一块很大程度上未被探索的区域是存在于地下的巨大空间。安德鲁·伊文斯比当今任何一个人探索过的洞穴都多，他曾声称，到目前为止全世界能够进入的洞穴中只有10%得到了探索。地下令人窒息的巨大岩洞和快速奔涌的河流让在这种区域进行的探险更加激动人心。

左页图：中国重庆直辖市境内的苗坑（Miao Keng）是世界上最深的地下坑洞之一，垂直深度大约500米；这张照片中所有的人像都是罗伯特·伊文斯。

杰里米·斯科特/撰

基诺·沃特金斯

对探险的痴迷
（1907–1932年）

他们在北极所经历的是一次纯粹的突击。
在那片由残忍的美丽和真实构成的苍茫中，他们过着
英雄主义的朴素生活，从未有后来者能够与之相提并论。

杰里米·斯科特，《冰上的舞蹈》，2008年

从伦敦飞往北美西海岸的民航飞机会在大约13 700米的高空飞过格陵兰的冰盖。这是一场不受气候影响的体验，你可以一边安然用餐一边俯视下方广袤的白色旷野。但情况并不一直是这样。

1930年，年仅23岁的亨利·乔治·“基诺”·沃特金斯率领着14个年轻人前往格陵兰。他们宣称自己的目标是调查是否有可能建立一条连接欧洲和美洲并跨越这片未知冰盖的空中航线，为空中客运奠定基础。但他们真正的动机更深刻、更复杂。他们太年轻，无法参加第一次世界大战，而又难以接受不景气的英国所能提供的单调乏味的生活。他们渴望冒险，渴望能够证明自己勇气的机会。用其中奥古斯特·考陶尔德的话说，他们想要“做一番大事”。他们带着两架开放式驾驶舱的双翼飞机和一只早期发条留声机，而他们进入格陵兰的第一项活动是教因纽特人跳查尔斯登舞。这是基诺的典型作风，他对于生活和北极探险都带着一种漫不经心的态度，虽然他是个追求专业主义的人。他第一次接触冒险是在剑桥大学成为一名“夜间攀爬者”，在剑桥的屋顶和塔楼之间爬上爬下，后来又把兴趣转移到阿尔卑斯山。19岁的时候，他就引导了自己的第一次北极探险，测绘了斯瓦尔巴群岛中的埃奇岛内陆。两年之后，在皇家地理学会的赞助下，他和同行的大学生J. M. 斯科特前往加拿大拉布拉多调查该地区的边界以及汉密尔顿河的上游源头。

正是在拉布拉多的时候，基诺冒出了探索一条跨越冰盖连接欧洲和美洲空中航线的想法。这不仅是最短的线路，而且途中还有可供降落补给燃料的平台。理论上可以建立一条商用民航客运航线。

1930年7月，英国北极空中航线探险队乘着探索号向东格陵兰进发，探索号是沙克尔顿的旧船，他自己就死在这艘船上。建造了一个棚屋充当营地之后，基诺在甲板上运了一架飞机继续向北前进以调查海岸地区的高度，并无意中发现了北极最高的山峰。与此同时，斯科特和其他三人带着28只雪橇犬从营地向内陆挺进了225千米，在海拔2620米处建立了一个气象站，在这里可以记录和监测整个冬天的气象情况。

沃特金斯是一个金发碧眼的白人，略显疲惫和瘦弱，喜欢爵士乐、跳舞和跑车，他并不太符合人们对于探险家的印象。他和探险中的年轻伙伴们都属于布莱希尔德一代。

两人被安排在气象站中，并说好按时由另外两人接替。然后在10月底，包括考陶尔德在内的两个人带着补给去往气象站进行交接，并且要一直待到第二年的春天。他们在途中遭到了暴雪的袭击，情况非常悲惨。当他们抵达气象站的时候，剩下的食物已经无法让两个人撑过冬天。放弃气象站意味着探险的失败。这时考陶尔德要求自己一个人留下来，直到3月份有人前来接替。其他人返回了营地，两天之后，他被笼罩在24小时的极夜之中。

在营地，暴风雪肆虐了整个冬天。营地中的人们用大餐和舞蹈迎接了圣诞节。有些人已经适应了狄更斯所说的因纽特人“对于血和鲸脂的热爱”。让其他人沮丧的是，基诺和探险队中的几名成员“娶”了因纽特女人，并且“入乡随俗”了。至少有两个探险队员当了父亲。从空中为考陶尔德提供补给的方案遭到了失败。到了3月，斯科特带着两名探险队员徒步出发前去解救他。但此时气象站已经被埋在了积雪下面。他们在40天连续不断的暴风雪中寻找着气象站，在距离考陶尔德被埋的地方仅仅几米的地方步履沉

英国北极空中航线探险队的一架哈维兰“飞蛾”轻型飞机；这是一架水上飞机。这架飞机后来出了事故，在维修时使用西伯利亚松树根制成了尾部，上面覆盖着因纽特妇女用来做裤子的材料。

重地走了过去，但没能发现他。斯科特回到营地的那个早上，基诺简直不敢相信这个悲惨的消息，他立刻带着另外两名探险队员去往考陶尔德被埋着的地方，死要见尸活要见人。考陶尔德这时已经一个人待了5个月了。3月底的一次暴雪把他埋在了自己的帐篷里，封住了出口。困在帐篷里的他并没有多少食物，到了4月底的时候只剩下了一口气，躺在漫长的黑暗中。5月5日，当他用普里默斯便携式汽化煤油炉加热冰雪做早饭的时候，炉子颤抖了几下，不能用了。被埋在冰雪下的他已经149天没有见过任何人了。不过基诺和他的小队已经接近了他。他们看到了一个小黑点，于是向它冲过去。这是一面被撕破的旗子；在旗子下面，通风设备从雪中露出了尖端。基诺向下大喊，“你还好么?”一个战栗的声音从下面传了上来，是活人的声音。

1930年营地小屋中的圣诞节（基诺位于正中）。此时已经有几名探险队员有了因纽特“老婆”，并且“入乡随俗”了，这让其他的人很沮丧。当他们庆祝圣诞的时候，考陶尔德正独自一人待在冰盖上的气象站里，那里的气温有零下30℃。

探险队在冰盖上进行了更多的调查，并乘船绕着格陵兰南部海岸进行了一次旅行，然后他们带着采集的气象数据返回了英国，并受到了热烈的赞扬。但基诺急于返回格陵兰完成调查，并于第二年夏天再次动身离开英国。1932年9月，当查尔斯·林德伯格和他的妻子跨越他们之前调查过的冰盖上方飞行时，探险队正在测绘一个可供起降的峡湾。但基诺再也无法和他们待在一起了。8月20日，他划着因纽特人的橡皮船出去为自己的探险队捕猎海豹，从此再也没有回来；他的遗体也失踪了。这一年他才25岁。他的死亡有故意的因素——就在几天前他在同样的地点因为冰山突然裂开而差点溺死。斯科特在后来写到这次探险时说，对于基诺来说，回到不景气的英国，回到俗世生活并找一份朝九晚五的工作（如果他足够幸运的话）实在是令人沮丧。他已经完全被北极迷住了，他从没想过要回去。

他和他所有的伙伴都是布莱希尔德一代（Brideshead generation）的人，他们对于爵士乐、舞蹈有着同样的品味，对待性也具有同样轻率而矛盾的心理。对他们来说，探险是一场英雄主义的追寻。他们的计划非常大胆鲁莽，近乎荒唐，他们的装备按照现代标准来看非常可怜。然而，他们在一起克服了许多挫折，经历了极地专家所描述的“人类所能忍耐的边缘”，被迫吃掉他们的狗，并争论为了生存要不要吃人肉。1931年，考陶尔德、斯科特和基诺受到了英国国王的接见并被授予极地勋章，基诺还在1932年获得了皇家地理学会的创始人奖章，不过他们的成就将被最好地铭记在由他们开创并使用至今的那条空中航线上。

弗朗西斯·弗兰奇/撰

尤里·加加林

太空第一人

（1934–1968 年）

我们不要因为无法参加遥远的星系探险而悲伤……

我们自己的方式已经带来了巨大的快乐：首先踏入太空的快乐。

让那些后来者嫉妒我们的快乐吧。

尤里·加加林

和之前介绍的探险家们相比，尤里·加加林属于一种非常不同的类型——这么说并不只是因为他是第一个进行太空之旅的人，还因为他并不是自己旅程的煽动者。在某种意义上说，他是一名参与探险的乘客，而这场探险是通过别人的努力才得以实现的。不过，作为人类首先走出地球的亲历者，他的经历就好像他亲手打造了自己的火箭飞行器一样重要。

1934 年 3 月 9 日，加加林出生于苏联的克卢希诺，他的背景一点儿也没有以后能够让他载入史册的迹象。作为一个偏僻的集体农庄上木匠的儿子，尤里成长的村庄没有自来水，没有电，除了一部收音机之外，没有任何与外部沟通的渠道。他的父母总共有 4 个孩子，并希望他能够学会木匠技艺，继承父亲的家庭事业。

1941 年，加加林一家的生活因为纳粹的入侵苏联而永远地改变了。随着战火烧到这个地区，村庄和所有有价值的东西都被毁坏殆尽。被入侵者包围的加加林一家没能及时逃出去，被迫为纳粹做苦工，并挖了一个土坑当作栖身之所。食物少得可怜，没有学校，有的只是对于拷打和死亡无尽的恐惧。

经历了这样一段苦难的童年之后，难怪加加林会成为一个充满反叛精神的青少年。让他父亲很不高兴的是，这个男孩对于成为一个木匠并没有什么兴趣，并最终向父母坦承自己决定离开村庄。他前往莫斯科的体育学院学习体操，却发现已经没有更

航空俱乐部时期年轻的尤里·加加林，他在那里学习飞行技术。飞行对于他就像初恋那样，在被选中进入太空之前，他成为了一名军事飞行员。

多的位置了。于是他被迫在一座钢铁厂里做苦工。最终，他得以进入一所工业学院，并在那里发现了自己生活的目标。这所学院所在的城镇有一个飞行俱乐部，驾驶飞机很快成了加加林的第一个爱好。

被选中进入太空

加加林很快放弃了学业，成了一名军校见习驾驶员，并把所有时间都花在了飞行上。他最先被指派到北极圈内的摩尔曼斯克任职，那里远远不是他所渴望的富有魅力的飞行环境。然后在1960年，一些神秘的访客来到了这里：这些官员面试了几十位飞行员，却并没有说明面试的目的。随后，加加林被召唤到莫斯科进行医学检查，并终于被告知对他感兴趣的原因。他是待选成为航天员的几百名飞行员之一。

之前从未有人进入过太空，所以对于太空中到底需要什么体检官只能猜测。加加林是个飞行员，年轻，健康，体格健壮。这应该足够了。他进入了20名候选人名单，但不准告诉任何人——他的家人也不例外。加加林被转移到了莫斯科郊外一个秘密训练场中，开始进行一系列严格的训练和测试，这些训练和测试既包括精神上的也

1961 年 4 月 12 日，加加林穿着宇航服进入东方号，这张照片拍摄于起飞之前。在首次试验性质的飞行中，东方号是全自动操控的，加加林并不需要接触操控装置。这次飞行在返回地球之前持续了 79 分钟。

包括体质上的。

在一开始，他和其他受训者都不许看到正在秘密准备中的火箭和航天舱。当加加林终于看到航天舱的时候，他感到很困惑。这个球形的闪闪发亮的东西怎么看也不像飞行器。但是加加林十分自信并渴望理解它的工作原理，它的设计师以及他们的训练者正在寻找能够参加第一次任务的人，他们注意到了加加林的表现。

不久之后，加加林就从竞争者中脱颖而出，和他同样出色的还有另一名飞行员——盖尔曼·蒂托夫。两个人都很合格，都渴望进行首次太空飞行。然而蒂托夫比较傲慢，还是一个教师的儿子。加加林的个性比较平和开朗，在公共关系方面占有优势，而他的家庭背景也有利于苏联的宣传。他们的上级认为木匠的儿子成为航

加加林的东方号飞船降落在苏联一片田野中的降落区内。加加林按照计划从飞船中弹射出来，用降落伞安全降落在了别的地方。

天员能够体现出共产主义的优越性。

进入未知空间

在起飞一周之前，加加林才被秘密选定作为太空飞行员。蒂托夫是他的后备。1961 年 4 月 12 日早晨，两人同时被叫醒。穿上宇航服之后，他们被带到附近的哈萨克斯坦平原上的一个发射场，那里有一艘改装过的R-7 型火箭，东方号载人飞船就在火箭顶部整装待发。

加加林滑入航天舱的座椅之后，舱口在他身后用螺栓拴紧了。他盯着仪表盘，通

右页图：纪念加加林的飞行和苏联其他太空成就的明信片。加加林的个性和他的家庭背景都很符合苏联的宣传口味，他进行了一场世界巡回之旅，接受了好几个国家授予的奖章和荣誉。

12 АПРЕЛЯ 1961 г. «ВОСТОК»
25.III.1961
12.II.1961
1.XII.1960
15.V.1960
12.IX.1959
15.V.1958
4.X.1957
19.VIII
4.X.195
2.I.1959
3.XI.1957
СЛАВА

过训练他已经对它很熟悉了。除非出现紧急情况，不然他是不能动这些装置的。加加林知道如何操控太空飞行器，但是在这次试验性质的短暂飞行中，所有的动作都是被自动化控制的。到了预定时刻，火箭燃料进入引擎，点火启动。支撑架摇晃着被甩到一边，火箭徐徐升空，震颤着附近的草地和周围的观众。然而在火箭内部的加加林只感到了一点儿轻微的颤抖，几乎没听到噪声。他很难感觉到自己的旅程已经开始了，尽管他后来承认，“我当然紧张。在这种情况下只有机器人才会不紧张”。

随着火箭逐渐加速，加加林身上的震颤感和压力也随之升高，但他没感到不适。升空 9 分钟后，伴随着一阵猛烈的颠簸，他的航天舱脱离了火箭，开始缓缓飘浮在太空中。失去重力的加加林成为了第一个进入太空的人。从小小的舷窗向外望去，他看到了人类之前从未看到的景象——弯曲的地平线上是明亮的蓝色大气层，映衬在一片黑暗的太空之中。大气层拥有许多的色调，让他惊叹于它的美丽。

随着东方号缓缓地转动，加加林看到了地球上的海洋和陆地，城市和森林。航天舱的仪表盘显示一切正常，并不需要他操控什么。在转到地球黑暗的那面时，加加林看到了壮观的日落和令人炫目的日出。在 79 分钟的飞行中，他几乎环绕了地球一圈，已经到了返回地面的时间了。

东方号的制动火箭系统自动启动，将它推向大气层，这时候出现了问题。航空舱的两个零件没有完全脱离，加加林开始随着航天舱急速旋转起来，几乎昏过去。幸运的是，这两个零件最终脱离出去，航天舱停止了滚动，他按照计划从东方号中弹射了出去，用降落伞降落在苏联的一片田野中。

国际名人

随着这次飞行公之于众，加加林立刻成了名人。他在家乡受到了英雄般的待遇，并花了几个月进行了一次让人筋疲力尽的世界巡回之旅，他受到的欢迎和崇拜只有甲壳虫乐队能够相比。在这方面，加加林阳光和友好的个性是他最重要的优点。东方号飞船、火箭以及他那次飞行的其他细节至今仍然是一个秘密，所以加加林本人是他祖国最伟大成就的代表。用他非凡的个人魅力，他赢得了苏联冷战对手及其盟友的好感，他常常谨慎地强调，自己只不过是个平凡的人，只是足够幸运才能成为参与这次壮举的一分子。

随着最初的欢欣逐渐平淡，加加林认识到自己花了太多时间用在公共社交上，而用在训练上的时间远远不够。除非马上行动起来，不然他会远远落在自己同事的后面，也许永远都无法再次进行太空飞行了。他争取到了驾驶喷气式飞机的机会，并在一所工程学院里进行了艰苦的学习。他通过了要求苛刻的课程，并在一位极富经验的飞行员教练弗拉基米尔·谢鲁金的指导下进行了训练。1968 年 3 月 27 日，当他和教练驾驶着一架米格-15 飞机时，飞机突然出了事故，直直扎入一片森林中坠毁了；两人当场死亡。事故调查报告写得很含糊，但是排除了加加林和谢鲁金出现操作失误的可能。驾驶喷气式飞机是一项无情的事业，加加林成了又一名追寻梦想的殉难者。

加加林短暂而多彩的一生说明，人能够克服最不利的背景和环境，在历史上留下自己的印记。它还说明大探险时代还远远没有结束。探索我们的地球只是开端；还有新的地平线等待我们前去到达和理解。

让－米歇尔·库斯托/撰

雅克－伊夫·库斯托

水底世界的先驱

（1910－1997年）

自从出生以来，人就被自己的重量牢牢地钉在地面上。
他只有沉入水下才能获得自由。在水中，他能够向任何一个方向
自由地移动——向上，向下，向两边都可以。
人在水下就变成了天使。

雅克－伊夫·库斯托

雅克·库斯托是一个现代传奇，他是第一条“人鱼”：他能够自在地在水下探索，海中的生物能够欣然接纳他，他还能用精美的照片和诗意的语言向我们报告水下的情况，从此永远地改变了我们对于地球的认识。库斯托的传奇探险得益于1936年的一场几乎致命的车祸，他当时是一名26岁的海军见习生，正在接受飞行训练。这场事故改变了他的一生。

在医院住了8个月之后，他可以走路了，然而医生对他说他们必须要截掉他的一条胳膊。库斯托拒绝了，并开始进行他自己设计的漫长的康复计划，每天都在地中海中游泳。在游泳的时候，他遇到了两个重要的人，菲利普·塔耶和弗雷德里克·杜马斯，前者让他认识了日本潜水采珠人佩戴的小型护目镜，后者是一名潜水渔猎冠军。他们成了法国里维埃拉海岸的“三个火枪手”，每天都聚在一起游泳裸潜，深深迷恋于他们所看到的海洋奇景。

灵感

在海面上，库斯托能看到下面一群鲜艳的小鱼以及其他海洋生物。当抬起头来的时候，他看到了土伦市来往的车辆，据他自己形容，两个截然不同世界的并列如同电

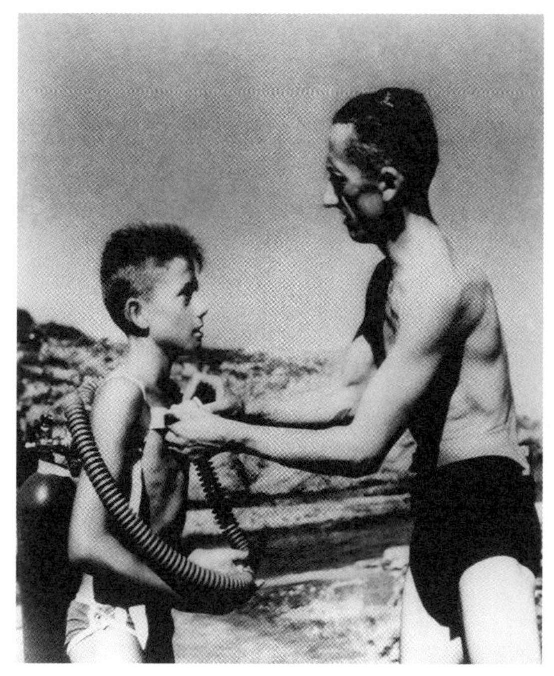

库斯托给10岁的让-米歇尔调整潜水设备，他们正准备在法国萨那里附近的地中海海域进行家庭潜水。这种水肺是库斯托参与发明的，它是斯皮罗科技公司在法国生产的第一批商业化的潜水装置。

流一样穿过他的脑海，让他想要进入更深的海水中，并且能够再待得久一点。不久之后，他遇到了埃米尔·加尼安，后者曾在战时的法国发明了能将烹调燃气定量供应给汽车的断续调节器。库斯托看到了把这种装置应用于潜水的机会。库斯托（他已经被训练成一名工程师了）和加尼安一起对它进行了一系列改进和试验，并终于在1943年成功发明出水肺，常被称作SCUBA，即自携式水下呼吸装置（Self-Contained Underwater Breathing Apparatus）。

除了拥有永不满足的好奇心和智力，库斯托还是一个诗人、一名工程师和一位富于魅力的传播者。很快，他周围就聚集了一批像他一样热情的人，要去探索他已经打开的前沿。在当时，人们对于水压之下的人体生理、呼吸压缩空气、人类对于水深的忍耐极限、血管栓塞和减压病等等都知之甚少，于是早期的水肺潜水海下探险都面临着许多难以预知的危险。

除了想驾驶飞机之外，雅克·库斯托早年的另一个兴趣所在是电影。他很快就开始研制能够捕捉水下美景和奇迹的防水摄像机，并将拍摄到的美景介绍给全世界的观众。这导致了《雅克·库斯托的海底世界》的面世，它是世界上第一部水下纪录系列

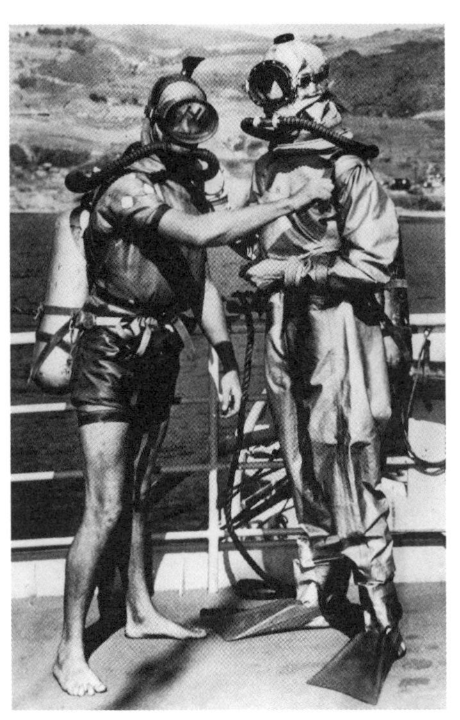

特里·杨（左）和雅克-伊夫·库斯托正在准备潜水，他们带着水肺，穿着早期用于冷水环境的干式潜水服。

片，1966年开始录制并持续了30年，为全世界几百万电视观众提供了坐在沙发上参与海底探险的机会。库斯托成了一个家喻户晓的名字，成了海洋和冒险的代名词。电影事业让他能够花几十年时间探险、制片、追求科学和发起环保运动，他的大儿子让-米歇尔·库斯托继承了父亲的最后一项传统。

创新和探索

从一开始，库斯托的动力来源就是他想要看到更多、去往更深、待得更久，要做到这些，他需要改进潜水设备以应对新的挑战。1950年他获得了海中女神号，这是一艘改造过的“二战”苏联扫雷艇，姓吉尼斯的一家人将它匿名捐赠给了库斯托，每年只要他支付一个法郎。他乘着这艘船在全球旅行，并把许多科学家从实验室里拖出来，让他们看到现实世界中自己的研究对象。1950年代早期，库斯托已经帮助建立了两个开发水下设备的研究机构，并把他的探险和科学研究结合了起来。

1952年，在法国马赛市附近的大康格鲁岛，库斯托进行了首次大规模水下考古探险。几百只双耳陶罐被从海底打捞了上来，海中女神号上的船员是第一批有幸品尝来自亚里士多德时代美酒的人；他们发现这些酒距离最好的状态已经过了好几百年了。他们还做出了更多实用的发现。1954年，库斯托和海中女神号得到委托在波斯湾进行调查，结果发现了世界上第一个海中含油地层。然后在1960年，他的团队第一次对地中海中的一座盐丘进行了测绘，因为盐丘下面很可能埋藏着碳氢化合物。

库斯托对于下一项发现的热情来源于他分享自己探险经历的欲望，电影制片以及传播上的创新也随着他的旅行同时进

库斯托发明了第一批能够在水下拍摄静态或运动物体的摄像机。他在为《雅克·库斯托的海底世界》的制作而潜水，正在摄影的他像平常那样并不用取景器，水下摄像机的保护外壳也是他率先研制的。

行着。他建造了首个一体式35毫米水下静物摄像机，为它取名“海中女神摄像头”，这是尼康诺斯水下摄像机的前身。1957年，他在马赛之外的海域进行了第一次海中电视转播，电视节目在整个欧洲得到了播映。

在将近30年的时间里，雅克-伊夫·库斯托以及他的两个儿子菲利普和让-米歇尔一直在进行电影制片，将他们的水下探险介绍给全世界的观众。每当被问到为什么要选择下一次探险的目的地时，库斯托总是这样回答，“因为我还没去过那里”；当被问到希望发现什么时，他说，“如果我知道的话，我就不会去那里了”。不过随着时间的推移，随着调查深入，他会变得严肃起来。

生态意识

在他刚刚开始海中职业生涯的时候，库斯托就对核废料以及石油泄露污染持有毫不妥协的反对态度。他在保护地中海的先期努力中发挥了重要作用，对于他所看到的环境恶化发出了第一批警报，这些海洋环境的恶化是由于陆上排污、油轮泄漏以及管理不善的海岸开发所导致的。库斯托乘着海中女神号在地中海里巡游争取支持，并推进了水样检测标准程序的设立。他拉响的警报还推动了联合国环境规划署框架下区域海洋署的建立以及 1976 年 21 个国家签订《巴塞罗那协定》。伴随着影响力而来的是巨大的责任，而库斯托选择欣然接受。1973 年，他和两个儿子菲利普和让－米歇尔在美国建立了库斯托协会，并很快吸引了成千上万的追随者。他的小儿子菲利普・库斯托在 1979 年不幸死于一架水陆两用飞机的坠机事故，让－米歇尔接手了他的工作，支持并协助自己的父亲。

直到 1997 年去世，雅克－伊夫・库斯托都一直在继续着自己和海洋的故事，他陶醉于海洋的美丽，但时刻警觉于人类的傲慢和贪婪对海洋造成的伤害。在这些问题屡诉报端之前，库斯托就预警了过度捕鱼、生境破坏、污染和全球变暖等问题。虽然公众因为库斯托拉响警报而热爱他，但他们没能快速团结起来达成他的目标——保护他所钟爱的海洋世界。继续这项事业的任务部分落在了让－米歇尔的肩上，这是一件更加实际并且更加默默无闻的工作。

遗产和未来

30 多年以来，让－米歇尔・库斯托不光继续着父亲的电影冒险并制作了 80 多部影片，还传播了库斯托的启示。让－米歇尔创立了海洋未来协会和海洋探索计划，后者是一个教育性的实践探险项目，旨在邀请青少年学生和成人在他的科学家和教育家团队的指导下体验库斯托的海洋冒险。仍然位于海洋未来协会的框架下，这个项目如今叫作“环境大使”，已经向成千上万的人教授了环境保护和可持续发展的原则。

作为一名建筑师，让－米歇尔还把库斯托的理念融入了酒店和度假村的设计。斐济岛度假村（最初是父子二人争论的焦点）是他第一次尝试将珊瑚礁旅游业转变成为可持续的环境友好型产业。由于引入了“绿色”旅游业并保护了热带珊瑚，让－米歇尔

席琳和法比安·库斯托和他们的父亲让-米歇尔在干龟生态保护区潜水，他们会出现在一部两个小时的电影中，影片讲述的主题是海底生物庇护所，库斯托家族在这个领域仍然首屈一指。

在设计上的创新也得到了这个行业最高层次的奖励。

人们总是期望库斯托家族能够带来看待海洋世界的新目光，制片传统仍然在继续，最近公共广播系统赞助播出了《让-米歇尔·库斯托：海洋探险》系列片。第一集“去往吴港”反映了西北夏威夷群岛海洋环境的脆弱，它让美国的乔治·W. 布什总统决心建立当时最大的海洋保护区。“虎鲸的呼唤”针对侵入环境中的用于阻燃剂的有毒化学物质提出了警告，这些化学物质不但影响到了虎鲸，也影响了人类自身。

除了让-米歇尔这个儿子，库斯托还有四个孙辈热情地参与海洋探险和环保事业：他们是法比安和席琳，让-米歇尔的儿女；以及亚历山德拉和菲利普，菲利普的儿女。他们并不是家族团队，而是四个独立的个人，但他们的血液中有大海，目光中有未来，他们的基因中有一位传奇探险家的鼓舞。就像雅克·库斯托在他 1980 年出版的《为了后代的权利法案》中所说的那样，“如果不是为了我们的子孙，我们为什么要保护这样一个适宜居住的星球呢？”

安德鲁·詹姆斯·伊文斯

寻觅地下的新世界

（1948－）

洞穴探险的装备包括：备用电话、电话喇叭……绳索和探测深度的铅垂线、卷尺、一些药、一瓶朗姆酒……刀子、温度计、气压计、便携式指南针、用于地形制图的方纸、铅笔、补给和一些香料或者亚美尼亚纸，万一洞穴中有腐烂的动物尸体，可以把它们点着，驱散异味。

爱德华·阿尔弗雷德·马特尔，1898 年

我从很早就开始探险了。当我意识到在不久的将来进入外太空对于英国人并不现实，而海洋深处又太专业化了，唯一的探险机会就只剩下了洞穴。1969 年夏天，时年 21 岁的我参加了莱斯特大学组织的北极挪威探险，这次探险的目的是研究挪威北部的一座冰川，我是探险队中唯一一名研究洞穴的人。当被冰阻塞的高湖开始壮观地向外泄水并在短短几个小时就排出了一立方千米的水后，冰川下出现了一个让人震惊的洞穴，我得到了进入冰川下面的机会。

法国洞穴探险家爱德华·阿尔弗雷德·马特尔是我心目中最伟大的英雄，正是他开创了现代洞穴探险活动。马特尔在 1880 年代首创了“洞穴学”这个名词，并且是第一个探索不同国家众多洞穴的人，他在 1895 年首次下到约克郡山谷国家公园的加平·吉尔（Gaping Gill）洞穴。他还进行了最早的洞穴摄影，既让人们看到了洞穴奇观，也让他们了解洞穴应该得到保护。我这一生都是在努力仿效他。

我从莱斯特大学毕业后进入利兹大学学习研究生课程是顺理成章的事情，因为当时它拥有世界上最好的洞穴俱乐部之一。我的专业是采矿工程，并得到了英国国家煤矿局的资助。在接下来的两年中，我可能至少有一半的时间都待在地下，不是在采煤就是在研究洞穴。利兹大学有许多狂热的洞穴探险家，包括工程师兄弟戴维和艾伦·布鲁克，他们发现的英国洞穴比当今任何一个在世的人发现的都多。

去往远方

1970年代早期，我在欧洲大陆进行了几次探险，其中最值得一提的是法国的皮埃尔·圣马丁（Pierre Saint Martin）洞。这个位于法国西部比利牛斯山脉的洞穴是当时全世界已知的最深洞穴。下到洞穴底部并不容易，超过一千米长的弯曲通道通向一系列倾斜的瀑布，在瀑布的底部，水流消失进入一条狭窄的裂缝中。我当时婚后不久，和自己的两个同事迪克·威利斯和保罗·埃弗雷特进入洞底之后，我们发现洞穴正在被水淹没，我们试图用手工钻孔机和炸药将通道扩大。迪克想要返回地面，而保罗认为最好找到一个遮蔽的地方。于是我和保罗在这片水系的一个凹室里坐了55个小时。最终洪水逐渐消退，我们被团队其他人救起。这是我众多幸运的脱险经历之一。

在这个时期，洞穴探险家们都痴迷于打破世界深度纪录；在20年前，世界最高峰珠穆朗玛峰已经被征服了。我的同事们查看地图，找到了最有希望的遍布石灰岩洞穴的地区，新几内亚的巴布亚岛。于是1975年的新几内亚之旅诞生了。戴维·布鲁克自然成为了领导者，而我作为一名新进入团队的人员，最终竟成了他的副手和组织者。虽然这次旅行没能打破深度纪录，不过24名探险队员在6个月中探索了50多千米的洞穴通道。尽管这次探险在组织上犯了所有可能犯的错误，但常言说“犯错是最好的老师”，这次经历是一场极好的训练。

在这次探险之后，皇家地理学会邀请我和其他四名洞穴探险家加入他们在沙捞越北部的姆鲁探险。皇家地理学会在进行计划的时候意识到该地区有许多充满洞穴的石灰岩，因此应该寻找洞穴探险家加入探险队中的科学家们。我在姆鲁的经历点燃了自己对洞穴科学的兴趣，从许多方面上说，它都是一次非凡的探险——我们5名洞穴探险家探索了长度超过50千米的巨大洞穴通道。作为经验不足的洞穴探险领导者，我从这次探险的领导者奈杰尔·温瑟和罗宾·汉伯里－特里森那里学到了许多组织技巧，再加上之前的教训，让我得以继续组织前往世界各处遥远的地方——特别是东南亚——的20多次探险。

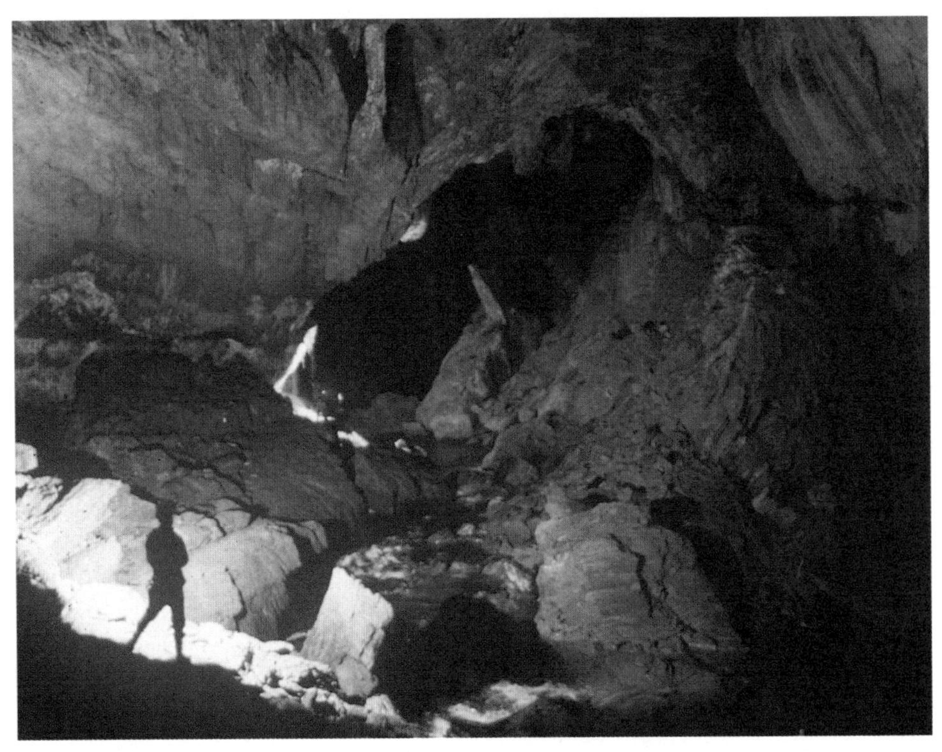

皮埃尔·圣马丁洞是法国比利牛斯山脉的一个著名的复杂岩洞系统，这是它的主通道：这张照片拍摄的是主通道进入一个叫作“瑞纳”的岩洞之前的情景。

很明显的是，该地区已经探明的洞穴远远没有还未发现的洞穴多，于是后续又进行了两次探险，我和本·里昂共同领导了其中的第一次。1980年这次探险搜寻的目标是找到一个封闭通道在山的另一面的入口。花了一些时间之后，荷兰水文学家汉斯·弗雷德里希发现了一个小开口。几天之后，托尼·怀特、戴夫·切克雷和我得以进入其中探索。我们先游泳再攀爬穿越了一片瀑布和急流，席德·佩鲁在开始对我们进行了摄影，然后我们三人来到了一片巨石堆顶上——在黑暗中我们能看到的唯一东西是脚下的地面。我们向期望中的岩壁走过去，并在110米开外找到了它——然后沿着它走了将近两千米。我们意识到自己正沿着一个岩室的边缘前进：我们发现了人类已知的最大密封空间，沙捞越岩室，它的大小相当于两个半老温布

沙捞越岩室，1984 年：远处的岩壁距离照相机 700 多米远。这张照片是杰里·伍尔德里奇拍摄的，他把照相机放在三脚架上，用了至少 10 个非常大的无线电同步闪光灯泡才拍出这张照片。

利球场。

1985 年，我、托尼·怀特以及蒂姆·福格来到了新几内亚瓦梅纳附近的山脉中探索，瓦梅纳是世界上最大的只有飞机才能到达的城市。在海拔将近 5000 米的时候，我们经历了严重的高原反应，并分成了两个小队，走过了大片地区。我请了许多当地人帮忙，但由于部落之间区域划分得很明显，所以每翻过一条山谷，我都不得不招募新的人手。我最落魄的境遇之一在此时发生了，天降暴雨，我却被人抛弃，独自一人携带着三个帆布背包跌跌撞撞地走着。这时我遇到了一个来自爪哇的印度尼西亚人，他能说一点儿英语；他自制了名片，在上面称自己是一名“大地园艺师”。他当时正在调查进入高地的潜在道路。他把我带回了自己的营地，并最终为我提供了新的助手，帮

上图：卡尔斯巴德巨穴是新墨西哥州东南部的一个大型岩洞系统。其中的“大房间”约1219米长，190.5米宽，高达107米，又称为“巨人厅”。

右页图：在中国的广西桂林进行考察的探险队，1985年。这个洞是当地典型岩洞之一，中国人对这里已经很了解了，有时候会用它来储藏物资或居住，但在情况艰险的地点之外仍是未知之地。

助我回到了城里。从那以后，我还在小型探险活动中去过几次印度尼西亚的伊里安查亚省。那里的风景棒极了——就在赤道南边的高山草地和覆盖着积雪的山峰。那里的政局很动荡，在水文地质学上，那里的洞穴还处于不成熟的阶段，但仍然有许多尚待发现的事物。

沿着地下河通道向上游前进，重庆市，中国洞穴探险项目，2002 年。这张照片是加文·纽曼在艰难地逆流游上来后，用他并不防水的相机拍摄的。

中国的洞穴和洞穴探险前景

前往中国旅行的官方许可让人等了好一阵子，1985 年，我和托尼·沃尔瑟姆终于能够率领一支队伍前往中国的贵州和广西。这两个省份的洞穴超越了我们最狂野的期待。我们很快发现洞穴中巨大的通道已经有了中国人的足迹，他们一直走到了难以继续行进的地方。从那之后这些洞穴完全是未被探索过的。

在桂林，我们和喀斯特研究所的研究人员建立了良好的关系，特别是朱学文教授，我们和他一起建立了中国洞穴探险项目。在接下来的岁月里，我领导了十几次去往中国的探险，先开始是在南方，但最近常去长江三峡地区，在那里布满了巨大的通道、雄伟的峡谷以及地下河流。瀑布从几百米高的悬崖上直泻下来，创造了世界上不多见的壮观并极富挑战性的地下环境。探险还在许多区域进行着，而且如今西方洞穴探险家开始持续地和中国人一道在中国的洞穴中工作。

1990 年和 1991 年，我组织了 20 人参加的赴中国的洞穴探险旅行，我们探索的洞穴非常之大，飞机都可以在其中飞进飞出。我们调查了数百千米的岩穴通道，进行了拍照和科学研究。1990 年代后期，我们在重庆的天坑进行了大型地下探险——这是一个 11 千米长的石灰岩峡谷，宽 30 米，深 200 米。这个露天洞穴又在地下绵延 10 千米，并在其中一处开了一个天窗，中国人说这里是世界最大的封闭峡谷。这个天窗所在的位置已经修建起了一个水力发电隧道，将这个峡谷系统中的水引到水电站里，从而使得下方的通道保持干燥。向上游前进，河流使得进展非常困难。我们向上游推进的努力只持续了 1.5 千米，然后就被一面垂直的水墙挡住了去路；我们爬了上去，但是顶端湍急的河水使得前进异常缓慢。在天坑一端沿绳子滑下去，我们得以在地下部分开始处愉快地扎营，而从另一端滑下去，下面则都是毒蛇。

从这里开始向下游探索成为了我在地下遭遇过的最具挑战性的经历。为了能够返回，必须到处安装固定绳索。泛着白沫的河水中气泡太多，无法提供足够的浮力，即使穿着厚厚的潜水服和救生衣也很难把头伸出水面——这还不算完，还有那震耳欲聋的噪声！加文·纽曼和我是向上游和下游走得最远的人，但两端距离还不超过 500 米。我们曾尝试了 4 次，想要进入洞穴，但每次都被恶劣的天气阻止了。它将成为留给未来的挑战。

我的儿子罗伯特并没从我这里得到过什么鼓励（或许我还打击过他），但他还是走上了洞穴探险的道路。2009 年，他在克里特岛上的白山山脉领导了自己的第三次探险，希望能打破海拔负 2000 米的世界深度纪录。罗伯特和他这一代人面临着许多挑战。在我看来，在人类可以进入的洞穴中，只有 10% 得到了探索。许多石灰岩地区还根本没有接受过洞穴探险家的调查。在英国，冰川时代对洞穴入口的封锁意味着 50% 的洞穴通道仍然是未知的。2009 年春天的一次英国-越南联合探险发现了迄今为止最大的洞穴通道。也许洞穴探险的黄金时代还远远没有到来。

撰稿人

罗宾·汉伯里－特里森是一位著名的探险家、作家、电影制片人、环保主义者和环保运动人士。他已经参加了不下 30 次探险活动，1982 年《星期日泰晤士报》称他为“过去 20 年中最伟大的探险家”，1991 年入围该报评选的“20 世纪制造者”的一千人名单。在 2006 年，《旁观者》周刊盛赞其为“英国探险家中的老前辈”。他是英国皇家地理学会的委员会成员、副主席和金质奖章获得者。作为报纸和杂志上的常客，他还摄制了几部关于其探险经历的电影，并撰写了大量书籍。他还是 Thames & Hudson 出版的另外两本书 *The Oxford Book of Exploration*（1993 年）和 *The Seventy Great Journeys in History*（2006 年）的编者。

大卫·波义耳是新经济基金会的成员，他还是一系列关于历史和金钱未来的书籍的作者。他曾写过理查德大帝的赎身（*Blondel' s Song*, 2005 年），还在 *Towards the Setting Sun: Columbus, Cabot and Vespucci and the Race of America*（2008 年）一书中描写了早期横渡大西洋的先驱在商业上的对立。

迈尔斯·布列丹在过去的 20 年里一直在非洲旅行并写了许多关于非洲的作品。他撰写的詹姆斯·布鲁斯传记 *The Pale Abyssinian* 已于 2000 年出版。他生活在肯尼亚，目前正在写一部背景为阿富汗的小说，2006 年至 2008 年他曾在那里工作。

比尔·寇格列佛是一位风险投资家和出版商，他曾在中亚广泛游历。他的书 *Halfway House to Heaven; Unravelling the Mystery of the Source of the Oxus*（2010 年）描述了自己在帕米尔、瓦罕走廊和阿富汗的探险经历。他生活在伦敦和法国蔚蓝海岸，那里有他的一家精品酒店。

瓦内萨·科林格里奇是一名作家、广播员，并专注于海洋史及地图史的学术研究。她撰写的历史传记包括：*Captain Cook: Obsession and Betrayal in the New World*（2002 年），这部书被改编成了系列纪录片，并获得了国际大奖。她和自己年轻的家庭居住在苏格兰。

让-米歇尔·库斯托是雅克-伊夫·库斯托最年长的儿子，是一名探险家、环保主义者、教育家和制片人。他已经制作了80多部电视片，获得过艾美奖、皮博迪奖、黄金七奖和有线电视杰出奖。他组建的海洋未来协会是一个非营利性海洋保护和教育组织，目的是告知人们海洋与人类的重要关系以及明智的环境政策的重要性。作为该组织的主席，让-米歇尔是自然环境的一位尽职尽责的外交官。

大卫·尤因·邓肯是7本书的作者，这些书共有19种语言的版本，包括*Hernando de Soto: A Savage Quest in the Americas*（1995年）、世界范围内的畅销书*Calendar*（1998年）以及刚刚面世的畅销书*Experimental Man: What one man's body reveals about his future, your health, and our toxic world*（2009年）。他还为《国家地理》和《纽约时报》撰稿。在加州大学伯克利分校，他还是生命科学政策中心的主人。他赢得过许多奖项，包括美国促进科学进步协会颁发的年度杂志故事奖。

安德鲁·詹姆斯·伊文斯探索全世界的洞穴已有40多年。为了支持他的生活方式，他和另外两个人创立了一家成功的塑胶模具企业，雇员达到700人之多，他后来于2007年将其卖出。这段商业经历有助于他组织多次洞穴探险。他目前是英国洞穴探险协会和世界洞穴探险组织的主席。

弗朗西斯·弗兰奇是加利福尼亚州圣地亚哥空气&空间博物馆的教育中心主任。关于太空探索史，他撰写过许多书籍和文章，其中包括获得奖项的*Into That Silent Sea*（2007年）以及*In the Shadow of the Moon*（2007年），揭示了早期太空探险家们的生活和飞行。

卡洛琳·吉尔曼是一位北美拓荒史专家，她的作品包括*Lewis and Clark: Across the Divide*（2003年），*The Grand Portage Story*（1992年），*The Way to Independence*（1987年）以及*Where Two Worlds Meet: The Great Lakes Fur Trade*（1982年）。她是刘易斯和克拉克二百周年国家纪念展览的策展人，该展览于2004–2006年在美国进行了巡回展出。她为圣路易斯的密苏里历史博物馆工作，目前正在撰写一本关于美国拓荒区革命的书。

安德鲁·古迪是牛津大学的一位地理学教授和牛津大学圣十字学院院长。他曾在世界上的各个沙漠中承担地貌学家的工作。他是皇家地理学会的金质奖章获得者，还接受过皇家苏格兰地理学会颁发的芒戈·帕克奖以及美国地质学会颁发的法鲁克·埃尔-

巴兹奖。他是*Great Warm Deserts of the World*（2002年）以及*Wheels across the Desert. Exploration of the Libyan Desert by Motorcar 1916-1942*（2008年）。

康拉德·海登里希是多伦多约克大学的地理学荣誉退休教授。他关于加拿大早期探险、制图、当地人与欧洲人的关系等撰写了大量书籍和文章，包括*Huronia: A History and Geography of the Huron Indians*（1973年）；他还是*Historial Atlas of Canada*第一卷（1987年）的联合主编和撰稿人。目前他正在将尚普兰的作品编辑为新的双语版本，并即将由尚普兰学会出版。

约翰·凯伊撰写了许多关于亚洲历史的书籍，包括*The Honourable Company*（1991年），*Last Post: The End of Empire in the Far East*（1997年）和*The Spice Route*（2005年）。关于探险史，他也写了很多：他是*The Royal Geographical Society History of World Exploration*（1991年）一书的编者，还是*Mad About the Mekong : Exploration and Empire in South East Asia*（2005年）的作者。

约翰·麦卡利尔是格林威治英国国家海洋博物馆18世纪帝国和海洋历史的策展人。他的研究兴趣在于大英帝国历史，特别是帝国与好望角、加勒比海以及加拿大之间的关系。他是*Representing Africa: Landscape, Exploration and Empire in Southern Africa, 1780-1870*（2010年）的作者。

亚历山大·梅特兰撰写了大量著作，包括*Speke*（1971年）和*A Tower in a Wall: Conversations with Dame Freya Stark*（1982年）。他和威尔弗雷德·塞西格合著过几本书，并编辑了塞西格的选集，*My Life and Travels*（2002年），并撰写了*Wilfred Thesiger: A Life in Pictures*（2004年）以及塞西格的官方自传*Wilfred Thesiger: The Life of the Great Explorer*（2006年）。他最近刚刚撰写好*Wilfred Thesiger in Africa*一书的卷首语，同时在为牛津皮特河博物馆的百年纪念展览做准备。他已婚并生活在伦敦。

贾斯汀·马洛奇是一名旅行作家、历史学家、记者以及政治风险和安全顾问。他曾在中东和伊斯兰世界广泛游历，近些年常常出现在冲突频繁的地区，如伊拉克、阿富汗和索马里。他的处女作*South from Barbary*（2001年）记述了在利比亚撒哈拉沙漠沿着奴隶贸易路线进行的一次旅行。他最新的作品是*The Man Who Invented History: Travels with Herodotus*（2008年）。他目前正在写一部有关巴格达的传记。

詹姆斯·L. 纽曼是锡拉库扎大学麦斯威尔学院的地理学荣誉退休教授。作为一位非洲学者，他最近的著作包括*The Peopling of Africa: A Gepgraphic Interpretation*（1995年），*Imperial Footprints: Henry Morton Stanley's African Journeys*（2004年）以及*Paths Without Glory: Richard Francis Burton in Africa*（2010年）。

克莱尔·佩蒂特是英国伦敦国王学院英语系维多利亚文学与文化教授。她的作品有*Patent Inventions: Intellectual Property and the Victorian Novel*（2004年），以及*"Dr Livingstone, I Presume?": Missionaries, Journalists, Explorers, and Empire*（2007年）。她目前正在撰写一本有关19世纪同时性装置的发明的书。

缪伯里·波尔卡是Wings WorldQuest的执行理事和共同创始人，这是一家专注于发现女性探险家的非营利组织（www.wingsworldquest.org）。她的作品包括*Women of Discovery*（与玛丽·泰格林合著；2001年）以及*The Looting of the Iraq Museum, Baghdad*（与安吉拉·舒斯特尔合编；2005年）。她是*The Explorers Journal*的特约编辑，探险家俱乐部、皇家地理学会的成员，以及加拿大皇家地理学会的荣誉成员。她的探险经历涉及中东、亚洲、北极和西藏。

拉塞尔·波特是罗德岛学院的英文教授。他就19世纪人们对于北极的狂热著述颇丰，并出现在英国第四频道2004年的电视纪录片《寻觅西北航道》中。他曾在美国、加拿大、爱尔兰和英国讲学；他最新的著作是*Arctic Spectacles: The Frozen North in Visual Culture, 1818-1875*（2007年）。

皮特·雷比是剑桥大学哈默顿学院的荣誉退休研究员和前副院长。在他的众多作品中包括*Alfred Russel Wallace: A Life*（2001年）以及对维多利亚时代科学旅行家们的研究，*Bright Paradise*（1996年）。他最近的作品是主编的*Cambridge Companion to Harold Pinter*（2009年）。

保罗·罗丝是一名电视和广博播音员、野外科学支持专家和作家。他的优秀电视作品包括：《海洋》、《发现之旅》、《博物馆》和《风》。他是英国北极调查中罗瑟拉研究站的基地指挥官，并被授予了极地勋章。由于参与了美国宇航局以及火星探测器项目在南极埃里伯斯火山的工作，他还被授予了美国极地奖章；他还得到过皇家地理学会颁发的内斯奖。

www.paulrose.org

约翰·罗斯是一名居住在墨尔本办公的记者和出版商。他是*Chronicle of the 20th Century*

（澳大利亚版，1999年）和*Chronicle of Australia*（2000年）的主编，并与人合著了*200 Seasons of Australian Cricket*（1997年）一书。他共撰写了大约20本书，包括*Country Towns*（1975年），*One People, One Destiny: The Story of Federation*（2001年）以及*Voices of the Bush*（2001年）。

安东尼·萨丁是一名作家和广播员，他研究的专门领域是非洲和中东，他本人在那里拥有20多年的旅行经历。他的作品包括广受赞誉的*The Pharaoh's Shadow: Travels in Ancient and Modern Egypt*（1999年）以及*The Gates of Africa*（2003年），后者讲述的是芒戈·帕克的雇主——非洲学会的故事。他最近的作品是*A Winter on the Nile: Florence Nightingale, Gustave Flaubert and the Temptations of Egypt*（2010年）。

杰里米·斯科特是探险家基诺·沃特金斯的外甥，J. M. 斯科特的儿子，空中航线探险队的另一名成员，他的书*Dancing on Ice*（2008年）描述了这次经历。在军队服完兵役之后，他开始在电视行业工作，先后去了纽约和伦敦。他充满争议的回忆录*Fast and Louche: Confessions of a Flagrant Sinner*（2002年）导致了一张禁令、两张有关诽谤的法院传票、一次藐视法庭的指控，还有人威胁要把他的膝盖骨打碎，不过这本书市面上仍有平装本出售。

朱尔斯·斯图尔特是总部在伦敦的一名记者，他已经出版了4本关于英国在印度的书籍。他最近的作品*Crimson Snow*（2008年）讲述了第一次英国–阿富汗战争的悲惨故事。他之前的作品是*The Savage Border: The History of the North-West Frontier*（2007年），*The Khyber Rifles*（2005年）以及*Spying for the Raj*（2006年），这些都是梵语学者的故事。他曾在皇家地理学会、詹姆斯顿基金会、亚洲事务皇家学会以及其他场所举办过讲座。

奥利弗·托雷在他的一生中小心地避免了任何形式的冒险或危险。他成为了研究自己外公的专家，因为没有别人这样做并去纠正那些关于他的错误认识。他的追求十分多样——在齐柏林飞艇的翻唱乐队中唱歌、撰写小说和非小说类作品并养家糊口。然而，自从创建了关于弗兰克·金登–沃德的网站之后，他开始想要追随外公的足迹，至少进行一次旅行，欣赏那些开在西藏山谷中的野花。

罗伯特·特威格，作家和探险家，曾被称作“困在21世纪作家身体里的19世纪冒险家”。1998年，他在加里曼丹发现了一列史前巨石柱，他在自己的作品*Big Snake*（2001

年）一书中描述了此事。他是世界上第一个追溯亚历山大·马更些原路的人，他的书 *Voyageur. Across the Rocky Mountains in a Birchbark Canoe*（2006 年）描述了这次旅行。他还撰写了其他几本书，包括*Lost Oasis: Adventures In and Out of the Egyptian Desert*（2007 年）。2009–2010 年，他领导了第一次徒步穿越埃及撒哈拉沙漠大沙海的探险。

约翰·尤瑞是前英国驻古巴、巴西和瑞典大使，还曾在马来亚的苏格兰步兵团当过军官（在"二战"的紧急情况时），在苏联（冷战时期）、刚果（刚果内战时期）、智利和葡萄牙（1974 年革命时期）当过外交官。他曾撰写过十几本历史和旅行书籍，并被翻译成多种语言，最近的一本是*Shooting Leave: Spying Out Central Asia in the Great Game*（2009 年）。他还为许多国家出版物撰写旅行文章和书评。

罗纳德·沃特金斯是*Birthright*（1993 年）和*Unknown Seas: How Vasco da Gama Opened the East*（2003 年）的作者。他曾在中美洲、欧洲和东亚广泛游历。他的职业是与人合著书籍，目前已经是 30 多本书的作者。他是山顶谋杀系列小说的共同作者之一，这些神秘的故事都发生在世界上那些最高的山峰上。

www.ronaldjwatkins.com

苏珊·怀特菲尔德是大英博物馆国际敦煌项目的主持人，此项目的目的是将丝绸之路上的文物和手稿放到互联网上，包括奥莱尔·斯坦因获得的那些。她已经在伦敦、曼彻斯特和布鲁塞尔策划了丝绸之路展，撰写了大量书籍和文章，包括*Aurel Stein on the Silk Road*（2004 年）并在这个地区进行了广泛的旅行。

伊泽贝尔·威廉姆斯是伦敦皇家医学院的一名成员。作为一名医疗顾问，她是呼吸系统药物专家，并在研究生医学教育上投入了许多精力。她对于南极洲的好奇心起初是被爱德华·威尔逊的画作点燃的，这些画就摆放在她工作的医学院中，这份迷恋始终贯穿在她的医学职业生涯里。她撰写了威尔逊的传记*With Scott in the Antarctic. Explorer, Naturalist, Artist*（2008 年），并举办过多次关于南极的讲座。

相关阅读

海洋

克里斯托弗·哥伦布

Boyle, David, *Toward the Setting Sun: Columbus, Cabot and Vespucci and the Race for America* (New York: Walker Books, 2008)

Casas, Bartolomé de las, *History of the Indies*, trans. Andrée Collard (New York: Harper & Row, 1971)

Fernandez-Armesto, Felipe, *Columbus on Himself* (London: Folio Society, 1992)

Keen, Benjamin (ed. and trans.), *The Life of Admiral Christopher Columbus by his Son, Ferdinand* (London: Folio Society, 1960; 2nd ed., Brunswick, NJ: Rutgers University Press, 1992)

Morison, Samuel E., *Admiral of the Ocean Sea: A Life of Christopher Columbus* (Boston: Little Brown, 1942)

Taviani, Paolo E., *Christopher Columbus: The Grand Design* (London: Orbis, 1985)

Varela, Consuelo, *La Caída de Cristóbal Colón: El juicio de Bobadilla* (Madrid: Marcial Pons, 2006)

瓦斯科·达·伽马

Azurara, Gomez Eannes da, *The Chronicle of the Discovery and Conquest of Guinea* (London: Hakluyt Society, 1896)

Correa, Gaspar, *The Three Voyages of Vasco da Gama, and his Viceroyalty, from the Lendas da India* (London: Hakluyt Society, 1869)

Hart, Henry H., *Sea Road to the Indies: An Account of the Voyages and Exploits of the Portuguese Navigators, together with the Life and Times of Dom Vasco da Gama, Capitão-Mor, Viceroy of India and Count of Vidigueira* (New York: Macmillan, 1950)

Howe, Sonia E., *In Quest of Spices* (London: Jenkins, 1946)

Nilakanta Sastri, K. A., *A History of South India from Prehistoric Times to the Fall of Vijayanagar* (London: Oxford University Press, 1966)

Phillips, J. K. S., *The Medieval Expansion of Europe* (Oxford: Oxford University Press, 1988)

Ravenstein, E. G. (trans. and ed.), *A Journal of the First Voyage of Vasco da Gama, 1497-1499* (London: Hakluyt Society, 1898; repr. New York: B. Franklin, 1963)

Watkins, Ronald J., *Unknown Seas: How Vasco da Gama Opened the East* (London: John Murray, 2003)

费迪南德・麦哲伦

Bergreen, Laurence, *Over the Edge of the World* (New York: Morrow, 2003)

Joyner, Tim, *Magellan* (Camden, ME: International Marine, 1992)

Pigafetta, Antonio, *Magellan's Voyage: A Narrative Account of the First Navigation,* trans. R. A. Skelton (New York: Dover, 1994)

路易斯－安托万・德・布干维尔

Bougainville, Louis-Antoine de, *The Pacific Journal of Louis-Antoine de Bougainville, 1767-1768,* trans. and ed. John Dunmore (London: Hakluyt Society, 2002)

Bougainville, Louis-Antoine de, *A Voyage Round the World.* [Translated from the French by John Reinhold Forster] (Amsterdam: N. Israel; New York: Da Capo, 1967; orig. ed. London: 1772)

Dunmore, John, *Storms and Dreams. Louis de Bougainville: Soldier, Explorer, Statesman* (Stroud: Nonsuch, 2005)

Kimbrough, Mary, *Louis-Antoine de Bougainville, 1729-1811: A Study in French Naval History and Politics* (Lewiston: E. Mellen Press, 1990)

詹姆斯・库克

Beaglehole, J. C. (ed.), *The Journals of Captain James Cook on his Voyages of Discovery,* 4 vols (Cambridge University Press for the Hakluyt Society, 1955-74)

Beaglehole, J. C., The *Life of Captain James Cook* (London: A. & C. Black; Stanford: Stanford University Press, 1974)

Collingridge, Vanessa, *Captain Cook: Obsession and Betrayal in the New World* (London: Ebury Press, 2002)

David, Andrew, *The Charts and Coastal Views of Captain Cook's Voyages, Vol. 1, The Voyage of the Endeavour 1768-1771* (London: Hakluyt Society, 1988)

Kaeppler, A. L. and others, *James Cook and the Exploration of the Pacific* (London: Thames & Hudson, 2009)

Robson, John, *The Captain Cook Encyclopaedia* (London: Chatham Publishing, 2004)

Robson, John, *Captain Cook's World: Maps of the Life and Voyages of James Cook, R.N*

(Milsons Point, NSW: Random House, 2000; London: Chatham Publishing, 2001)
http://www.captaincooksociety.com

陆地

埃尔南多·德·索托

Duncan, David Ewing, *Hernando de Soto: A Savage Quest in the Americas* (New York: Crown, 1995)

Clayton, Lawrence A., Knight, Vernon Jones Jr. and Moore, Edward C. (eds), *The de Soto Chronicles: Expedition of Hernando de Soto to North America 1539-1543* (Tuscaloosa: University of Alabama Press, 1993)

Hemming, John, *The Conquest of the Incas* (London: Macmillan; New York: Harcourt Brace Jovanovich, 1970)

Hudson, Charles, *Knights of Spain, Warriors of the Sun: Hernando de Soto and the South's Ancient Chiefdoms* (Athens: University of Georgia Press, 1997)

刘易斯和克拉克

Ambrose, Stephen E., *Undaunted Courage: Meriwether Lewis, Thomas Jefferson, and the Opening of the American West* (New York: Simon & Schuster, 1996)

DeVoto, Bernard (ed.), *The Journals of Lewis and Clark* (Boston: Houghton Mifflin, 1953)

Gilman, Carolyn, *Lewis and Clark: Across the Divide* (Washington, DC and London: Smithsonian Books, 2003)

Ronda, James P., *Lewis and Clark Among the Indians* (Lincoln and London: University of Nebraska Press, 1984)

托马斯·贝恩斯

Baines, Thomas, *Explorations in South West Africa* (London: Longman & Co., 1864)

Baines, Thomas, *Journal of Residence in Africa, 1842-1853*, ed. R. F. Kennedy, 2 vols (Cape Town: 1961-64)

Braddon, Russell, *Thomas Baines and the North Australian Expedition* (Sydney: Collins, 1986)

Carruthers, Jane and Arnold, Marion, *The Life and Work of Thomas Baines* (Vlaeberg: Fernwood Press, 1995)

McAleer, J., *Representing Africa: Landscape, Exploration and Empire in Southern Africa, 1780-1870* (Manchester: Manchester University Press, 2010)

Stevenson, Michael (ed.), *Thomas Baines: An Artist in the Service of Science in Southern Africa* (London: Christie's, 1999)

Wallis, J. P. R, *Thomas Baines of King's Lynn, Explorer and Artist, 1820-1875* (London: Cape, 1941)

理查德·伯顿

Brodie, Fawn M., *The Devil Drives: A Life of Sir Richard Burton* (New York: W. W. Norton; London: Eyre & Spottiswoode, 1967)

Burton, Isabel, *The Life of Captain Sir Richard F. Burton KCMG, FRGS,* 2 vols (London: Chapman & Hall, 1893)

Burton, Richard, *Selected Papers on Anthropology, Travel, and Exploration,* ed. Norman M. Penzer (London: A. M. Philpot, 1924)

Fortnightly Review, "Richard Burton" , article by Ouida (June 1906)

Lovell, Mary S., *A Rage to Live: A Biography of Richard and Isabel Burton* (London: Little, Brown; New York: W. W. Norton, 1998)

纳恩·辛格

Barrow, Ian J., *Making History, Drawing Territory: British Mapping in India, c. 1756-1905* (New Delhi: Oxford University Press, 2003)

Hopkirk, Peter, *Trespassers on the Roof of the World: The Race for Lhasa* (London: John Murray, 1982)

Keay, John, *Explorers of the Western Himalayas, 1820-1895* (London: John Murray, 1996)

Madan, P. L., *Tibet: Saga of Indian Explorers* (New Delhi: Manohar Publishers, 2004)

Markham, Clements R., *A Memoir on the Indian Surveys* (London: Allen & Co., 1871)

Rawat, Indra Singh, *Indian Explorers of the 19th Century* (New Delhi: Ministry of Information and Broadcasting, 1973)

Waller, Derek, *The Pundits: British Exploration of Tibet and Central Asia* (Lexington: University Press of Kentucky, 1990)

尼古拉·普热瓦利斯基

Dubrovin, I. F., *N M. Prezheval'ski* (St Petersburg, 1890)

Hopkirk, Peter, *The Great Game. The Struggle for Empire in Central Asia* (London: John Murray, 1990; New York: Kodansha, 1992)

Rayfield, Donald, *The Dream of Lhasa: the Life of Nikolay Przhevalsky (1839-88), Explorer of Central Asia* (London: Elek, 1976)

内伊·爱莲斯

Black, C. E. D., *A Memoir on the Indian Surveys, 1875-1890* (London: India Office, 1891)

Elias, Ney (ed.), *A History of the Moghuls of Central Asia, Being the Tarikh-i-Rashidi of Mirza Muhammad Haidar, Dughlat,* trans. E. D. Ross (London: Sampson Low & Co., 1895)

Morgan, Gerald, *Ney Elias: Explorer and Envoy Extraordinary in High Asia* (London: Allen

& Unwin, 1971)

弗朗西斯・荣赫鹏

Allen, Charles, *Duel in the Snows: The True Story of the Younghusband Mission to Lhasa* (London: John Murray, 2004)

Fleming, Peter, *Bayonets to Lhasa* (London: Rupert Hart-Davis; New York: Harper, 1961)

French, Patrick, *Younghusband: The Last Great Imperial Adventurer* (London: HarperCollins, 1994)

Hopkirk, Peter, *The Great Game. The Struggle for Empire in Central Asia* (London: John Murray, 1990; New York: Kodansha, 1992)

Seaver, George, *Francis Younghusband: Explorer and Mystic* (London: John Murray, 1952)

Verrier, Anthony, *Francis Younghusband and the Great Game* (London: Cape, 1991)

Younghusband, Francis, *The Heart of a Continent: A Narrative of Travels in Manchuria, across the Gobi Desert, through the Himalayas, the Pamirs and Chitral, 1884-94* (London: John Murray, 1896)

马尔克・奥莱尔・斯坦因

Hopkirk, Peter, *Foreign Devils on the Silk Road: The Search for the Lost Cities and Treasures of Chinese Central Asia* (London: John Murray, 1980)

Mirsky, Jeanette, *Sir Aurel Stein: Archaeological Explorer* (Chicago: University of Chicago Press, 1977)

Walker, Annabel, *Aurel Stein, Pioneer of the Silk Road* (London: John Murray, 1998)

Whitfield, Susan, *Aurel Stein on the Silk Road* (London: The British Museum Press; Chicago: Serindia, 2004)

河流

萨缪尔・德・尚普兰

Biggar, H. P. (ed.), *The Works of Samuel de Champlain*, 6 vols (Toronto: Champlain Society, 1922-36)

Fischer, David Hackett, *Champlain's Dream: The Visionary Adventurer Who Made a New World in Canada* (New York: Simon & Schuster, 2008)

Heidenreich, Conrad E., "The Beginning of French Exploration out of the St Lawrence Valley: Motives, Methods, and Changing Attitudes toward Native People", in Warkentin, G. and Podruchny, C. (eds), *Decentring the Renaissance* (Toronto: University of Toronto Press, 2001), 236-51

Heidenreich, Conrad E., "Early French Exploration in the North American Interior", in Allen, J. L.

(ed.), *North American Exploration: A Continent Defined*, vol. 2 (Lincoln: University of Nebraska Press, 1997), 65-148

Litalien, Raymonde and Vaugeois, Denis (eds), *Champlain: the Birth of French America* (Montreal-Kingston: McGill Queen' s Press, 2004)

詹姆斯・布鲁斯

Bredin, Miles, *The Pale Abyssinian: A Life of James Bruce, African Explorer and Adventurer* (London: HarperCollins, 2000)

Bruce, James, *Travels to Discover the Source of the Nile*, ed. C. F. Beckingham (Edinburgh: University of Edinburgh Press, 1964; orig. ed. Edinburgh: J. Ruthven, 1790)

Moorehead, Alan, *The Blue Nile* (London: Hamish Hamilton; New York: Harper & Row, 1962)

亚历山大・马更些

Gough, Barry, *First Across the Continent* (Norman: University of Oklahoma Press, 1997)

Mackenzie, Alexander, *Voyages from Montreal* (London and Edinburgh, 1801)

Morse, Eric, *Fur Trade Canoe Routes of Canada* (Toronto: University of Toronto Press, 1979)

Twigger, Robert, *Voyageur: Across the Rocky Mountains in a Birchbark Canoe* (London: Weidenfeld & Nicolson, 2006)

Woodworth, John and Flygare, Halle, *In the Steps of Alexander Mackenzie* (Prince George, BC: AMVR Association, 1989)

芒戈・帕克

Boyle, T. C., *Water Music: A Novel* (Boston: Little, Brown; London: Gollancz, 1981)

Hunwick, John O. and Boye, Alida Jay, *The Hidden Treasures of Timbuktu* (London and New York: Thames & Hudson, 2008)

Lupton, Kenneth, *Mungo Park, The African Traveler* (Oxford: Oxford University Press, 1979)

Park, Mungo, *Travels into the Interior of Africa* (London: Eland, 2003)

Sattin, Anthony, *The Gates of Africa: Death, Discovery and the Search for Timbuktu* (London: Harper Perennial, 2004; New York: St Martin' s Press, 2005)

约翰・汉宁・斯皮克

Burton, R. F., *The Lake Regions of Central Africa*, 2 vols (London: Longmans, 1860)

Carnochan, W. B., *The Sad Story of Burton, Speke and the Nile; Or was John Hanning Speke a Cad?* (Stanford, CA: Stanford General Books, 2006)

Maitland, Alexander, *Speke and the Discovery of the Source of the Nile* (London: Constable, 1971)

Ondaatje, Christopher, *Journey to the Source of the Nile* (Toronto: HarperCollins, 1998)

Speke, John Hanning, *Journal of the Discovery of the Source of the Nile* (London: Blackwood, 1863)

Speke, John Hanning, *What Led to the Discovery of the Nile* (London: Blackwood, 1864)

戴维·利文斯通

Helly, Dorothy O., *Livingstone's Legacy: Horace Waller and Victorian Mythmaking* (Athens: Ohio University Press, 1987)

Jeal, Tim, *Livingstone* (New Haven and London: Yale University Press, 2001)

National Portrait Gallery, *David Livingstone and the Victorian Encounter with Africa* (London: NPG Publications, 1996)

Pettitt, Clare," *Dr. Livingstone, I Presume ?*" : *Missionaries, Journalists, Explorers, and Empire* (London: Profile Books; Cambridge MA: Harvard University Press, 2007)

Ross, Andrew C., *David Livingstone: Mission and Empire* (London and New York: Continuum, 2006)

弗朗西斯·安邺

Carné, Louis de, *Travels on the Mekong* ("The Political and Trade Report of the Mekong Exploration Commission") (repr. Bangkok: White Lotus, 2000)

Delaporte, Louis and Garnier, Francis, *A Pictorial Journey on the Old Mekong* (vol 3 of "The Mekong Exploration Commission Report") (repr. Bangkok: White Lotus, 1998)

Garnier, Francis, *Voyage d'exploration en Indo-Chine* (Paris, 1885); English translation: *Travels in Cambodia and Laos and Further Travels in Laos and Yunnan,* 2 vols (Bangkok: White Lotus, 1996)

Keay, John, *Mad about the Mekong: Exploration and Empire in South East Asia* (London: HarperCollins, 2005)

Osborne, Milton, *The Mekong: Turbulent Past, Uncertain Future* (New York: Atlantic Monthly Press, 2000)

亨利·莫顿·史丹利

Driver, Felix, *Geography Militant: Cultures of Exploration and Empire* (Oxford and Malden MA: Blackwell, 2001)

Fabian, Johannes, *Out of Our Minds: Reason and Madness in the Exploration of Central Africa* (Berkeley: University of California Press, 2000)

Hall, Richard, *Stanley: An Adventurer Explored* (Boston: Houghton Mifflin, 1975)

Jeal, Tim, *Stanley: The Impossible Life of Africa's Greatest Explorer* (London: Faber and Faber, 2007)

Newman, James L., *Imperial Footprints: Henry Morton Stanley's African Journeys* (Potomac, VA: Brassey's/Potomac, 2004)

极地冰雪

弗里乔夫·南森

Nansen, Fridtjof, *The First Crossing of Greenland*, trans. Hubert Gepp (Northampton, MA: Interlink Publishing, 2003)

Nansen, Fridtjof, *Farthest North*, intro. Roland Huntford (New York: Modern Library, 1999)

Shackleton, Edward, *Nansen: The Explorer* (London: H. F. & G. Witherby, 1959)

爱德华·威尔逊

Cherry-Garrard, A., *The Worst Journey in the World* (London: Picador, 1994)

Scott, R. F., *The Voyage of the "Discovery"*, 2 vols (London: Smith, Elder & Co., 1905)

Scott, R. F., *Scott's Last Expedition*, 2 vols (London: Smith, Elder & Co., 1913)

Williams, I., *With Scott in the Antarctic, Edward Wilson. Explorer, Naturalist, Artist* (Stroud: The History Press, 2008)

Wilson, Edward, *Diary of the "Discovery" Expedition to the Antarctic Regions 1901-1904*, ed. Ann Savours (London: Blandford Press, 1966)

Wilson, Edward, *Diary of the "Terra Nova" Expedition to the Antarctic 1910-1912*, ed. H. G. R. King (London: Blandford Press, 1972)

罗尔德·阿蒙森

Amundsen, Roald, *The North West Passage: Being the Record of a Voyage of Exploration of the Ship "Gjøa" 1903-1907* (London: Constable; New York: E. P. Dutton & Co., 1908)

Amundsen, Roald, *The South Pole: An Account of the Norwegian Antarctic Expedition in the "Fram", 1910-1912*, trans. A. G. Chater, 2 vols (London: John Murray; New York: L. Keedick, 1912)

Amundsen, Roald, *My Life as an Explorer* (London: Heinemann; New York: Doubleday, 1927)

Bomann-Larsen, Tor, *Roald Amundsen* (Stroud: Sutton, 2006)

沃利·赫伯特

Herbert, Wally, *Across the Top of the World* (London: Longmans, 1969; New York: Putnam, 1971)

Herbert, Wally, *The Noose of Laurels* (London: Hodder & Stoughton; New York: Atheneum, 1989)

Herbert, Wally, *The Polar World: The Unique*

Vision of Sir Wally Herbert (Weybridge: Polarworld, 2007)

荒漠

海因里希·巴尔特

Barth, Heinrich, *Travels and Discoveries in North and Central Africa*, repr. 3 vols (London: Frank Cass, 1965)

Boahen, A. A., *Britain, the Sahara and the Western Sudan 1778-1861* (Oxford: Clarendon Press, 1964)

Diawara, Mamadou, de Moraes Farias, Paulo Fernando and Spittler, Gerd (eds), *Heinrich Barth et l'Afrique* (Cologne: Rüdiger Köppe Verlag, 2006)

Herrmann, Paul, *The Great Age of Discovery* (New York: Harper, 1958)

Kirk-Greene, A. H. M. (ed.), *Barth's Travels in Nigeria* (London: Oxford University Press, 1962)

查尔斯·斯特尔特

Blainey, Geoffrey, *The Tyranny of Distance: How Distance Shaped Australia's History* (Melbourne: Sun Books, 1966)

Cannon, Michael, *The Exploration of Australia* (Sydney: Reader's Digest, 1987)

Stokes, Edward, *To the Inland Sea: Charles Sturt's Expedition 1844-45* (Hawthorn: Hutchinson, 1986)

Sturt, C. N., *Two Expeditions into the Interior of Southern Australia, during the years 1828, 1829, 1830 and 1831*, 2 vols (London: Smith, Elder & Co., 1833)

Sturt, C. N., *Narrative of an Expedition into Central Australia during the Years 1844, 5 and 6*, 2 vols (London: T. & W. Boone, 1849)

格特鲁德·贝尔

Bell, Gertrude, *The Desert and the Sown* (London: Virago, 1985; Mineola: Dover, 2008)

Bell, Gertrude, *Amurath to Amurath* (London: Heinemann, 1911)

Howell, Georgina, *Daughter of the Desert: The Remarkable Life of Getrude Bell* (London: Macmillan, 2006); *Gertrude Bell: Queen of the Desert, Shaper of Nations* (New York: Farrar, Strauss & Giroux, 2007)

Wallach, Janet, *Desert Queen* (London: Weidenfeld & Nicolson, 1996; New York: Anchor Books, 2005)

Winstone, H. V. F., *Gertrude Bell* (London: Cape; New York: Quartet, 1978)

Gertrude Bell archive: http://www.gerty.ncl.ac.uk/

哈利·圣约翰·费尔比

Meulen, D. van der, *The Wells of Ibn Sa'ud* (London: John Murray, 1957)

Monroe, Elizabeth, *Philby of Arabia* (London: Faber, 1973)

Philby, H. St J. B., *Arabian Days* (London: Hale, 1948)

Philby, H. St J. B., *A Pilgrim in Arabia* (London: Hale, 1946)

Philby, H. St J. B., *Forty Years in the Wilderness* (London: Robert Hale, 1957)

拉尔夫·巴格诺尔德

Bagnold, R. A., *Libyan Sands: Travel in a Dead World* (London: Hodder & Stoughton, 1935)

Bagnold, R. A., *Sand, Wind and War. Memoirs of a Desert Explorer* (Tucson: University of Arizona, 1990)

Gordon, John W., *The Other Desert War. British Special Forces in North Africa, 1940-1943* (New York: Greenwood, 1987)

Goudie, Andrew, *Wheels Across the Desert. Exploration of the Libyan Desert by Motor Car 1916-1942* (London: Silphium, 2008)

Kelly, Saul, *The Hunt for Zerzura. The Lost Oasis and the Desert War* (London: John Murray, 2002)

威尔弗雷德·塞西格

Maitland, Alexander, *Wilfred Thesiger: The Life of the Great Explorer* (London: HarperPress, 2006)

Philby, H. St J. B., *The Empty Quarter* (London: Constable, 1933)

Thesiger, Wilfred, *Arabian Sands* (London: Longmans Green, 1959)

Thesiger, Wilfred, *The Marsh Arabs* (London: Longmans, 1964)

Thesiger, Wilfred, *The Life of My Choice* (London: Collins, 1987)

Thomas, Bertram J., *Arabia Felix: Across the Empty Quarter of Arabia* (London: Jonathan Cape, 1932)

地球上的生命

亚历山大·冯·洪堡

Botting, Douglas, *Humboldt and the Cosmos* (London: Jospeh; New York: Harper & Row, 1973)

Hein, Wolfgang-Hagen (ed.), *Alexander von Humboldt: Life and Work*, trans. John Cumming (Ingelheim am Rhein: C. H. Boehringer Sohn, 1987)

Humboldt, Alexander von, *Personal Narrative of a Journey to the Equinoctial Regions of the New Continent*, abridged and trans. Jason

Wilson (London: Penguin, 1995)

Kellner, L., *Alexander von Humboldt* (London and New York: Oxford University Press; 1963)

玛丽安娜·诺斯

Birkett, Dea, *Spinsters Abroad: Victorian Lady Travellers* (Oxford: Basil Blackwell, 1989)

Lees-Milne, A., "Marianne North", *Journal of the Royal Horticultural Society*, 98 (6), June 1964, 231-40

North, Marianne, *Recollections of a Happy Life*, ed. and intro. Susan Morgan (Charlottesville: University of Virginia Press, 1993; orig. ed. London: Macmillan, 1892)

North, Marianne, *Some Further Recollections of a Happy Life* (London: Macmillan, 1893)

North, Marianne, *A Vision of Eden*, ed. G. Bateman, 4th ed. (London: Royal Botanic Gardens, Kew and HMSO,1993)

Polk, Milbry and Tiegreen, Mary, *Women of Discovery* (New York: Clarkson Potter, 2001)

Ponsonby, L., *Marianne North at Kew Gardens* (London: Webb and Bower, 1990)

阿尔弗雷德·罗素·华莱士

Berry, Andrew (ed.), *Infinite Tropics: An Alfred Russel Wallace Anthology* (London and New York: Verso, 2002)

Knapp, Sandra, *Footsteps in the Forest: Alfred Russel Wallace in the Amazon* (London: Natural History Museum, 1999)

Raby, Peter, *Alfred Russel Wallace, A Life* (London: Chatto & Windus; Princeton: Princeton University Press, 2001)

Wallace, Alfred Russel, *Travels on the Amazon and Rio Negro*, 2nd ed. (London: Ward Lock, 1889)

Wallace, Alfred Russel, *The Malay Archipelago: The Land of the Orang-utan and the Bird of Paradise*, ed. John Bastin (Oxford: Oxford University Press, 1989)

Wilson, J. G., *The Forgotten Naturalist: In Search of Alfred Russel Wallace* (Kew, Victoria: Arcadia, 2000)

弗兰克·金登-沃德

Kingdon-Ward, Frank, *Frank Kingdon-Ward's Riddle of the Tsangpo Gorges: Retracing the Epic Journey of 1924-25 in South-East Tibet*, ed. Kenneth Cox (Woodbridge: Antique Collectors' Club, 1999)

Kingdon-Ward, Frank, *The Land of the Blue Poppy. Travels of a Naturalist in Tibet* (Cambridge: Cambridge University Press, 2009)

Kingdon-Ward, Frank, *A Plant Hunter in Tibet* (Bangkok: White Orchid, 2006)

Kingdon-Ward, Frank, *Burma's Icy Mountains* (Bangkok: White Orchid, 2006)

Lyte, Charles, *Frank Kingdon-Ward. The Last of the Great Plant Hunters* (London: John Murray, 1989)

新的前沿

基诺・沃特金斯

Chapman, F. Spencer, *Watkins' Last Expedition* (London: Chatto and Windus, 1934)

Chapman, F. Spencer, *Northern Lights: The Official Account of the British Arctic Air-Route Expedition, 1930-1931* (London: Chatto and Windus, 1932)

Lindsay, Martin, *Those Greenland Days* (London: Blackwood, 1932)

Scott, J. M., *Gino Watkins* (London: Hodder & Stoughton, 1935)

Scott, Jeremy, *Dancing on Ice* (London: Old Street Publishing, 2008)

尤里・加加林

Burchett, Wilfred and Purdy, Anthony, *Cosmonaut Yuri Gagarin, First Man in Space* (London: Gibbs & Phillips, 1961)

Burgess, Colin and Hall, Rex, *The First Soviet Cosmonaut Team: Their Lives, Legacy and Historical Impact* (New York: Springer, 2009)

French, Francis and Burgess, Colin, *Into That Silent Sea: Trailblazers of the Space Era 1961-1965* (Lincoln: University of Nebraska Press, 2007)

Hall, Rex and Shayler, David, *The Rocket Men: Vostok and Voskhod, The First Soviet Manned Spaceflights* (New York and Chichester: Springer, 2001)

雅克－伊夫・库斯托

Cousteau, Jacques-Yves, *The Silent World*, with Frédéric Dumas (New York: Harper; London: Hamish Hamilton, 1952)

Cousteau, Jacques-Yves, *The Living Sea*, with James Dugan (New York: Harper & Row; London: Hamish Hamilton, 1963)

Cousteau, Jacques-Yves, *World Without Sun*, ed. James Dugan (New York: Harper & Row; London: Heinemann, 1965)

Cousteau, Jacques-Yves and Cousteau, Phillipe, *The Shark: Splendid Savage of the Sea* (Garden City, NY: Doubleday; London: Cassell, 1970)

Cousteau, Jacques-Yves and Richards, Mose, *Jacques Cousteau's Amazon Journey* (New York: Abrams, 1984)

Cousteau, Jacques-Yves and Schiefelbein, Susan, *The Human, the Orchid and the Octopus* (New York: Bloomsbury, 2007)

安德鲁·詹姆斯·伊文斯

Brook D. B. (ed.), "The British New Guinea Speleological Expedition, 1975", *Transactions of the British Cave Research Association*, 3, 1976

Brook, D. B., *Caves of Mulu* (London: Royal Geographical Society, 1978)

Howes, Chris, *To Photograph Darkness* (Gloucester: Alan Sutton, 1989)

Shaw, Trevor R., *History of Cave Science: The Exploration and Study of Limestone Caves, to 1900* (Sydney Speleological Society, 1992)

http://www.chinacaves.org.uk/

http://www.mulucaves.org/

引证来源

p. 1 C. P. Cavafy, "Ithaca" , from *Collected Poems*, trans. Edmund Keeley and Philip Sherrard (London: Hogarth Press, 1975); p. 17 quoted in F. Fernández -Armesto, *Columbus on Himself* (London: Folio Society, 1992), p. 158; p. 25 quoted in M. Kaplan, *The Portuguese: The Land and Its People* (New York: viking, 1991), p. 29; p. 30 Antonio Pigafetta, *The First Voyage Round the World, by Magellan. Translated from the accounts of Pigafetta, and other contemporary writers*, trans., with notes and introduction, Lord Stanley of Alderley (London: Hakluyt Society, 1874), p.101; pp. 34, 35, 36 Antonio Pigafetta, *Magellan's Voyage: A Narrative Account of the First Circumnavigation,* trans. R. A. Skelton (New Haven: Yale UP, 1969); pp. 39, 41 Louis-Antoine de Bougainville, *A Voyage Around the World*, trans. J. R. Forster (London, 1772); p. 46 J. C. Beaglehole (ed.), *The Journals of Captain James Cook on His Voyages of Discovery*, 4 vols (London: CUP, 1955-74), vol. II, p. 322; p. 61 James Elroy Flecker, "The Golden Journey to Samarkand" , 1913, *Collected Poems* (London: Seeker & Warburg, 1916); p. 64 E. G. Bourne (ed.), *Narratives of the Career of Hernando de Soto in the Conquest of Florida as Told by a Knight of Elvas ...* , trans. Buckingham Smith (New York: A. S. Barnes & Co., 1904), Vol. 2, p. 162, www.americanjourneys.org/aj-024/; pp. 69, 75, 76 Bernard DeVoto (ed.), *The Journals of Lewis and Clark* (Boston: Houghton Mifflin, 1953); p. 79 quoted in J. P. R. Wallis, *Thomas Baines of King's Lynn, Explorer and Artist, 1820-1875* (London: Cape, 1941), p. 158; p. 79 Roderick Murchison, quoted in J. P. R. Wallis, *Thomas Baines of King's Lynn, Explorer and Artist, 1820-1875* (London: Cape,1941), p. xvii; p. 80 Thomas Baines, *Journal of Residence in Africa, 1842-53*, ed. R. F. Kennedy, 2 vols (Cape Town, 1961-64), vol. 1, p. 9; p. 82 Thomas Baines, *Journal of Residence in Africa, 1842-53*, ed. R. F. Kennedy, 2 vols (Cape Town, 1961-64), vol. 1, p. 10; p. 82 Quoted in Jane Carruthers and Marion Arnold, *The Life and Work of Thomas Baines* (Vlaeberg: Fernwood Press, 1995), p. 50 and p. 171; p. 83 Thomas Baines, *The Victoria Falls, Zambesi River ...* (London: Day & Son, 1865), p. 3; p. 83 RGS, JMS/2/35/a, Thomas Baines to Sir George Cathcart, 13 April 1853; p. 86 RGS, CB5/ 33, "Victoria Falls of the Zambesi: A series of oil paintings" ; p. 87 Thomas Baines, *Explorations in South West Africa* (London: Longmans & Co., 1864), p. 34; p. 88 Thomas Baines, *Journal of Residence in Africa, 1842-53*, ed. R. F. Kennedy, 2 vols (Cape Town, 1961-64), vol. 1, p. 1; p. 88 Murchison: RGS, CB5/33, "Victoria Falls of the Zambesi: A series of oil paintings" ; p. 88 Baines, quote in J. P. R. Wallis, *Thomas Baines of King's Lynn, Explorer and Artist, 1820-1875* (London: Cape, 1941), p. 188; p. 88 RGS, JMS/2/35/a, Thomas Baines to Sir George Cathcart, 13 April 1853; p. 89 Richard F. Burton *The Kasîdah Of Hâjî Abdû El-Yezdî (1880)*; p. 92 "Discovery ... " Richard F. Burton, *The Carmina of Caius Valerius Catullus* (London, 1894); p. 95 Lord Derby, quoted in *The New York Times*, 21 August 1921; p. 95 "Pay, pack, and follow" , Isabel Burton, *The Life of Captain Sir Richard F. Burton KCMG, FRGS* (London: Chapman & Hall, 1893), Vol. 2, p. 569; p. 96 "Now that I know ... " Isabel Burton, *The Life of Captain Sir Richard F. Burton KCMG, FRGS* (London: Chapman & Hall, 1893), Vol. 2, p. 442; pp. 97, 103 Sir Clements Markham, *A Memoir of the Indian Survey* (London: Allen & Co., 1871); p. 115 Francis Younghusband, *The Heart of a Continent* (London:John Murray, 1896); p. 120 quoted in Peter Hopkirk, *Foreign Devils on the Silk Road: The Search for the Lost Cities and Treasures of Chinese Central Asia* (London: John Murray, 1980); p. 132 H. P. Biggar (ed.), *The Works of Samuel de Champlain* (Toronto: Champlain Society, 1922-36); pp. 137, 140 James Bruce, *Travels to Discover the Source of the Nile* (Edinburgh: J. Ruthven, 1790); p. 148 Mungo Park, *Travels in the Interior Districts of Africa* (London, 1799); p. 155 J. H. Speke, *Journal of the Discovery of the Source of the Nile* (London: Blackwood, 1863); p. 162 David Livingstone, *Livingstone's African Journal, 1853-1856*, ed. I. Schapera (London: Chatto & Windus, 1963); p. 175 Francis Garnier, *Voyage d'exploration en Indo-Chine* (Paris, 1885); English translation 2 vols: *Travels in Cambodia and Laos and Further Travels in Laos and Yunnan* (Bangkok: White Lotus, 1996); p. 180 A. J. Mounteney Jephson, *The Diary of A. J Mounteney Jephson: Emin Pasha Relief Expedition, 1887-1889*, ed. Dorothy Middleton (Cambridge: CUP, 1969); p. 194 Fridtjof Nansen, *Farthest North* (London: Newnes, 1898), p. 58; p. 201 R. F. Scott, *Scott's Last Expedition, Vol. I, Journals of Captain R. F. Scott* (London: Smith, Elder & Co., 1913); p. 217 Wally Herbert, *The Polar World* (Weybridge: Polarworld, 2007); pp. 227, 230, 232, 235 Heinrich Barth, *Travels and Discoveries in North and Central Africa* (London: Longman, Brown, Green, Longmans & Roberts, 1857-58); p. 236 C. N. Sturt, *Narrative of an Expedition into Central Australia during the Years 1844, 5 and 6* (London: T. & W. Boone, 1849); pp. 237, 238, 239 C. N. Sturt, *Two Expeditions into the Interior of Southern Australia, during the years 1828, 1829, 1830 and 1831* (London: Smith, Elder & Co., 1833); p. 241 C. N. Sturt, *Narrative of an Expedition into Central Australia during the Years 1844, 5 and 6* (London: T. & W. Boone, 1849); p. 242 Gertrude Bell, Diary, 21/1/1902: Gertrude

Bell Archive, Newcastle University, www.gerty.ncl.ac.uk/; p. 247 "I have known ... " quoted in Georgina Howell, *Gertrude Bell: Queen of the Desert, Shaper of Nations* (New York: Farrar, Strauss & Giroux, 2007); p. 248 caption, Getrude Bell, letter, 7/3/1914: Gertrude Bell Archive, Newcastle University, www.gerty.ncl.ac.uk/; p. 249 "Confound ... " quoted in Georgina Howell, *Gertrude Bell: Queen of the Desert, Shaper of Nations* (New York: Farrar, Strauss & Giroux, 2007); p. 249 "They are ... " Gertrude Bell, letter, 16/8/1922: Gertrude Bell Archive, Newcastle University, www.gerty.ncl.ac.uk/ ; p. 250 Harry St J. Philby, *Arabian Days* (London: Hale, 1948); p. 255 R. A. Bagnold, *Libyan Sands* (London: Hodder & Stoughton, 1935); p. 257 *The Times*, 3 January 1931; p. 259 *Geographical Journal* 82, p. 120; p. 261 Wilfred Thesiger, *The Life of My Choice* (London: Collins, 1987); p. 263 Wilfred Thesiger, *Arabian Sands* (London: Longmans Green, 1959); p. 270 Francis Darwin (ed.) *The Life and Letters of Charles Darwin*, vol. 2 (New York: Basic Books, 1959), p. 422; p. 271 letter of Alexander von Humboldt to J. F. Blumenbach, June 1795; pp. 273, 275, 277, 279 Alexander von Humboldt, *Personal Narrative of a Journey to the Equinoctial Regions of the New Continent* (London: Penguin, 1995); pp. 280, 285 Marianne North, *Recollections of a Happy Life* (London: Macmillan & Co., 1892); p. 286 Marianne North, *Some Further Recollections of a Happy Life* (London: Macmillan & Co., 1893); p. 289 "should civilized man ... " A. R. Wallace, *The Malay Archipelago* (London: Macmillan & Co., 1869); p. 289, 290 "I should like ... " A. R. Wallace, *My Life* (London: Chapman & Hall, 1908), p. 248; p. 290 letter of A. R. Wallace to Samuel Stevens, first published in *Annals and Magazine of Natural History*, 5 February 1850; p. 290 "a good ... " A. R.Wallace, *Travels on the Amazon and Rio Negro* (London: Ward Lock, 1889), p. 145; p. 291 "almost at ... " letter of Richard Spruce to John Smith, 25 December 25 (R.B.G. Kew), quoted in Peter Raby, *Alfred Russel Wallace* (London: Chatto & Windus, 2001), p. 77; p. 293 A. R. Wallace, *Contributions to the Theory of Natural Selection* (London: Macmillan & Co., 1871); p. 294 A. R. Wallace to Samuel Stevens, 21 August 1856 (Cambridge University Library), quoted in Peter Raby, *Alfred Russel Wallace* (London: Chatto & Windus, 2001), p. 113; p. 294 A. R. Wallace, *The Malay Archipelago* (London: Macmillan & Co., 1869), p. 411; p. 294 A. R. Wallace, *The Malay Archipelago* (London: Macmillan & Co., 1869), p. 434; p. 305 F. Kingdon-Ward, "The Assam Earthquake of 1950" , *The Geographical Journal*, Vol. 119, No.2 (1953), pp. 169-82; p. 310 Jeremy Scott, *Dancing on Ice* (London: Old Street Publishing, 2008); p. 311 Charles Dickens, "The Lost Arctic Voyagers", *Household Words*, 9 December 1854, p. 392; pp. 315, 320 quoted in Kevin W Kelley (ed.), *The Home Planet* (Reading, MA: Addison Wesley, 1988); p. 322 quoted in Ross R. Olney *Men Against the Sea* (New York: Grosset & Dunlap, 1969); p. 328 quoted in Trevor R. Shaw, *History of Cave Science: The Exploration and Study of Limestone Caves, to 1900* (Sydney Speleological Society, 1992)

插图来源

a: 上; b: 下

前衬 Courtesy of the American Philosophical Society; 扉页 British Library, London; 目录 6 National Maritime Museum, Greenwich, London (BHC 1932); 3, 4, 5 © Royal Geographical Society, London; 7 Scott Polar Research Institute, University of Cambridge; 8 Fridtjof Nansen/National Library of Norway, Oslo, The Picture Collection; 9 from Heinrich Barth, *Travels and Discoveries in North and Central Africa* ... (London: Longman, Brown, Green, Longmans & Roberts, 1858); 12 Bibliothèque nationale de France, Paris; 14 akg-images/Gilles Mermet; 15 Georg-August-Universität Göttingen, Ethnographic Collection. Photo Harry Haase; 16a Museo Navale di Pegli, Genoa; 16b, 19b Agosto, Courtesy Palazzo Tursi, Genoa; 19a Museo Naval, Madrid; 21 British Library, London; 23 © AISA; 26 akg-images; 29 The Art Archive/Science Academy Lisbon/Gianni Dagli Orti; 32-33 Biblioteca Estense, Modena; 34 Courtesy Lilly Library, Indiana University, Bloomington, Indiana; 37 Bibliothèque nationale de France, Paris; 41 National Library of Australia, Canberra (9454368); 42 National Library of Australia, Canberra (6045157); 44a Bibliothèque nationale de France, Paris; 44b Courtesy of Hordern House Rare Books; 47 Museum of New Zealand, Te Papa Tongarewa, Wellington; 48-49 © Crown Copyright and/or database rights. Reproduced by permission of the Controller of Her Majesty's Stationery Office and the UK Hydrographic Office (www.ukho.gov.uk); 50 Natural History Museum, London; 51 Peter Mazell (after S. Parkinson), "View of the great peak & the adjacent country on the west coast of New Zealand". National Library of Australia, Canberra (8391515); 53 National Library of Australia, Canberra (8391494); 55 Natural History Museum, London; 57 National Maritime Museum, Greenwich, London (BHC2375); 60 Reproduced with the kind permission of the Director and the Board of Trustees, Royal Botanic Gardens, Kew; 62 from Richard F. Burton, *Personal Narrative of a Pilgrimage to el-Medinah & Meccah* (London: Longman, Green, Longman, and Roberts, 1855); 63 © Royal Geographical Society, London; 65a Library of Congress, Geography and Map

Division, Washington, D.C.; 65b Library of Congress, Washington, D.C.; 67 British Museum, London; 70 Courtesy of the American Philosophical Society; 72 Joslyn Art Museum, Omaha, Nebraska, 1986.49.214. Gift of Enron Art Foundation; 73 Collection of the New-York Historical Society, 1971. 125. Gift of the Heirs of Hall Park McCullough; 74 Joslyn Art Museum, Omaha, Nebraska. Gift of Enron Art Foundation; 76 Missouri Historical Society, St Louis, William Clark Papers, Voorhis #2. Gift of Julia Clark Voorhis in memory of Eleanor Glasgow Voorhis; 78, 80, 81, 84-85 © Royal Geographical Society, London; 86 Reproduced with the kind permission of the Director and the Board of Trustees, Royal Botanic Gardens, Kew; 87 © Royal Geographical Society, London; 90 from Richard F. Burton, *Personal Narrative of a Pilgrimage to al-Madinah & Meccah* (London: Tylston & Edwards, 1893); 92 from Richard F. Burton, *Goa, and the Blue Mountains; or Six Months of Sick Leave* (London: Richard Bentley, 1851); 93 National Portrait Gallery, London; 94a, 94b from Richard F. Burton, *The Lake Regions of Central Africa: A Picture of Exploration* (London: Longman, Green, Longman, and Roberts, 1860); 97, 98-99 © Royal Geographical Society, London; 101 © The British Library Board, London (Add: Or. 3013); 102, 105 © Royal Geographical Society, London; 106, 107 from Nikolai Przhevalsky, *Mongolia i strana tangutov* (*Mongolia and the Land of the Tanguts*) (St. Petersburg: 1875); 112, 114 © Royal Geographical Society, London; 116 © The British Library Board, London (Mss Eur F197/674(1)); 118 © Royal Geographical Society, London; 121 The British Library, London (Stein Photo 392/23(12)); 123 © The Trustees of the British Museum, London; 125 © The British Library Board, London (Or.8210/P.2); 128 © Royal Geographical Society, London; 130 Yale Center for British Art, Paul Mellon Collection, USA/The Bridgeman Art Library; 131 from Francis Garnier, *Voyage d' Exploration en Indo-Chine* (Paris: Hachette, 1885); 134a Library and Archives Canada (NL 15316); 134b Library of Congress, Geography and Map Division, Washington, D.C.; 135 Library and Archives Canada (NL 6643); 136 John Carter Brown Library at Brown University, Providence, Rhode Island; 137 National Portrait Gallery, London; 139 Courtesy of the Lewis Walpole Library, Yale University, New Haven; 141, 142 Cushing Memorial Library and Archives, Texas A&M University; 144 National Gallery of Canada, Ottawa; 145 © Royal Geographical Society, London; 146 The National Archives, UK; 149 R. Caillé, *Travels through Central Africa to Timbuctoo*, 1830; 151a, 151b, 152 Courtesy Anthony Sattin; 153 National Portrait Gallery, London; 157, 159, 160, 161, 163, 164, 166, 167 © Royal Geographical Society, London; 168 from David Livingstone, *Missionary Travels and Researches in South Africa* (London: John Murray, 1857); 169, 170, 172 © Royal Geographical Society, London; 174, 177from Francis Garnier, *Voyage d' Exploration en Indo-Chine* (Paris: Hachette, 1885); 178 Bibliothèque nationale de France, Paris; 182a Stanley Archives, collection King Baudouin Foundation, under trust of RMCA Tervuren, Belgium; 182b, 184, 185 © Royal

Geographical Society, London; 186 from Henry Morton Stanley, *How I found Livingstone; travels, adventures, and discoveries in central Africa; including four months' residence with Dr. Livingstone* (London: S. Low, Marston, Low, and Searle, 1872); 187 Stanley Archives, collection King Baudouin Foundation, under trust of RMCA Tervuren, Belgium; 190 © Royal Geographical Society, London; 192, 195 Fridtjof Nansen/ National Library of Norway, Oslo, The Picture Collection; 196 © Royal Geographical Society, London; 197, 199 Fridtjof Nansen/National Library of Norway, Oslo, The Picture Collection; 200 © Royal Geographical Society, London; 202, 203 Scott Polar Research Institute, University of Cambridge; 204, 206 © Royal Geographical Society, London; 207 Scott Polar Research Institute, University of Cambridge; 209, 211, 212 Photographer unknown/National Library of Norway, Oslo, The Picture Collection; 213a Fram Museum, Oslo; 213b National Library of Australia, Canberra (23814300); 215 © Bettmann/Corbis; 218a, 218b, 220, 221 Courtesy Herbert Collection; 225 Gertrude Bell Archive, Newcastle University; 224, 228 © Royal Geographical Society, London; 229, 231, 233, 234a, 234b from Heinrich Barth, *Travels and Discoveries in North and Central Africa ...* (London: Longman, Brown, Green, Longmans & Roberts, 1858); 238 National Library of Australia, Canberra (2377285); 239 National Library of Australia, Canberra (2377287); 240 National Library of Australia, Canberra (5263644); 243, 244, 245, 246, 247, 248 Gertrude Bell Archive, Newcastle University; 251, 252, 253, 254, 256, 257, 258© Royal Geographical Society, London; 262 Pitt Rivers Museum, University of Oxford (2004.130.12990.1); 264 Pitt Rivers Museum, University of Oxford (2004.130.1 7285.1); 265 Pitt Rivers Museum, University of Oxford (2004.130.19462.1); 268 © Royal Geographical Society, London; 272 Natural History Museum, London; 274 © Royal Geographical Society, London; 276 akg-images; 278 © Royal Geographical Society, London; 281, 282, 283 Reproduced with the kind permission of the Director and the Board of Trustees, Royal Botanic Gardens, Kew; 284 Private collection; 286, 287 Reproduced with the kind permission of the Director and the Board of Trustees, Royal Botanic Gardens, Kew; 291 Private collection. © A. R. Wallace Memorial Fund; 292 Natural History Museum, London; 294 from A. R. Wallace, *The Malay Archipelago, land of the Orang-Utan and the Bird of Paradise: a narrative of travel, with studies of Man and Nature* (London: Macmillan & Co., 1869); 295, 296 Natural History Museum, London; 297, 298 from A. R. Wallace, *The Malay Archipelago, land of the Orang-Utan and the Bird of Paradise: a narrative of travel, with studies of Man and Nature* (London; Macmillan & Co., 1869); 300, 301, 302, 303, 304 © Royal Geographical Society, London; 308 Robbie Shone; 311 Private collection; 312, 313 Scott Polar Research Institute, University of Cambridge; 316, 317, 318 RIA Novosti/aviation-images.com; 319 © Rykoff Collection/Corbis; 323 Private collection; 324 Popperfoto/Getty Images; 325 Kobal Collection; 327 © Carrie Vonderhaar, Ocean Futures Society /KQED; 330 Andy Eavis; 331 Jerry Wooldridge; 332, 333 Andy Eavis; 334 Gavin Newman

索引

斜体页码表示出现在插图中

A

Aborigines 澳大利亚土著居民 54, 238, *239*
Abyssinia 阿比西尼亚 见 Ethiopia
Addis Ababa 亚的斯亚贝巴 261
aeroplanes 飞机 见 aviation, early
Afghanistan 阿富汗 113, 125, 266
Africa 非洲 1, *4*, 8-9, *9*, 79, 184, 227, 229, *233*, *234*; British presence in 英国势力的存在 3, 6, 93, *95*, 111, 129, 137, 138, 148-154, 156, 158, 159, 163, 165, 167, 171, 183, 266; Central 非洲中部 93, 95, *95*, 159, 181 ; French presence in 法国势力的存在 160; Portugese presence in 葡萄牙势力的存在 13, *13*, 25, 28; southern 非洲南部 61, 79, 83, 87; 又见 Sahara desert, South Africa
African Association 非洲学会 149, 150, 153, 154
Agassiz, Louis and Elizabeth 路易斯・阿加西和伊丽莎白・阿加西夫妇 285
Ahu-Toru 阿托吕 41, 43
air travel 航空旅行 6, 10, 309, 310, 311, 313, 316; 又见 aviation, early
Albert, Lake 艾伯特湖 161, 183
Alexander the Great 亚历山大大帝 28, 66, 120, 124
Algonqiun 阿尔冈琴族 133, 135
Allen, Charles 查尔斯・艾伦 293
Almásy, Count László 拉兹罗・艾马殊伯爵 260
Almeida, Francisco de 弗朗西斯科・德・阿尔梅达 30
Altai Mountains 阿尔泰山脉 112, 117
Amazon 亚马孙 269, 275, 290-293
Americas, early exploration of 早期美洲探险 2, 4, 13, 18, 20-24, 41; 又见 North America, South America
Amundsen, Roald 罗尔德・阿蒙森 6, 191, 192, 206, 208-216, *209*, *211-213*
Amur River 阿穆尔河（黑龙江）105, 116
Andes 安第斯山脉 276
Andrée, S. A. S. A. 安德烈 214
Angas, George French 乔治・弗兰奇・安加斯 80-81
Angkor 吴哥 176
Anglo-Siamese Boundary Commission 英－暹罗边界委员会 *111*
Antarctica 南极洲 *7*, 15, 56, *191*, 192, 201, 209, 219; 又见 South Pole
Aqualung 水肺 309, 323, *323*, *324*
Arabia 阿拉伯半岛 3, 9, 92, 225, 229, 245-249, 250-253, 254, 261, 263; 又见 Empty Quarter, the
Arana, Diego de 迭戈・德・阿拉纳 22
Archer, Colin 科林・阿切尔 195
Arctic 北极 *8*, 145, 146, 191, 192, 193, 194, 195, 217, 219-221, *220*, *221*; 又见 Greenland, North Pole
Aru Islands 阿鲁群岛 294, *297*
astronomy 天文学 24, 52, 71, 87, 100, 138, 275, 279
Athabasca, Lake 阿萨巴斯卡湖 143, 145

Atlantic Ocean 大西洋 18, 25, 40, 52
Australia 澳大利亚 8, 15, 41-43, 45, 52, 61, 79, 82, 224, 236-241, 286
aviation, early 早期飞行 214-216, *215*, *312*
Aztecs 阿兹特克 64, 66, 277

B

Baghdad 巴格达 248, 249, 251
Bagnold, Ralph 拉尔夫・巴格诺尔德 9, *224*, 226, 255-260, *257*, *258*, *260*
Baikal, Lake 贝加尔湖 105
Baines, Tomas 托马斯・贝恩斯 3, *4*, 61, *61*, 79-88, *79-88*, *166*, *169*, *170*, 171
Baker, Samuel White 萨缪尔・怀特・贝克 158, 161
Balboa, Vasco Núñez de 瓦斯科・努涅斯・德・巴尔沃亚 31
Bali 巴厘岛 294
Balugani, Luigi 路易吉・巴卢加尼 *130*, 140
Banks, Joseph 约瑟夫・班克斯 *51*, 52, 54, 148, 153, 270
Baret, Jeanne 珍妮・巴雷特 15, 43, *43*
Barth, Heinrich 海因里希・巴尔特 8, *9*, 224, 227-235, *228*, *231*, *233*, *234*
Basrah 巴士拉 *248*
Batavia 巴达维亚 见 Jakarta
Bates, Henry Walter 亨利・沃尔特・贝茨 289, 290
Baudin, Nicolas 尼古拉斯・博丹 45
Bedouin 贝都因人 252, 265
Beech, Richard 理查德・比奇 *116*
Beijing 北京 112, 116, 177
Belgian Antarctic Expedition (1897-99) 比利时北极探险（1897−1899 年）209, *209*
Bell, Gertrude 格特鲁德・贝尔 9, 225, *225*, 242-249, *243*, *244*, *245*, *246*, *247*, *248*, 250
Bering Sea 白令海 58
Berlin Geographical Society 柏林地理学会 235
Bjaaland, Olav 奥拉夫・比阿兰德 *213*
Blackfeet 黑脚族 74
Bligh, William 威廉・布莱 46
Blue Nile 青尼罗河 6, 129, 137, 142
Blunt, Lady Anne 安妮・布朗特夫人 9, 247
Bobadilla, Francisco de 弗朗西斯科•德•博巴迪拉 24
Bodmer, Karl 卡尔・博德默 *72*, *74*
Bombay, Sidi Mubarak 西迪・穆巴拉克・孟买 156
Bonaparte, Napoleon 拿破仑・波拿巴 见 Napoleon Bonaparte
Bonpland, Aimé 艾梅・邦普朗 269, 273, 275, 276, 277
Borneo 婆罗洲 226, 285, *286*, 293
Boswell, James 詹姆斯•博斯韦尔 140
botanical studies 植物学研究 71, *76*, *79*, *84-85*, *86*, 269, *273*, 280-282, *281*, *282*, 285, 286, *286*, 288, *300*
Botany Bay 植物湾 52
Botswana 博茨瓦纳 *4*, 82, 165
Bougainville, Louis-Antoine de 路易斯−安托万・德・布干维尔 2, *14*, 15, 39-45, *41*, *43*, *44*, 271
Bowers, Henry Robertson "Birdie" 亨利・罗伯逊・"小鸟"・鲍尔 205, *206*, 207
Brahmaputra River 雅鲁藏布江 97, 103
Brazil 巴西 25, 34, 96, *282*, 285, 290
Bristol 布里斯托尔 18, 20
Britain 英国 2, 227; as a colonial power 殖民力量 47, *48*, 54, 62-63, 70, 148-149, 150, 153, 240, 302; 又见 London, Royal Geographical Society
British Arctic Air-Route Expedition (1930-31) 英国北极空中航线探险队（1930−1931 年）311, *312*
British Museum 大英博物馆 63, 280, 288
British Trans-Arctic Expedition (1968-69) 英国跨北极探险（1968−1969 年）219-221, *220*, *221*
Brooke, Rajah 布鲁克罗阇 285, 293
Brosses, Charles de 查尔斯・德・布罗斯 39, 40

Bruce, James 詹姆斯·布鲁斯 6, 129, *130*, 137-142, *137-142*
Brunel, Isambard Kingdom 伊萨姆巴德·金德姆·布鲁内尔 278
Bry, Theodor de 西奥多·德·布里 *21*
Buchan, Alexander 亚历山大·巴肯 52
Buffon, Comte de 布封伯爵 138
Buma 缅甸 113, *175*, 177, 179, 300, 302, *302*, 305
Burnes, Alexander "Bokhara" 亚历山大·"布哈拉"·伯恩斯 111
Burton, Isabel 伊莎贝尔·伯顿 89, 95
Burton, Richard 理查德·伯顿 3, 6, 61, 89-96, *91*, *92*, *93*, *94*, 129, 156-158, 161, 171, 242; publications 出版物 *62*, 92, 96, 158
Byrd, Richard 理查德·伯德 216

C

Cabot, John 约翰·卡伯特 18-20, 22
Caillié, René 雷内·卡耶 *149*, 232
Calicut 卡利卡特 28
Calypso 海中女神号 324, 326
Cambodia 柬埔寨 176-177
camels 骆驼 108, 112, 232, 252, 253, 263
Cameron, Julia Margaret 朱丽娅·玛格丽特·卡梅伦 *284*, 285
Canada 加拿大 4, 39-42, 47, *48*, 51, 73, 129, 133, *134*, 135, 143-147
Cantino map 坎提诺地图 *32*
Cape Colony 开普殖民地 82, 83
Cape Town 开普敦 43, 80, 165, 171, *182*
Caracas 加拉加斯 275
Caribbean Islands 加勒比群岛 *21*, 23; 又见 Hispaniola, Jamaica
Carlsbad Caverns, New Mexico 卡尔斯巴德巨穴，新墨西哥 *332*
cars 轿车 9, *224*, 226, 255-258, *257*
Cartagena, Juan de 胡安·德·卡塔赫纳 31
cartography 制图 见 map-making
Castile 卡斯蒂利亚 20, 22, 27
cave exploration 洞穴探险 328, 329-335
Caves of the Thousand Buddhas, Dunhuang 千佛洞，敦煌 63, 108, 122-124, *123*
Cebú 宿务岛 *34*, 36
Central African Expedicion(1850-55) 中非探险(1850—1855年) 230-232
Central Asia 中亚 61, 100, 109, 111-114, *114*
Ceylon 锡兰 *284*, 285, 299
Chad, Lake 乍得湖 229, 230, 231, 232, 233, *233*, *234*
Champlain, Samuel de 萨缪尔·德·尚普兰 4, 129, 132-136, *134*
Chapman, James 詹姆斯·查普曼 83, 87
Charbonneau, Toussaint 图桑特·夏博诺 73, *74*
Charles V, King of Spain 查理五世，西班牙国王 30, 31
charts, ocean 海洋测绘 15, 35, 47, *48*, 54, *199*, 324
Cheesman, Robert 罗伯特·奇斯曼 261, 264
Cherry-Garrard, Apsley 阿普斯利·彻丽－加勒德 205, *206*
Chimborazo 钦博拉索山 269, *276*, 277
China 中国 6, 14, 20, 22, 63, 104, 108, 111, 117, 118, 119, 122, 124, *130*, 131, 163, 176, 179, 299, 300, 305, *309*, 332-335, *334*, *335*
China Caves Project 中国洞穴探险项目 332-335, *334*
Chipewyan 契帕瓦族印第安人 145
Chong Ching Province 重庆直辖市 *334*, 335
Christianity 基督教义 28, 36, 82, 152, 165, 183, 253; 又见 missionaries
Chuma, James 詹姆斯·楚马 *172*, 173
Clapperton, Hugh 休·克拉珀顿 229
Clark, William 威廉·克拉克 扉页, 3, 61, 66, *70*, 71-77, *76*
Coleridge, Samuel Taylor 塞缪尔·泰勒·柯勒律治 46, 142
collections 收藏 *15*, 77; entomological 昆虫学的 10, *269*, 290, 293, *296*; natural history 博物学 156,

269, 291-292; plant 植物 *14*, *76*, 275, 280, 284-285, 299-300
colonialism 殖民主义 2, 4, 6, 18, 39, 129, 133, 149-150, 176, 179, 249; 又见 imperialism
Columbia River 哥伦比亚河 扉页, 75, 76
Columbus, Bartholomew 巴尔托洛梅奥・哥伦布 20, 24
Columbus, Christopher 克里斯托夫・哥伦布 2, 13, 14, *16*, 17-24, *19*, *21*, *23*
Commerson, Philibert 菲利贝尔・肯默生 *14*, 43, *43*, 45
compass 罗盘，指南针 *3*, 14, 100, *112*, 150, 152, 224, 254, 258
Congo 刚果 129, 187
Congo River 刚果河 154, 183, 184
conquistadors 征服者 2-3, 13, 64-68
conservation 保护 288, 326-327
Cook, Frederick A. 弗雷德里克・A. 库克 191, 209, 214
Cook, James 詹姆斯・库克 *1*, 2, 15, *15*, 43, 46-58, *47*, 71, 148, 271
Cook Islands 库克群岛 56
Cortés, Hernan 荷南・科尔蒂斯 3, 66
Cosa, Juan de la 胡安・德・拉・科萨 *19*
Courtauld, August 奥古斯特・考陶尔德 310, 311-312, 314
Cousteau, Jacques-Yves 雅克－伊夫・库斯托 10, 309, 322-327, *323*, *324*, *325*
Cousteau, Jean-Michel 让－米歇尔・库斯托 309, *323*, 324, 325, 326, 327, *327*
Cousteau, Philippe 菲利普・库斯托 325, 326
Cox, Sir Percy 珀西・考克斯爵士 248, *248*
Cuba 古巴 22, 275
Cumaná 库马纳 273, 275
Curzon, Lord 寇松勋爵 117, 122

D

Danakil 达纳基尔人 261, 263
Darling River 达令河 237-238, *240*, 241
Darwin, Charles 查尔斯・达尔文 269, 285, 297; publications 出版物 289, 297
Dehra Dun 台拉登 100, 103
Delaporte, Louis 路易斯・德拉波特 *178*
Depot Glen 迪波・格伦 *240*, 241
Diamond Sutra《金刚经》*125*
Discovery expedition (1901-04) 发现号探险（1901－1904 年）202-205, *200*, *202-204*
dog sledges 狗拉雪橇 198, 201, 214, 217, *220*
Doughty-Wylie, Charles 查尔斯・多蒂－威利 245
Dunhuang 敦煌 63, 122-124, *122*, *125*

E

Easter Island 复活节岛 56
Eavis, Andrew James 安德鲁・詹姆斯・伊文斯 10, 209, 328-335, *334*
Eavis, Robert 罗伯特・伊文斯 *309*, 335
eclipse 月食 24
ecology 生态学 87, 270
Edwards, Rogers 罗杰斯・爱德华兹 165
Egypt 埃及 229, 255, *258*, 271
Elcano, Juan Sebastián 胡安・塞巴斯蒂安・埃尔卡诺 38
Elias, Ney 内伊・爱莲斯 3, 62, 111-114, *111-114*
Ellsworth, Lincoln 林肯・埃尔斯沃斯 215
Emin Pasha Relief Expedition 艾敏・帕夏营救行动 183, 186
Emptry Quarter, the 空白之地（鲁卜哈利沙漠）9, 225, 226, 250, 251, *253*, *262*, 263-264, *264*
equator 赤道 25, 28
espionage 间谍 62, 113; 又见 Pundits
Ethiopia 埃塞俄比亚 138, 140, 261, 265, 266
Evans, Edgar 埃德加・埃文斯 207
Everest, Mount 珠穆朗玛峰 119, 329
Everett, Paul 保罗・埃弗雷特 329
evolution, theory of 进化论 10, 269, 292, 297

F

Falkland Islands 福克兰群岛 *14*, 40

Ferdinand, King of Castile 斐迪南，卡斯蒂利亚国王 20, 22

First World War 第一次世界大战 198, 249, 250, 255, 310

Forster, Georg 格奥尔格·福斯特 *54*, 270

Forster, Johann 约翰·福斯特 *54*

Fram 弗拉姆号 191, *192*, 195, 197, *197*, 198, 212, 214

France 法国 2, 161; as colonial power 作为殖民力量 6, 39-40, 41, *41*, 70, 153

Franco-Prussian war 普法战争 179

Franklin, Sir John 约翰·富兰克林爵士 191, 198, 210, 242

Friendly Islands 友谊群岛 见 Tonga

fur trade 皮毛贸易 73, 143, 145

G

Gagarin, Yuri 尤里·加加林 10, 309, 315-321, *316-319*

Gama, Vasco da 瓦斯科·达·伽马 2, 13, 25-29, *27*

Gambia River 冈比亚河 150, 152, 154

Garnier, Francis 弗朗西斯·安邺 6, *130*, 131, 175-179, *177*

Gaspé, Bay of 加斯佩湾 47, *48*, 133

Geach, Frederick 弗雷德里克·吉奇 *291*

Genoa 热那亚 17, 18, 20

George III, King of England 乔治三世，英国国王 56, 138

Ghat 加特省 229, 230

Gilf Kebir 大吉勒夫高原 *258*, 259

Gjøa 格约阿号 210

Gjøahavn 格约阿哈恩 210

Gobi Desert 戈壁沙漠 63, 108, 112, 117, 122

gold 黄金 3, 22, 23, 61, 64, 66, 67, 68, 69, 83, 103, 105, 129, 153, 177

Gondokoro 刚多卡洛 158, 160

Gordon, Lucie Duff 露西·达夫·戈登 284

Gould, John 约翰·古尔德 *294*

Grant, James Augustus 詹姆斯·奥古都斯·格兰特 158, 160, 161

Great Barrier Reef 大堡礁 43, 54

Great Game, the 大博弈 3, 61, 113-114, 115, *116*

Great Sand Sea 大沙海 255, 257

Great Slave Lake 大奴湖 145, *145*, *146*

Great Southern Continent 南方大陆 15, 51, 52

Great Trigonometrial Survey of India 印度大三角测量工程 62, 63, 97-98, 100, 103

Greece 希腊 229

Greely, Adolphus W. 阿道弗斯·W. 格里利 195

Green, Charles 查尔斯·格林 52

Greenland 格陵兰 10, 18, 194, *195*, 222, 309, 310, 311, 313

Gregory, Augustus 奥古斯都·格雷戈里 82

Grimm, Jakob 雅各布·格林姆 229

Guilin, Guangxi Province 桂林，广西壮族自治区 334, *335*

H

Hail 哈伊勒 225, 245, *245*, *246*, 247

Harar 哈勒尔 93

Hawaii 夏威夷 15, 58, 327

Hedin, Sven 斯文·赫定 117

Henri IV of France 法国国王亨利四世 132, 133, 135

Herbert, Wally 沃利·赫伯特 7, 193, 217-222, *218*, *220*, *221*

Hidatsa希多特萨人 73

Himalayas 喜马拉雅山脉 62, 97-103, 155, 269, *300*

Hispaniola 伊斯帕尼奥拉岛 20, 22, 23

Hodges, William 威廉·霍奇斯 *1*, *57*

Hooker, Joseph 约瑟夫・胡克 87, 195, 285, 288
Hooker, William 威廉・胡克 87, 282, 284
Hoorn Islands 霍恩群岛 43
Humboldt, Alexander von 亚历山大・冯・洪堡 扉页, 10, 227, 230, 269, 270-279, *277*, *276*, 289; publications 出版物 *269*, *273*, *274*, 277-279, *278*, 289
Humboldt current 洪堡洋流 277
Humboldt Mountains 洪堡山脉 108
Hume, Hamilton 汉密尔顿・休姆 237
Hungary 匈牙利 120

I

Ibn Saud 伊本・沙特 *248*, 250, 251, 252, 264
Iceland 冰岛 18, 96
Île de France 法兰西岛 见 Mauritius
imperialism 帝国主义 13-15, 88, 227
Incas 印加人 64, 66, 68
India 印度 13, 25, 27, 30, 91-93, *92*, 120, 258, 286, *286*, 305; British presence in 英国势力的存在 61-63, 97, *99*, 113, 115, 119; 又见 Great Trigonometrial Survey of India
Indo-China 印度支那 6, 131, 175, 179
Inuit 因纽特人 191, 208, 210, 211, *211*, 219, 310, 311
Iran 伊朗 124
Iraq 伊拉克 9, 124, 225, 242, 248, 249, 265, 302
Iroquois 易洛魁人 133, 135
Isabella, Queen of Castile 伊莎贝拉，卡斯蒂利亚女王 20, 22, 23, *23*
Islam 伊斯兰教 27, 30, 92, 253
Italy意大利 20, 142, 216, 259

J

Jackson-Harmsworth expedition 杰克逊-哈姆斯沃斯探险 198
Jakarta 雅加达 43, 54
Jamaica 牙买加 23, *281*, 285
Jefferson, Thomas 托马斯・杰斐逊 3, 69-71, 277
Jiddah 吉达 250, *251*, *252*
Johansen, Hjalmar 希尔玛・约翰森 198
Johnson, Samuel 塞缪尔・约翰逊 140
Jordan 约旦 124

K

Kabul 喀布尔 125
Karakoram mountain range 喀喇昆仑山脉 100, 113
Kashgar 喀什 *59*, 104, 113, 115, 117, 278
Kashmir 克什米尔 121
Kathmandu 加德满都 101, 103
Kenya 肯尼亚 266
Kew, Royal Botanic Gardens 英国皇家植物园邱园 148, 254, 269, 282, 288
Khotan 于阗 122
King, Nicholas 尼古拉斯・金 69
Kingdon-Ward, Frank 弗兰克・金登-沃德 10, 269, 299-305; phtographs 照片 300, 301, 302, 303, 304; publications 出版物 303
King William Island 威廉国王岛 210, 211
Kirk, John 约翰・科克 117
Koerner, Dr Roy “Fritz” 罗伊・“弗里茨”・科恩纳博士 219
Korea 朝鲜 105

L

Lachine rapids 拉钦急流 133, *134*
“La Florida” 佛罗里达 *65*, 66-68, *67*
Lagrée, Doudart de 拉格里 176, 177, 179
La Navidad 拉纳维达德 22
Laos 老挝 175, 177, *178*, 179
Lawrence, T. E. T. E. 劳伦斯 243, 248, 251
Lebanon 黎巴嫩 *225*, 250, 254

Ledyard, John 约翰·莱德亚德 150
Lennard, Henry A. 亨利·A. 伦纳德 *116*
Leopold II, King of Belgium 利奥波德二世，比利时国王 183, 187
Lewis, Meriwether 梅里韦瑟·刘易斯 3, 61, 66, 69-77, *70*, *73*, *76*
Lewis and Clark expedition 刘易斯和克拉克远征 3, 61, 66, 69-77, 277
Lhasa 拉萨 *4*, 97, *99*, 101, 103, 104, 108, 117, *118*, 119
Libya 利比亚 229, *234*, 262
Libyan desert 利比亚沙漠 255-257, *257*, 260
Liddle, William and George 威廉·里德尔和乔治·里德尔 82
Lima 利马 276
Lindbergh, Charles 查尔斯·林德伯格 313
Linnaean Society 林奈学会 269, 297
Lisbon 里斯本 18, 20, 22, 27
Livingstone, Agnes 艾格尼丝·利文斯通 165, 171, *172*
Livingstone, Charles 查尔斯·利文斯通 171
Livingstone, David 戴维·利文斯通 3, *3*, 6, *61*, 82, 83, 87, 129, 142, 162-173, *164*, *167*, 175, 181, 184, *186*; publication 出版物 *168*, 171
Livingstone, Mary 玛丽·利文斯通 165, 167, 171
Lombok 龙目岛 294
London 伦敦 6, 20, 51, 89, 120, 140, 147, 148, 150, 153, 163, 229, 230, 247, 278, 288, 297
London Missionary Society (LMS) 伦敦传教会（LMS）163, 169
Long Range Desert Group 远程沙漠部队 10, 226, 260
Lop Nor 罗布泊 108
Louis XV of France 法国国王路易十五 40
Louisiana 路易斯安那 70, 71
Luabo River 卢阿伯河 *87*
Lualaba River 卢瓦拉巴河 173, 186
Luang Prabang 琅勃拉邦 178

M

Macartney, Sir George 乔治·马嘎尔尼爵士 *116*
McCabe, Joseph 约瑟夫·麦凯布 82
Mackenzie, Alexander 亚历山大·马更些 4, 129, 143-147, *146*
Mackenzie River 马更些河 *128*, 145, *146*
Macklin, Jean 珍·麦克林 *303*, 305
Macquarie River 麦夸里河 236, 237
Magellan, Ferdinand 费迪南德·麦哲伦 2, 13, 14, 30-38, *31*
Magellan, Strait of 麦哲伦海峡 41, *41*
magnetic observations 磁力观测 210, 275, 277, 278
Mai(Omai) 欧迈 56, 57
Malay Archipelago 马来群岛 293, *298*; 又见 Borneo
Mandan 曼丹人 73
Mansarowar, Lake 玛旁雍错湖 101, 103
Manuel I, King of Portugal 曼努埃尔一世，葡萄牙国王 27, 28, 30
Maori 毛利人 52, *52*
map-making, maps 制图，地图 3, *19*, *32*, 62, 82, 105, 132, *134*, 138, 185;又见 charts, ocean; surveying
Markham, Sir Clements 克莱门茨·马卡姆爵士 97, 107
Martel, Édouard Alfred 爱德华·阿尔弗雷德·马特尔 328
Matabeleland 马塔贝莱兰 见 Zimababwe
Mauritius 毛里求斯 43, 45
Mecca 麦加 *62*, *91*, 92, 252
Mediterranean Sea 地中海 93, 152, 229, 322, 323, 324, 326
Mekong River 湄公河 6, *130*, 131, 175-177, 179
Mexico 墨西哥 64, 66, 68, 277
missionaries 传教士 6, 82, 159, 162-163, 171
Mississippi River 密西西比河 64, 68, 70, 71, 136
Mississippians 密西西比人 66-67
Missouri River 密苏里河 71, *72*, 74
Moffat, Robert 罗伯特·莫法特 163
Mohand Marg 默罕德·马格 121, *121*

Moluccas 摩鹿加群岛 见 Spice Islands
Mombasa 蒙巴萨 27
Mongolia 蒙古 *107*, 108, 114
monsoon 季风 27, 28
Montagnais 蒙塔格尼人 133
Montgomerie, Thomas George 托马斯・乔治・蒙哥马利 62, 98, *99*, 100, 101, 103
Mozambique 莫桑比克 27, 167
Mulu Expedition, Sarawak 沙捞越姆鲁探险 329
Murchison, Sir Roderick 罗德里克・默奇森爵士 88, 161, 293
Murray River墨累河 236, 237, 238, 241
Murrumbidgee River 马兰比吉河 237, 239
Mustagh Pass 马兹他山口 117
Mutesa, King of Buganda 穆特萨，布干达国王 158-159, 160, *161*, 186
Myanmar 缅甸 见 Burma

N

Nafud desert 内夫得沙漠 245, 247
Nansen, Fridtjof 弗里乔夫・南森 6, *8*, 191, *192*, 194-199, *195*, *197*, *199*, 210, 219
Napoleon III, Emperor of France 拿破仑三世，法国皇帝 161
Napoleon Bonaparte 拿破仑・波拿巴 45, 70, 271, 278
Nares, George 乔治・内尔斯 191
native Americans 美国土著居民 *67*, 66-68, 70-71, 73-76, 74;又见各部落
natural history 博物学 见 botanical studies; collections; zoological studies
navigation 航海 14, 15, 27, 31-35, 45, 146-147;又见 compass; sextant
Nejd 内志王国 250
Nepal 尼泊尔 *99*, 101
New Guinea 新几内亚 43, 52, *294*, 297, 329, 331
New Holland 新荷兰 见 Australia
New World, the 新世界 见 Americas, early exploration of
Newstead Abbey 纽斯台德庄园 171, *172*
New Zealand 新西兰 *51*, 52, *52*, 56, 204, 205, 286
Nez Perce内兹佩尔塞人 75
Ngami, Lake 恩加米湖 *4*, 82, 83, 165
Nicaragua 尼加拉瓜 66
Niger, River 尼日尔河 6, 129, 150, *152*, 153, 154, 232
Nigeria 尼日利亚 *233*
Nile, River 尼罗河 6, 154, 181, 229, 271; Source of 源头 6, 95, 129, 137, 138, 124, 158, 160, 161, 171-173, 181;又见 Blue Nile, White Nile
Nobile, Umberto 翁贝托・诺贝尔 *215*, 216
"Noble Savage" "高贵的野蛮人" 41, 43
Norge airship 挪威飞艇 *215*, 216
North, Marianne 玛丽安娜・诺斯 10, 269, 280-288, *282*, *284*, 286
North America 北美洲 扉页, 3, 4, 61, 66-68, 69-77, 129, 143, 284-285; 又见 Canada
North Pole 北极点 6, *8*, 191, *192*, 193, 195, *197*, 198, *199*, 208, 210, 212, 214-216, 219, 222
North-West Frontier 西北边境省 97, 120
Northwest Passage 西北航道 56, 58, 69, 77, 191, 208, 201-212, *211*
Norway 挪威 194, 198, 328
Nouvelle Cythère 新基西拉岛 见 Tahiti
Nubian desert 努比亚沙漠 140
Nyasa, Lake 尼亚萨湖 171

O

Oates, Lawrence "Titus" 劳伦斯・"提多"・奥茨 207
Ocean Futures Society 海洋未来协会 326
Omai 欧迈 见 Mai
Ontario, Lake 安大略湖 136
Orinoco River 奥里诺科河 275, 290
Oswell, William Cotton 威廉・柯顿・奥斯韦尔 165

Oudney, Dr Walter 沃尔特・奥德莱博士 229
Overweg, Dr Adolf 阿道夫・奥弗韦格博士 *228*, 230, 231
Oxley, John 约翰・奥克斯利 236, 237

P

Pacific Ocean 太平洋 13, 15, 35, 41, 54, 75, 143, 147, 191, 277
Palestine 巴勒斯坦 229
Pamir Mountains 帕米尔山脉 113, 119, 124
Panama 巴拿马 31, 66
Pará帕拉 290, 291
Paris 巴黎 39, 70, 88, 150, 179, 181, 278
Park, Mungo 芒戈・帕克 6, 129, 142, 148-154, *150*, *152*, *153*
Parkinson, Sydeny 悉尼・帕金森 *51*, 52, *52*
Peace River 皮斯河 147
Peary, Robert 罗伯特・彼利 191, 193, 219, 221, 222
Peking 北京 见 Beijing
Penguin, Emperor 帝企鹅 *7*, 201, *203*, 204, 205
Pérouse, Jean-François de Galaup de la 让-弗朗瓦索・德・加洛普・德・拉・佩鲁斯 45
Petherick, John 约翰・佩瑟里克 158, 160-161
Petra佩特拉 *244*
Philby, Harry St John 哈利・圣约翰・费尔比 9, 225, 250-254, *251-254*, 263, 264
Philippines 菲律宾 13, 36
Phipps, Captain Constantine 康斯坦丁・菲普斯上校 191
Phnom Penh 金边 176
photography 摄影 3, 9, 87, 121, 122, 202, 264-265, *325*, 282
Pierre Saint Martin 皮埃尔・圣马丁洞 329, *330*
Pigafetta, Antonio 安东尼奥・皮加费塔 34, 35, 36, *37*
pilgrimage 朝圣 62, *62*, 91, 273
Pitcairn Island 皮特科恩岛 56
Pizarro, Francisco 弗朗西斯科・皮萨罗 3, 66
Plymouth 普利茅斯 52, 54
Poles, the 极点 见 North Pole, South Pole
Polynesia 波利尼西亚 15
Pond, Peter 皮特・庞德 143, 145, 146, 147
Ponting, Herbert 赫伯特・庞廷 *191*, *204*
Portugal 葡萄牙 2, 17; as an imperial power 帝国势力 13, *13*, 27, 30, *32*
Potala Palace 布达拉宫 *101*, *118*
Przhevalsky, Nikolai 尼古拉・普热瓦利斯基 3, 62, 104-109, *105*, *107*, 111
Pundits 梵语学者 3, 62, *99*, 100, *102*, 103

Q

Quebec 魁北克 39, 133
Queen Maud mountain range, Antarctica 毛德皇后山脉，南极洲 214, *218*, 219
Quirós, Pedro Fernández de 佩德罗・费尔南德斯・德・奎罗斯 43
Quito 基多 277

R

Raiatea 瑞亚堤亚岛 57, *57*
Rang Kul 兰格库尔湖 113
Ranke, Leopold von 利奥波德・冯・兰克 229
Rawlinson, Sir Henry 亨利・罗林森爵士 79, 113
Rennell, James 詹姆斯・伦内尔 154
Richards, Admiral Sir George H. 乔治・H. 理查兹上将 195
Richardson, James 詹姆斯・理查德森 *228*, 230, 231
Rio Negro 尼格罗河 275, 290, 292, *292*
Ripon Falls 里彭瀑布 160
Rocky Mountains 落基山脉 129, 143
Rohlfs, Gerhard 格哈德・罗尔夫斯 255
Ross, James 詹姆斯・罗斯 191

Ross, Sir John 约翰·罗斯爵士 216
Ross Barrier 罗斯冰障 202, 204, 205
Royal Geographical Society, London 皇家地理学会，伦敦 6, 79, 82, 100, 109, 113, 119, 121, 156, 158, 161, 179, 181, 208, 220, 242, 246, 249, 292; expeditions 探险 6, 156, 158, 220, 229, 310, 329; medal winners 奖章获得者 103, 111, 115, 117, 168, 179, 212, 235, 241, 247, 254, 259, 305, 314
Royal Society, the 皇家学会 15, 39, 51, 169, 260
Russia, Russians 俄国，俄国人 3, 62, 87, 104, 108, 109, 112, 116, 117, 129, 147, 278; 又见 Soviet Union
Ruwenzori 鲁文佐里山脉 158, 183

S

Sacagawea 萨卡加维亚 61, 73, 75
Sahara desert 撒哈拉沙漠 8, 10, 122, 224, 226, 227, 230, 232, 233, 263; 又见 Libyan desert
Saigon 西贡 176, 177, 179
St Lawrence River 圣劳伦斯河 39, 47, 133
St Petersburg 圣彼得堡 105, 108, 124, 279; Imperial Geographical Society 帝国地理学会 105, 108
Salamón, Antonio 安东尼奥·萨拉蒙 31
sand dune development 沙丘运动 226, *258*, 259, *260*
Sandwich Islands 桑威奇群岛 56, 58; 又见 Hawaii
Santa Maria 圣玛利亚号 *19*, 20
Sarawak 沙捞越 285, 293, 329-330, *331*; 又见 Borneo
Saudi Arabia 沙特阿拉伯 245, 252, 254
Schelling, Friedrich von 弗里德里希·冯·谢林 229
Scott, J. M. J. M. 斯科特 310, 311, 312, 313, 314
Scott, Robert Falcon 罗伯特·福尔肯·斯科特 6, 192, 201, 203, 205, 206, 207, 214, 242
SCUBA equipment 自携式水下呼吸装置 见 Aqualung
scurvy 坏血病 28, 35, 203
Second World War 第二次世界大战 10, 226, 254, 260, 304, 315, 323, 324
Ségou 塞古 153, 154
Seven Years War 七年战争 39, 47
sextant 六分仪 100, 147, 150, 291
Shackleton, Ernest 欧内斯特·沙克尔顿 6, 192, 203, 206, 242, 311
ship design 船只设计 25
Shoshone 肖肖尼人 74-75
Silk Road 丝绸之路 122, 124
Sinai desert 西奈沙漠 229
Singapore 新加坡 *291*, 293, 304
Singh, Nain 纳恩·辛格 3, 63, 97-103, *97*
Sioux 苏人 73
slave trade 奴隶贸易 82, 163, *163*, 165, 173, 175, 227, 230, *233*, 274, 275
slavery, slaves 奴隶制度，奴隶 6, 25, 66, *150*, 161, 163, *163*, 165, 171, 173, *229*, 230, *282*
Society Islands, the 社会群岛 *15*, 56, *57*
Solander, Daniel 丹尼尔·索兰德 52
Solomon Islands 所罗门群岛 43
Somalia 索马里 93, 156
Somerset, Col. Henry 亨利·萨默塞特上校 82
Soto, Hernando de 埃尔南多·德·索托 3, 61, 64-68, *65*
South Africa 南非 61, 80, 83, 88, 165, 168, *168*, *282*
South America 南美洲 4, 14, 31, 38, 269, 273-277; 又见 Brazil
South Pole 南极点 6, *191*, 192, 203, 205-206, 207, 212-214, *213*
Soviet Union 苏联 315, *318*, 320, 321; 又见 Russia
space exploration 太空探险 10, 309, 315, 318-320, *318*
Spain 西班牙 2, 30, 273; as an imperial power 帝国势力 13, 31, *32*, 35-36, 61, 64-66, 70
Speke, John Hanning 约翰·汉宁·斯皮克 6, 93, 95, 129, 155-161, *156*, *159*, *160*, 171, 183, 242
Spice Islands 香料群岛 2, 13, 31, 36, *37*, 38, 43
spice trade 香料贸易 2, 25, 28, 36-38, *37*

Spitsbergen斯匹次卑尔根岛 215, *215*, 216
Spruce, Richard 理查德・斯普鲁斯 290
Srinagar 斯利那加 63, 117, 121
Stanhope, Lady Hester 希丝塔・斯坦霍普夫人 9
Stanley, Henry Morton亨利・莫顿・史丹利 6, 89, 111, 129, 160, 173, 180-187, *182*, *184*, *186*, *187*, 242; publications 出版物 181
Stark, Freya 弗雷娅・斯塔克 265
Stein, Aurel 奥莱尔・斯坦因 3, 63, *63*, 120-126, *121*
Stuart, John McDouall 约翰・麦克道尔・斯图尔特 241
Sturt, Charles 查尔斯・斯特尔特 8, 225, 236-241, *238*, *239*, *240*
Sudan 苏丹 232, 259, 261, 262, 263
Sufism 苏菲派神秘主义 91
surveying 调查测量 47, 52, 56, 62-63, 82, 108, 120, 124, 133, *134*, *218*, 219, 231-232, *245*, 246, 289, 313, 330-331;又见 charts, ocean; Great Trigonometrial Survey of India
Susi, Abdullah 阿卜杜拉・苏西 *172*, 173
Swat Valley 斯瓦特山谷 121
Sverdrup, Otto 奥托・斯维尔德鲁普 *192*, 194, 198
Syria 叙利亚 124, 229, 242, 263

T

Tahiti 塔希提岛 *1*, *15*, 41, 43, *43*, *44*, 45, 52, 56, 57
Tainos 泰诺人 *21*, 23
Taklamakan desert 塔克拉玛干沙漠 108, 122, 124
Tanganyika, Lake 坦噶尼喀湖 156, 173, 181
Tangier 丹吉尔港 229
Tasman, Abel 艾贝尔・塔斯曼 52
Tasmania 塔斯马尼亚 52, 56
Terra Nova expedition(1910-13) 特拉诺瓦号探险（1910–1913 年）*204*, 205-207
Thailand 泰国 179
Thesiger, Wilfred 威尔弗雷德・塞西格 9, 142, 226, 243, 254, 261-266, *262*, *264*, *265*; photography 摄影 264-265; publications 出版物 264-265
Thomas, Bertram 伯特伦・托马斯 252, 254, 264
Tibet 西藏 *4*, 62-63, 97, 100, 101, *101*, 103, 108, 117, 269, 278; 又见 Lhasa
Tien Shan Mountains 天山山脉 108, 112, 117
Timbuktu 廷巴克图 129, *149*, 150, 153, 154, *231*, 232
Titov, Gherman 盖尔曼・蒂托夫 317-318
Tonga 汤加 56, 57
Tordesillas, Papal Treaty of《托德西利亚斯条约》13, *32*
Toscanelli, Paolo del Pozzo 保罗・达尔・波佐・托斯卡内利 18
trade routes: in Africa 贸易路线：在非洲 149-150, 153-154, 171; American 美洲 70-71, 73, 77, 143; to the Far East 去往远东 3-6, 129; to India 去往印度 13, 26;又见 spice trade
Tsangpo River 雅鲁藏布江 97, 103, 299
Turkey 土耳其 229, *243*

U

Uganda 乌干达 158-159, *160*
Ujiji 乌吉吉 156, 173, 181
United Arab Emirates 阿拉伯联合酋长国 266
Universities' Mission to Central Africa (UMCA) 中非大学传教会 (UMCA) 169, 171
Uweinat 欧韦纳特山 257, 259

V

Vancouver, George 乔治・温哥华 46
Van Diemen's Land 范迪门斯地 见 Tasmania
Vanuatu 瓦努阿图 43, 44
Venezuela 委内瑞拉 22, 273
Venus, Transit of 金星凌日 51, 52

Victoria, Lake 维多利亚湖 95, 129, 156, 158, 159, 160, 183, *185*
Victoria, Queen of England 维多利亚，英国女王 167
Victoria Falls 维多利亚瀑布 83, *77*, *166*, 167, *167*
Vostok spacecraft 东方号飞船 318, *318*, 320

W

Walker, John 约翰・沃克 46
Wallace, Alfred Russel 阿尔弗雷德・罗素・华莱士 10, 269, 289-298, *291*, *296*; drawings 绘画 291, 292, *292*, *294*; publications 出版物 292, 293, *294*, 296, 297, *297*, 298, *298*
Wallace, Herbert 赫伯特・华莱士 290-291
"Wallace' s Line" "华莱士分界线" 294
Walpole, Horace 贺拉斯・沃波尔 140
Watkins, Henry George "Gino" 亨利・乔治・"基诺"・沃特金斯 10, 309, 310-314, *311*, *313*
Webb, William F. 威廉・F. 韦布 171, *172*
Webber, John 约翰・韦伯 *47*
Weddell, James 詹姆斯・威德尔 56
Wellman, Walter 沃尔特・韦尔曼 214
White, John 约翰・怀特 *67*
White Nile 白尼罗河 129, 137, 142, 157, 183
Willis, Dick 迪克・威利斯 329
Wilson, Edward 爱德华・威尔逊 6, *7*, 192, 193, *200*, 201-207, *202-204*, *206*

X

Xuanzang 玄奘 120, 122

Y

Yakub Beg 阿古柏 104, 108
Yangtze Gorge 三峡 334
Yangtze River 长江 6, 108, 131, 178, 179
Yellow River 黄河 112
Young, Brigham 杨百翰 96
Young, Gavin 加文・杨 266
Young, Sir Allen 艾伦・杨爵士 197
Young, Terry 特里・杨 *324*
Younghusband, Francis 弗朗西斯・荣赫鹏 3, *4*, 63, 115-119, *116*

Z

Zambezi River 赞比西河 *3*, 6, 82, 83, 129, 165-166, *166*, *170*, 171
Zanzibar 桑给巴尔 95, 156, 181, *182*
Zheng He 郑和 13
Zimbabwe 津巴布韦 83
zoological studies 动物学研究 86, *107*, 108, 202, *203*, 205, 271, 273, *274*, 275, 276, 277, 290, 293, *294*

图书在版编目（CIP）数据

伟大的探险家 /（英）汉伯里-特里森主编；王晨译. —
北京：商务印书馆, 2014（2020.8重印）
ISBN 978 - 7 - 100 - 10636 - 8

Ⅰ.①伟… Ⅱ.①汉…②王… Ⅲ.①探险 — 世界 —
普及读物 Ⅳ.①N81-49

中国版本图书馆 CIP 数据核字（2014）第181371号

伟 大 的 探 险 家

〔英〕罗宾 · 汉伯里-特里森 主编

王晨 译

商 务 印 书 馆 出 版

（北京王府井大街36号 邮政编码 100710）

商 务 印 书 馆 发 行

山 东 临 沂 新 华 印 刷 物 流

集 团 有 限 责 任 公 司 印 刷

ISBN 978 - 7 - 100 - 10636 - 8

2015年1月第1版　　开本 720×1020 1/16

2020年8月第4次印刷　　印张 24¼

定价：88.00元